最小熵产生、耗散结构和混沌理论及其在河流演变分析中的应用

Theories of Minimum Entropy Production, Dissipative Structure and Chaos and Their Applications to River Evolution

徐国宾　赵丽娜　著

科 学 出 版 社

北　京

内 容 简 介

本书将最小熵产生原理和耗散结构理论以及混沌理论应用到河流演变分析中，并运用这些理论研究分析解决一些河流工程中的实际问题。全书共10章，分别为：经典热力学概论；非平衡态热力学基本理论；混沌理论；黏性流体热力学问题；流体最小能耗率原理的数值水槽仿真模拟；基于能耗率与耗散结构和混沌理论的河床演变分析；基于多元时间序列的不同河型混沌特性分析；基于超熵产生的河型稳定判别；最小能耗率原理在渠首引水防沙设计中的应用；基于最小能耗率原理的稳定渠道优化设计。

本书可供水利及相关专业的师生学习参考，也可供从事这些专业的科研人员阅读参考。

图书在版编目(CIP)数据

最小熵产生、耗散结构和混沌理论及其在河流演变分析中的应用/徐国宾，赵丽娜著. —北京：科学出版社，2017.6

ISBN 978-7-03-052872-8

Ⅰ.①最… Ⅱ.①徐… ②赵… Ⅲ.①熵-应用-河道演变-研究 ②耗散结构理论-应用-河道演变-研究 ③混沌理论-应用-河道演变-研究 Ⅳ.①O41 ②TV147

中国版本图书馆CIP数据核字(2017)第108916号

责任编辑：周 炜 / 责任校对：桂伟利
责任印制：赵 博 / 封面设计：陈 敬

科学出版社 出版
北京东黄城根北街16号
邮政编码：100717
http://www.sciencep.com

北京凌奇印刷有限责任公司印刷

科学出版社发行 各地新华书店经销

*

2017年6月第 一 版 开本：720×1000 1/16
2025年1月第七次印刷 印张：15
字数：302 000

定价：138.00元

(如有印装质量问题，我社负责调换)

序

河流演变过程是一个十分复杂的过程，除了偶然性和随机性，还包含一些用现代流体力学无法解释的问题，需要人们去研究探索。我在20世纪70年代利用河流系统的势能与热力学系统的热能之间的相似性，把熵概念引入河流系统的研究，认为河系中唯一有用的能量是其势能，并进一步假定河系中的势能和高程分别相当于热力学系统中的热能和绝对温度。根据这些概念，证明了河流在平衡状态时其能耗率或单位水流功率为最小值，该最小值取决于作用在河流系统上的约束条件。如果河流系统不处于平衡状态，其能耗率就不为最小值。但河流系统将会以减小能耗率的方式进行调整，直到能耗率达到最小值系统恢复平衡。除了引用热力学理论，最小能耗率原理也可以通过数学方法推导出。目前最小能耗率原理已被工程师广泛应用于解决河流工程和河流形态方面的实际问题。

自20世纪90年代开始，徐国宾教授致力于研究最小能耗率理论及其应用。从最小能耗率理论到耗散结构和混沌理论，由河流的线性问题到非线性问题，对此他作出了重要贡献。

该书系统介绍了最小熵产生、耗散结构和混沌理论及其在河流形态和河流工程方面的应用。指出河流的最小熵产生原理和最小能耗率原理是等价的；河流自动调整时，在近平衡态线性区遵循最小熵产生原理或最小能耗率原理，在远离平衡态非线性区时其演变过程可以经受突变，导致河型转化；基于数值模拟和野外实测数据，阐述了冲积河流调整中的能耗率变化；并运用混沌理论分析了河流的混沌特性；同时基于超熵产生的概念，对河型稳定做出定量判别分析；并将最小能耗率原理与最优化技术相结合，运用到渠首引水防沙和稳定渠道优化设计中。

总之，该书对最小熵产生原理、最小能耗率原理及耗散结构和混沌理论的应用进行了系统的研究分析。我推荐该书给相关的研究人员和工程师参考，希望有助于对河流形态和河流工程方面的研究。

美国科罗拉多州立大学教授

楊志達

2016年9月

Preface

Rivers evolution process is very complex. In addition to occasional and random phenomenon, there are problems that cannot be explained by modern fluid mechanics. Based on the similarity between potential energy of a river system and thermal energy of a thermal system, I introduced the concept of entropy to river system studies in the 1970s. The only useful energy a river system has is its potential energy. There is an analogy between potential energy and river elevation of a river system and thermal energy and absolute temperature of a thermal system, respectively. Based on this concept, a river's energy dissipation rate or unit stream power must be minimized in the equilibrium condition. The minimum value depends on constraints applied to the system. If the system is not at its equilibrium condition, its energy dissipation rate is not at its minimum value. However, the system will reduce its energy dissipation rate to a minimum value and regain equilibrium. In addition to the use of thermodynamic principles, minimum energy dissipation rate theory can also be derived mathematically. The minimum energy dissipation rate theory has been applied by engineers to solve a wide range of river engineering and river morphology problems.

Professor Xu Guobin has devoted his efforts to continue the development and application of minimum energy dissipation rate theory since the 1990s. He has made significant contributions to expand the applications of the theories from minimum energy dissipation rate to dissipative structure and chaos corresponding to the linear and nonlinear region of river system.

This book systematically describes the theories of minimum entropy production, dissipative structure and chaos and their applications for river morphology and engineering. Minimum entropy production principle and minimum energy dissipation rate theory for rivers are equivalent to each other. A river is self-adjusted according to the theory of minimum entropy production or minimum rate of energy dissipation in the near equilibrium linear region. However, river evolution process can be changed and river pattern transformation can occur in the region far from equilibrium linear region. Based on numerical simulation and field data, the changes of energy dissipation rate in alluvial rivers are explained in the book. Chaos theory was used in the book to analyze the chaotic characteristics of rivers. Quantitative analyses of river pattern and stability are made in the book based on excess entropy production concept. Minimum energy dissipation rate theory and optimization technique are used to diversion head works and stable channel design.

In summary, this book made systematic analysis to advance the minimum entropy production principle, minimum energy dissipation rate theory, and the application of dissipative structure and chaos theories. I recommend this book to researchers and engineers as a valuable reference to advance river morphology and engineering studies.

Professor, Colorado State University

Chih Ted Yang

2016. 9

前　言

河流演变是水流与河床相互作用的结果。一方面水流作用于河床，使河床发生变形；另一方面河床变形又反过来影响水流运动。水流与河床相互影响、相互制约、相互促进，使河流永不停息地发展演变进行自动调整。由于影响河流演变的因素复杂多变，在现阶段许多问题只能定性描述，还无法从理论上去定量分析研究，即使是定量分析解决，也大多依靠经验统计分析方法，而这些经验统计分析方法往往缺少普适性。此外，某些重要问题还没有完全一致的定论，尚有争议。

为了把河流动力学理论研究得更深入、更透彻，这就需要人们开阔视野，寻求新的研究手段。以往，许多专家学者都常把研究精力集中在所谓"自己"的专业领域里，较少关注相邻学科的发展。但是随着现代科学技术的发展，许多学科之间产生了某种方式的关联。如果打破学科之间的壁垒，把不同学科领域中相关的知识结合起来进行研究，就往往会获得意想不到的结果，甚至形成所谓的"边缘学科"。

20 世纪下半叶，包括耗散结构理论和混沌理论在内的非线性科学得到蓬勃发展。非线性科学是研究非线性动力系统的基础科学，几乎涉及自然科学和社会科学的各个领域。非线性现象是自然界的普遍现象，存在于各个领域之间。非线性的本质是经过某种形式的变换，两个变量之间的依从关系不再是一一对应关系而是出现多值性。非线性动力系统中的许多现象都是由多值性所导致的，如分岔、突变等。

耗散结构理论是在非平衡态热力学线性稳定理论——最小熵产生原理基础上发展起来的，而非平衡态热力学理论又是建立在经典热力学理论基础之上的。非平衡态热力学理论以开放系统作为研究对象，研究其演变规律及性质。最小熵产生原理和耗散结构理论构成了非平衡态热力学理论的基本框架。虽然非平衡态热力学理论的研究对象是热力学开放系统，但其理论方法已经推广应用到众多领域，包括物理、力学、化学、生物、地学、农学、医学、工程技术，甚至社会科学领域都可以应用其研究成果。

自从 20 世纪 70 年代，混沌理论迅猛发展以来，混沌理论已广泛应用于自然科学和社会科学的各个领域。混沌理论和耗散结构理论并不矛盾，从某种意义上说，混沌理论是对耗散结构理论的一种补充，两者之间还存在着一些共同的规律，如分岔、涨落和突变等。混沌理论使人们认识到自然界除了有序，更多的是无序。当前，耗散结构和混沌理论已经能够比较完整地描述一个开放系统如何从无序到有序，从低级有序到高级有序，以及从有序再到新的混沌的辩证过程。

最小熵产生原理着重研究系统在非平衡态线性区的演变规律，耗散结构理论侧重于研究系统在非平衡态非线性区时如何从无序到有序，而混沌理论侧重于研究系统在非平衡态非线性区时如何从有序到无序。非线性科学研究的不断深入，极大地改变了人们研究问题的传统思维方法。目前，人们已经认识到，在自然科学的各个不同的领域内，各种非线性动力系统具有超越不同学科领域局限性的共同性质。

非平衡态热力学理论及混沌理论的研究极大地扩展了人们的视野，活跃了人们的思维。河流是一个复杂的动力开放系统，本书尝试将最小熵产生原理和耗散结构理论以及混沌理论应用到河流演变分析中，并运用它们研究分析解决一些河流工程中的实际问题。

全书共10章，分别为：经典热力学概论；非平衡态热力学基本理论；混沌理论；黏性流体热力学问题；流体最小能耗率原理的数值水槽仿真模拟；基于能耗率与耗散结构和混沌理论的河床演变分析；基于多元时间序列的不同河型混沌特性分析；基于超熵产生的河型稳定判别；最小能耗率原理在渠首引水防沙设计中的应用；基于最小能耗率原理的稳定渠道优化设计。

最小熵产生原理等价于最小能耗率原理。作者最早接触最小能耗率原理是1991年8月在郑州聆听美籍华人杨志达(C. T. Yang)教授讲课，并对其所讲授的最小能耗率理论产生了浓厚兴趣。随后开始对最小能耗率及其应用进行研究，并获得了一些研究成果。随着研究工作的深入，研究范围又扩展到耗散结构和混沌等非线性理论。2003年9月作者到天津大学水利水电工程系任教后，又指导几位研究生开展了该方面的研究工作，本书就是作者及其博士研究生赵丽娜共同撰写的。

最后，特别感谢美籍华人杨志达教授，在本书即将付印之际为本书作序。杨志达教授是美国科罗拉多州立大学教授，著名的河流泥沙研究专家，曾任美国ASCE泥沙专业委员会主席、世界泥沙研究学会副主席，在河流水力学、泥沙输送、河流形态学领域具有很高的造诣，尤其是在最小能耗率理论研究方面取得过重大进展，20世纪80～90年代多次应邀到中国各地巡回讲课。

本书中的部分研究成果曾得到国家自然科学基金面上项目“最小能耗率和耗散结构理论在河流动力学中的应用”(50679053)及国家自然科学基金创新研究群体科学基金资助项目“重大水利工程安全性的基础理论研究”(51021004、51321065)的资助。

限于作者水平，书中难免存在疏漏和不妥之处，敬请读者批评指正。

徐国宾

2016年9月于天津大学

目　录

序
前言
第 1 章　经典热力学概论 …… 1
1.1　系统及其分类 …… 1
1.2　平衡态与非平衡态 …… 2
1.2.1　状态参量、状态函数和物态方程 …… 2
1.2.2　平衡态、非平衡态和非平衡定态 …… 3
1.3　可逆过程与不可逆过程 …… 4
1.4　热力学基本定律 …… 5
1.5　熵与最大熵原理 …… 6
1.6　涨落、平衡和稳定 …… 7
1.7　对称性与有序和无序 …… 9
1.8　热力学基本方程及平衡判据 …… 10
1.8.1　热力学基本方程 …… 10
1.8.2　平衡判据与稳定性条件 …… 12
1.9　小结 …… 13
第 2 章　非平衡态热力学基本理论 …… 14
2.1　非平衡态热力学研究简介 …… 14
2.2　开放系统的状态与熵变 …… 15
2.3　局域平衡假设及基本方程 …… 17
2.3.1　局域平衡假设 …… 17
2.3.2　质量守恒方程 …… 18
2.3.3　局域熵平衡方程 …… 19
2.3.4　局域熵产生与广义力和广义流 …… 21
2.4　Lyapunov 稳定性理论 …… 22
2.5　近平衡态线性区的最小熵产生理论 …… 24
2.5.1　唯象方程与 Onsager 倒易关系 …… 24
2.5.2　最小熵产生原理与定态的稳定性 …… 24
2.6　远离平衡态非线性区的耗散结构理论 …… 28
2.6.1　普适发展判据 …… 28

2.6.2 超熵产生 …… 29
2.6.3 耗散结构及其特点 …… 32
2.6.4 耗散结构形成条件 …… 36
2.7 最小熵产生原理等价于最小能耗率原理 …… 37
2.8 最小熵产生原理和耗散结构理论适用范围 …… 38
2.9 小结 …… 39
第3章 混沌理论 …… 41
3.1 混沌研究起源及发展过程 …… 41
3.2 混沌的概念及分类 …… 43
3.3 产生混沌的途径 …… 44
3.4 混沌的基本特征 …… 46
3.5 识别混沌的几种常用方法 …… 47
3.5.1 相图法 …… 48
3.5.2 分频采样 …… 48
3.5.3 庞加莱截面 …… 48
3.5.4 相空间重构 …… 49
3.5.5 功率谱分析 …… 51
3.5.6 主分量分析 …… 52
3.5.7 分形维数 …… 53
3.5.8 Lyapunov 指数 …… 54
3.5.9 测度熵 …… 55
3.6 耗散结构是混沌的一种特例 …… 57
3.7 小结 …… 58
第4章 黏性流体热力学问题 …… 59
4.1 描述流体运动的两种基本方法 …… 59
4.2 流体运动的三个基本方程 …… 60
4.3 流体的熵平衡方程 …… 65
4.4 流体的能量耗散函数及能耗率 …… 66
4.5 基于广义流和广义力的河流能耗率 …… 69
4.5.1 河流的广义力和广义流 …… 70
4.5.2 河流的能量耗散函数及能耗率 …… 71
4.6 流体最小能耗率原理 …… 71
4.7 小结 …… 73
第5章 流体最小能耗率原理的数值水槽仿真模拟 …… 74
5.1 数值水槽模拟概述 …… 74

5.2　水流运动数值模型 …… 75
5.3　水槽变坡模拟 …… 77
5.4　模型建立、网格划分及边界条件 …… 78
5.5　单位体积水体能耗率及其计算 …… 80
5.6　计算工况 …… 81
5.7　计算结果与分析 …… 82
5.8　小结 …… 84
第 6 章　基于能耗率与耗散结构和混沌理论的河床演变分析 …… 85
6.1　冲积河流自动调整 …… 85
6.1.1　河流的自动调整功能 …… 85
6.1.2　河流的短期调整与长期调整 …… 86
6.1.3　河流处于相对平衡状态时能耗率最小 …… 87
6.2　影响河床演变因素的权重分析 …… 88
6.2.1　基于信息熵的权重分析 …… 89
6.2.2　基于相关系数法的权重分析 …… 95
6.3　基于最小能耗率原理的河相关系 …… 97
6.4　稳定弯道曲率分析 …… 101
6.5　河型成因分析 …… 103
6.6　不同河型的能耗率及其变化 …… 105
6.7　河型转化中的耗散结构和混沌 …… 110
6.8　小结 …… 111
第 7 章　基于多元时间序列的不同河型混沌特性分析 …… 113
7.1　河流混沌特性分析方法 …… 113
7.2　河流混沌特性分析实例 …… 114
7.2.1　黄河下游 6 个河段月宽深比、月径流量和月含沙量实测资料 …… 114
7.2.2　宽深比、径流量和含沙量时间序列的相空间重构 …… 134
7.2.3　宽深比、径流量和含沙量时间序列的混沌特性识别 …… 144
7.2.4　宽深比、径流量和含沙量时间序列的混沌特性加权平均 …… 156
7.3　小结 …… 157
第 8 章　基于超熵产生的河型稳定判别 …… 158
8.1　超熵产生与超能耗率 …… 158
8.2　河型稳定判据 …… 159
8.3　不同河型稳定性分析 …… 163
8.4　小结 …… 167

第 9 章 最小能耗率原理在渠首引水防沙设计中的应用 …… 168
9.1 低坝(闸)引水渠首泄洪冲沙闸宽度的计算 …… 168
9.1.1 泄洪冲沙闸的布置及其作用 …… 169
9.1.2 泄洪冲沙闸宽度计算方法 …… 170
9.2 弯道式引水渠首中弯道的优化设计 …… 172
9.2.1 引水弯道优化设计数学模型 …… 173
9.2.2 优化计算结果及验证 …… 175
9.3 小结 …… 176
第 10 章 基于最小能耗率原理的稳定渠道优化设计 …… 177
10.1 稳定渠道的类型及适用条件 …… 177
10.2 稳定渠道优化设计目标函数 …… 178
10.3 渠道不淤流速与不冲流速 …… 179
10.3.1 渠道水流挟沙力 …… 179
10.3.2 渠道不淤流速 …… 181
10.3.3 渠道不冲流速 …… 182
10.4 不冲不淤平衡渠道优化设计 …… 183
10.5 冲淤平衡渠道优化设计 …… 187
10.6 小结 …… 191
参考文献 …… 192
附录 A 矩阵概念 …… 200
附录 B 矢量、张量与场论基础 …… 204
B.1 矢量 …… 204
B.2 张量 …… 207
B.3 场论 …… 212
附录 C 泛函和变分初步 …… 217
C.1 泛函 …… 217
C.2 变分 …… 220

Contents

Preface

Introduction

Chapter 1　Introduction to classical thermodynamics ······ 1

1.1　System and its classification ······ 1

1.2　Equilibrium and non-equilibrium states ······ 2

1.2.1　State parameter, state function and equation of state ······ 2

1.2.2　Equilibrium, non-equilibrium states and non-equilibrium steady state ··· 3

1.3　Reversible and irreversible processes ······ 4

1.4　Basic laws of thermodynamics ······ 5

1.5　Entropy and the principle of maximum entropy ······ 6

1.6　Fluctuation, equilibrium and stability ······ 7

1.7　Symmetry, order and disorder ······ 9

1.8　Basic equations of thermodynamics and criterion of equilibrium ······ 10

1.8.1　Basic equations of thermodynamics ······ 10

1.8.2　Criterion of equilibrium and stability condition ······ 12

1.9　Summary ······ 13

Chapter 2　Basic theory of non-equilibrium thermodynamics ······ 14

2.1　Brief introduction to the study of non-equilibrium thermodynamics ······ 14

2.2　State and entropy change of open system ······ 15

2.3　Local equilibrium assumption and basic equations ······ 17

2.3.1　Local equilibrium assumption ······ 17

2.3.2　Mass conservation equation ······ 18

2.3.3　Local entropy equilibrium equation ······ 19

2.3.4　Local entropy production, generalized forces and generalized flows ······ 21

2.4　Lyapunov's stability theory ······ 22

2.5　Theory of minimum entropy production in linear regions near equilibrium ······ 24

2.5.1　Phenomenological equation and Onsager reciprocal relations ······ 24

2.5.2 Theories of minimum entropy generation and the stability of steady state ······ 24
2.6 Dissipative structure theory in nonlinear regions far from equilibrium ······ 28
2.6.1 Pervasive development criteria ······ 28
2.6.2 Excess entropy production ······ 29
2.6.3 Dissipative structure and characteristics ······ 32
2.6.4 Dissipative structure formation condition ······ 36
2.7 The minimum entropy production equivalent to the minimum energy dissipation rate ······ 37
2.8 Application scope of the theories of minimum entropy generation and dissipative structure ······ 38
2.9 Summary ······ 39
Chapter 3 Theory of chaos ······ 41
3.1 Origin and development of chaos ······ 41
3.2 Concepts and classification of chaos ······ 43
3.3 Approaches of generating chaos ······ 44
3.4 Basic features of chaos ······ 46
3.5 Several common methods of identifying chaos ······ 47
3.5.1 Phase diagram method ······ 48
3.5.2 Stroboscopic sampling method ······ 48
3.5.3 Poincaré section ······ 48
3.5.4 Phase space reconstruction ······ 49
3.5.5 Power spectrum analysis ······ 51
3.5.6 Principal component analysis ······ 52
3.5.7 Fractal dimension ······ 53
3.5.8 Lyapunov exponent ······ 54
3.5.9 Measure entropy ······ 55
3.6 Dissipative structure: A special case of chaos ······ 57
3.7 Summary ······ 58
Chapter 4 Thermodynamic problems of viscous fluids ······ 59
4.1 Two basic methods of describing fluid motion ······ 59
4.2 Basic equations of fluid motion ······ 60
4.3 Entropy balance equation of fluid ······ 65

4.4 Energy dissipation function and energy dissipation rate of fluid ··· 66
4.5 Energy dissipation rate of rivers based on generalized flows and generalized forces ··· 69
4.5.1 Generalized flows and generalized forces of rivers ··· 70
4.5.2 Energy dissipation function and energy dissipation rate of rivers ··· 71
4.6 Principle of minimum energy dissipation rate of fluid ··· 71
4.7 Summary ··· 73
Chapter 5 Numerical flume simulation of minimum energy dissipation rate of fluid ··· 74
5.1 Overview of numerical flume simulation ··· 74
5.2 Numerical models of fluid motion ··· 75
5.3 Simulation of flume slope variation ··· 77
5.4 Model setup, grid division and boundary conditions ··· 78
5.5 Energy dissipation rate of unit volume of water and its calculation ··· 80
5.6 Calculation conditions ··· 81
5.7 Calculation results and analysis ··· 82
5.8 Summary ··· 84
Chapter 6 Analysis of river evolution based on energy dissipation rate and dissipative structure and chaos ··· 85
6.1 Self-adjustment of alluvial rivers ··· 85
6.1.1 Self-adjustment function of rivers ··· 85
6.1.2 Short-term and long-term adjustment of rivers ··· 86
6.1.3 Energy dissipation rate reached minimum at a relatively balanced state of rivers ··· 87
6.2 Weight analysis of factors affecting river evolution ··· 88
6.2.1 Weight analysis based on information entropy ··· 89
6.2.2 Weight analysis based on correlation coefficient method ··· 95
6.3 River facies relation based on minimum energy dissipation rate ··· 97
6.4 Curvature analysis of stable bend ··· 101
6.5 Cause analysis of river pattern ··· 103
6.6 Energy dissipation rate and its variation of different river patterns ··· 105
6.7 Dissipative structure and chaos in the transformation of river

patterns …… 110
6.8 Summary …… 111
Chapter 7 Analysis of chaos characteristics of different river patterns based on multivariate time series …… 113
7.1 Analysis methods of the chaos characteristics of rivers …… 113
7.2 Examples …… 114
7.2.1 Measured data of monthly width-depth ratio, monthly runoff and monthly sediment concentration of 6 reaches in the lower Yellow River …… 114
7.2.2 Phase space reconstruction of width-depth ratio, runoff and sediment concentration time series …… 134
7.2.3 Chaos characteristics recognition of width-depth ratio, runoff and sediment concentration time series …… 144
7.2.4 Chaos characteristics weighted average of width-depth ratio, runoff and sediment concentration time series …… 156
7.3 Summary …… 157
Chapter 8 Discriminant of river pattern stability based on excess entropy production …… 158
8.1 Excess entropy production and excess energy dissipation rate …… 158
8.2 Stability criteria of river patterns …… 159
8.3 Analysis of stability of different river patterns …… 163
8.4 Summary …… 167
Chapter 9 Application of minimum energy dissipation rate in headwork design for water diversion and sand prevention …… 168
9.1 Calculation of the scouring sluice width in low dam diversion headworks …… 168
9.1.1 Arrangement and function of the scouring sluice …… 169
9.1.2 Calculation method of the scouring sluice width …… 170
9.2 Optimization design of the bend in bend diversion headworks …… 172
9.2.1 Optimal designed mathematical model of diversion curve …… 173
9.2.2 Optimized results and validation …… 175
9.3 Summary …… 176
Chapter 10 Optimal design of stable channel based on minimum energy dissipation rate …… 177
10.1 Types of stable channels and their application conditions …… 177
10.2 Objective function for optimal design of stable channels …… 178

10. 3 Non-silting velocity and non-eroding velocity of channels ········ 179
10. 3. 1 Channel flow sediment capacity ································ 179
10. 3. 2 Non-silting velocity of channels ································ 181
10. 3. 3 Non-eroding velocity of channels ································ 182
10. 4 Optimal design of non-silting and non-eroding channels ········ 183
10. 5 Optimal design of equilibrium of eroding and silting channels ·· 187
10. 6 Summary ·· 191
References ·· 192
Appendix A: Concepts of matrix ·· 200
Appendix B: Vector , tensor and field basis ···························· 204
B. 1 Vector ·· 204
B. 2 Tensor ·· 207
B. 3 Field theory ·· 212
Appendix C : Preliminary functional and variational calculus ················ 217
C. 1 Functional ·· 217
C. 2 Variational calculus ·· 220

第1章　经典热力学概论

热力学是研究自然界中热现象和热运动规律的基础科学[1~7]。凡是与温度有关的物体性质及状态的变化都属于热现象。热运动与热现象密切相关。自然界中的热现象十分广泛,例如,物体的热胀冷缩,物体运动过程中因摩擦生热而产生的能量耗散,物质中各种不同相之间的相互转变,不同物质之间的化学反应,导体的导电性等都与温度有关。所以,热力学理论具有普适性。热力学的普适性与其所采用的研究方法有关。热力学是从实际经验总结出来的基本定律出发,以宏观系统为研究对象,采用综合研究方法,把系统作为一个整体进行研究。热力学分为经典热力学和非平衡态热力学。经典热力学不涉及时间坐标,主要研究系统的平衡态和可逆过程,所以经典热力学又称平衡态热力学或可逆过程热力学。本章主要介绍经典热力学的基本概念和基本定律。

1.1　系统及其分类

热力学系统是指由大量微观粒子组成的、在时间和空间上都具有宏观尺度的有限宏观系统。如果热力学系统只有一种组分,那么就称为单元系统,否则称为多元系统。如果系统各部分都是均匀的,那么就称为单相系统或均匀系统,否则称为复相系统或非均匀系统。复相系统可以分为若干个均匀部分,每个均匀部分称为一相,不同相之间发生的相互转变称为相变。

热力学系统的概念也可进一步推广到自然科学和社会科学等领域。众所周知,存在于世界上的物体无穷无尽,这些物体相互作用和影响。为了方便研究,从其中分割出一部分作为研究对象,分割出的这一部分称为系统,而系统以外的周围环境称为外界。系统有简单系统和复杂系统之分,复杂系统是指由大量相互作用、相互影响的子系统或简单系统集合而成的大系统。系统既可以是具体的物质,也可以是抽象的组织[8]。根据系统与外界相互作用程度,可将系统分为孤立系统、封闭系统和开放系统。

孤立系统是指那些完全不受外界影响的系统,也就是说该系统与外界既无物质交换,又无能量交换。严格来说,孤立系统在自然界中并不真正存在。因为每个系统和它周围的环境总是有着各种各样的联系,并受到周围环境的影响,它们之间相互作用。所以,只有当外界与系统的相互作用非常小,以至于对所研究的问题影响很小时,可以近似地将系统看成孤立系统。由于孤立系统不受外界影响,因此系统内部发生的过程是自发的。

封闭系统是指与外界仅交换能量、但不交换物质的系统。如果忽略了落下的流星陨石和宇宙尘埃,那么地球就是一个封闭系统。因为它既接受来自太阳和其他恒星的辐射能量,本身又向宇宙辐射能量。而开放系统则是指与外界既交换物质又交换能量的系统。如一段河流就是开放系统。图 1.1 所示的河段两端既有径流流入和流出,又有流动过程中为克服边界摩阻力而产生的能量损耗。此外,还通过蒸发、降水和渗流与外界交换水分。在自然界中开放系统是普遍存在的。封闭系统和开放系统均受外界影响,系统内发生的过程与孤立系统不同。

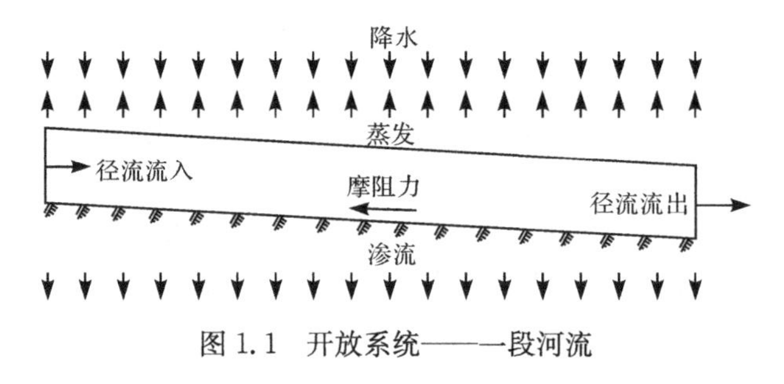

图 1.1 开放系统——一段河流

1.2 平衡态与非平衡态

1.2.1 状态参量、状态函数和物态方程

在热力学中,把系统所具有的特征与状况称为系统的状态。在一般情况下,描述一个热力学系统的宏观状态需要下列 4 种物理量。

第 1 种是描述系统几何性质的几何物理量,如体积、长度、表面积等。

第 2 种是描述系统力学性质的力学物理量,如压强、表面张力等。

第 3 种是描述系统化学成分的化学物理量。化学成分就是系统所含各种化学组分的数量,组分是指由同一种类型的分子构成的物质。每个组分的数量可以用物质的量或质量、质量分数来表示。各组分的物质的量或质量、质量分数之和等于整个系统的总的物质的量或质量、质量分数。

第 4 种是描述系统电磁性质的电磁物理量,如电场强度、磁场强度、磁化强度等。

由于上述 4 种物理量都不是热力学特有的物理量,它们分别属于力学、电磁学和化学领域,不能直接表征一个物体的冷热程度。所以还需要一个能直接表征物体冷热程度的物理量,即温度。温度是热力学特有的最基本物理量。

用上述几种物理量就可以研究系统的平衡态性质和规律。但是对于一个具体系统状态的描述，并不一定都需要用到这几种物理量。究竟需要用到哪些物理量才能完全描述系统的状态，决定于系统本身的性质。对于非平衡态，由于系统各部分分别具有不同的性质，物理量的值在各部分具有各不相同的数量。所以，就不能用唯一的一组物理量来描述系统状态。

在热力学中，把描述系统宏观状态的物理量称为状态参量。状态参量分为两大类：一类为强度量，其值与系统的大小和质量无关，在系统中任何一点都有确定值，如温度、压强、密度、电场强度、磁场强度；另一类为广延量，其值取决于系统的大小和质量，如体积、熵、质量、能量等。

若一个物理量可以作为描述系统宏观状态的独立变量的单值函数，则这个物理量就称为状态函数，简称态函数。温度就是一个状态函数。状态函数的一个重要特性是其数值变化只取决于系统的初态和终态，而与其所经历的路径无关。

温度与状态参量之间的函数关系称为物态方程。物态方程也是一个状态函数，用来描述系统状态。设描述一个系统平衡状态的状态参量为$\{x_i\}=x_1,x_2,\cdots,x_n$，根据物态方程的定义，则有

$$f(T,\{x_i\})=0 \tag{1.1}$$

式(1.1)有$n+1$个参量，若选择其中n个线性无关的参量作为独立变量，余下的另一个参量则可以表示为n个独立变量的函数。在处理实际问题时，视研究问题的方便，可选择不同的独立变量作为自变量。

1.2.2　平衡态、非平衡态和非平衡定态

热力学系统可能以两种不同的宏观状态存在，即平衡态或非平衡态。如果一个系统的状态参量不随时间改变，而且系统内部不存在任何物理量的宏观流动过程，则称为平衡态。平衡态有两个重要特征：①表征系统宏观性质的状态参量不随时间变化；②在系统内部不存在任何物理量的宏观流动过程，如粒子流、热流、水流等。凡不满足上述任一条件的状态，都称为非平衡态。

当系统处于非平衡态时，如果外界条件不变，系统最终也可以达到一种宏观上不随时间变化的稳定状态，这种稳定状态称为非平衡定态或简称定态。在非平衡定态，系统的状态参量不随时间变化，但系统内部仍可发生各种物理量的宏观流动过程，只是这些内部过程和外界的交换过程的平均效果使得系统的状态参量保持不变。所以，平衡态只是定态的一种特例，是内部没有宏观流动过程，达到平衡的一种定态。

孤立系统的定态就是平衡态，而封闭系统或开放系统则不然。封闭系统或开放系统即使达到定态，也不一定是平衡态。例如，设想一根管道的两端各连接一个无限大的水库，即管道两端的水位差保持恒定，如图1.2所示。在这种情况下，管道中的水流为恒定流，所有状态参量都不随时间而改变，即达到定态。但这种

定态不是平衡态，因为管道中还存在着由高水位到低水位的水流流动，即宏观流动过程，这种状态是非平衡定态。

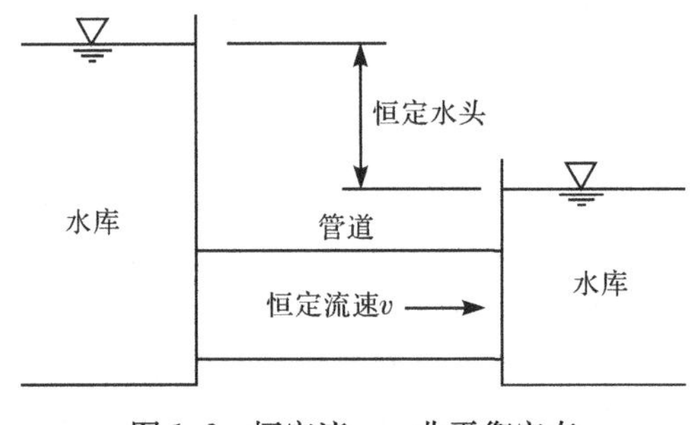

图 1.2　恒定流——非平衡定态

孤立系统无论其初始状态如何，总是自发地朝着平衡态的方向演变，随着时间的持续，总会达到平衡态。一旦达到平衡态，如果没有外界作用，它将永远维持着这个平衡态，不会自发地离开平衡态。在平衡态整个系统从宏观上呈现出均匀、单一的特点，是一种“死”状态。

封闭系统或开放系统由于受外界条件的约束，系统演变过程的终态很可能是非平衡定态，而不是平衡态。但是，当封闭系统或开放系统与外界相互平衡时，同样可以达到平衡态。也就是说，需要满足一定的平衡条件，它们才能处于平衡态。平衡条件共有 4 种：①力学平衡，系统与外界各处压强相等；②热平衡，各处温度相等；③相平衡，没有相变过程；④化学平衡，没有化学反应。需要同时满足上述 4 种条件，才能处于平衡态。例如，一个系统与另一个恒温热源接触，随着时间的持续，系统内各处温度将会与外界热源温度相同，且不再变化，这时系统就处于平衡态。封闭系统或开放系统的平衡态一旦形成，就不会再与外界进一步发生相互作用，即系统与外界停止物质或能量交换。在没有外界影响下，系统将长期保持平衡态。

当一个系统的平衡态确定之后，其微观状态仍可以千变万化。例如，一个充满均匀气体的绝热密闭容器，其状态参量温度和压强具有确定的值，因而其宏观状态也是确定的，但容器内气体分子仍在做无规则的布朗运动。所以从分子微观运动角度来看，热力学平衡是一种动态平衡，又称热动平衡。

1.3　可逆过程与不可逆过程

在热力学中，把系统的状态或某些参量随时间的变化称为过程。处于定态或平衡态的系统，当受到外界作用时，系统的状态将受到破坏，在经历一段时间演变后，系统又会恢复到一个新的定态或平衡态。系统从一个定态或平衡态演变到另一个定态或平衡态，中间所经历的过程是非常复杂的，只有当这个过程变化得非常缓慢，其中间过程才可能是定态或平衡态。若一个过程的每一步，系统均处于定态或平衡态，则这个过程称为准静态过程。如果过程的每一步都处于非平衡态，则称过程为非静态过程或非平衡态过程。准静态过程要求系统在过程的每一步都处于定态或平衡态，而这在实际中是不可能的。因为当系统的定态或平衡态被破坏后，总需要经历一段时间才能演变到新的定态或平衡态，但是在没有演变到新的定态或平衡态之前，系统又会发生新的变化，这个变化会破坏原有的平衡。所以，准静态过程是一个理想化的过程，在实际中并不存在[1~7]。准静态过程如果不考虑摩擦阻力，就是一个可逆过程。

如果一个过程，每一步都可以向相反的方向进行，而不引起外界任何其他变化，则称为可逆过程。反之，如果一个过程，每一步都不会自发地向相反的方向进行，则称为不可逆过程。不可逆过程是单方向的，如无外界作用，不会自发地向相反方向转化。可逆过程只是一种理想化的概念，在自然界中并不存在。这里所说的自发过程是指在不受任何外界作用下，状态自动演变的过程。自然界中自发进行的宏观过程都是不可逆过程。也就是说，一个宏观过程产生的效果，无论用任何曲折复杂的方法也不可能使系统恢复原状，而不引起任何其他变化。

1.4　热力学基本定律

经典热力学的理论基础就是由实际经验总结出来的热力学第零定律（热平衡定律）、第一定律、第二定律和第三定律。由这 4 个热力学基本定律出发，通过数学推演，得到一些热力学函数，用来描述系统的各种平衡性质及其规律。这就是经典热力学的基本内容。

热力学第零定律是关于热交换平衡的原理。一切互为热平衡的系统，其温度相等。这就是热力学第零定律，又称热平衡定律。

热力学第一定律是关于能量守恒与转化的原理。自然界中的一切物质都具有能量，能量以各种不同的形式存在，能够从一种形式转化为另一种形式，在转化过程中能量的总量保持不变。这就是著名的能量守恒与转化定律，在热力学中又称热力学第一定律。为了用数学公式表达热力学第一定律，引进了内能的概念。所谓内能是指系统内部存储的能量，主要与温度有关，它包括系统内所有分子热运动的能量和分子之间相互作用的势能的总和，但不包括系统作为整体在空间运动的动能和势能。内能是一个状态函数。热力学第一定律数学表达式为

$$Q = \mathrm{d}U + W \tag{1.2}$$

式中，Q 为系统从外界吸收的热量；d 为微分符号；$\mathrm{d}U$ 为系统内能 U 的增量；W 为系统对外界所做的功。在热力学中规定，系统从外界吸收的热量为正，放出的热

量为负；系统对外界做功为正，外界对系统做功为负。

式(1.2)表明，在一个热力学过程中，系统吸收的热量等于系统内能的增量和系统对外所做的功，这是热力学第一定律的另一种表达方式。对于孤立系统，$Q=0$，$W=0$，则有 $\mathrm{d}U=0$，即

$$U = 恒量 \tag{1.3}$$

热力学第一定律仅说明了能量在转化过程中守恒，并没有涉及能量转化过程的方向性问题。然而自然界中热力学过程总是有方向性的，不是任何方向都可以进行的。例如，水流在流动过程中，为了克服边界摩擦阻力，一部分机械能转化为热能而消耗掉，造成水头损失，而要使这部分损耗掉的热能重新自发地转化成机械能却是不可能的事，即相反的转化不可能自发地产生，这说明能量转化是不可逆过程。

热力学第二定律阐明了能量转化过程中的方向性，即能量转化在某些方向是可以自发地进行的。热力学第二定律有两种常见的表达方式，其一是 1850 年克劳修斯(R. J. E. Clausius)的表述：不可能把热从低温物体传到高温物体而不引起其他变化；其二是 1851 年开尔文(L. Kelvin)的表述：不可能从单一热源取热使其完全变为有用的功而不引起其他变化。热力学第二定律告诉人们，凡涉及与热现象有关的一切宏观过程都具有不可逆性。

热力学第三定律是绝对温度的零度不可能达到原理，即不可能使一个物体冷到绝对温度的零度。

以上 4 个热力学基本定律构成了系统完整的经典热力学理论。

1.5 熵与最大熵原理

1865 年德国物理学家 Clausius 引入了熵的概念。熵的重要意义在于揭示了系统演变过程中的方向性。熵是一个状态函数，其数学表达式为

$$\begin{cases} S_2 - S_1 = \int_1^2 \dfrac{\delta Q}{T}, & 可逆过程 \\ S_2 - S_1 > \int_1^2 \dfrac{\delta Q}{T}, & 不可逆过程 \end{cases} \tag{1.4}$$

式中，S_1、S_2 分别为系统初态、终态的熵；δ 为变分符号；Q 为热量；T 为绝对温度。

如果选择[L](长度)、[M](质量)、[T](时间)、[θ](温度)作为基本量纲，并考虑到热能关系式(1.2)，得出熵的量纲为[$\mathrm{ML^2T^{-2}}\theta^{-1}$]，其中，[$\mathrm{ML^2T^{-2}}$]为能量的量纲。

对于无限小的过程，式(1.4)可改写成微分形式，即

$$\mathrm{d}S \geqslant \frac{\delta Q}{T} \tag{1.5}$$

式中，等号对应于可逆过程，不等号对应于不可逆过程。

对于孤立系统，因系统和外界没有能量和物质交换，则 $\delta Q=0$，由式(1.5)可得

$$dS \geqslant 0 \tag{1.6}$$

或

$$\frac{dS}{dt} \geqslant 0 \tag{1.7}$$

式(1.7)表明，在孤立系统中，熵只增不减，对于可逆过程系统的熵不变，即 $dS=0$，对于不可逆过程系统的熵增加，即 $dS>0$，此为最大熵原理或熵增原理，也是热力学第二定律的另一种表达方式。由最大熵原理可知，只有不可逆过程才对熵作出贡献。利用最大熵原理，可以判断不可逆过程进行的方向。孤立系统中任何自发的不可逆过程，只能向熵增加的方向进行，直到平衡态时，熵达到极大值，即

$$dS = 0 \tag{1.8}$$

自然科学中的任何定律、定义都有一定的适用条件和范围，如果不加以分析就盲目应用，往往就会得到一些荒谬的结论。如 Kelvin 和 Clausius 将热力学第二定律推广应用到整个宇宙，得出宇宙“热寂说”的推论。他们把宇宙看成一个巨大的孤立系统，认为宇宙的能量是不变的，但宇宙的熵趋向最大值。也就是说，宇宙最终要发展到热力学平衡态。在平衡态，整个宇宙处处温度相同、压强均匀，一切做功的热量都不存在，任何宏观变化，如恒星发光、发热，地球上的一年四季以及风、雨、雪、雾、雷电等都将停止，整个宇宙呈现出“热死”状态。这显然违背了自然科学规律。因为，首先热力学定律只适用于宏观有限系统，而不能用于像宇宙这样的宏观无限系统；其次热力学中所定义的内能、熵都是针对可加系统的，而宇宙中由于存在着万有引力(包括黑洞)，它的内能和熵不再具有可加性，且在万有引力作用下，宇宙中的物质和能量在某些区域可能高度集中，永远不会趋于均匀分布。因而，“热寂说”一经提出，就引起了众多争议。首先对“热寂说”提出质疑的是英国物理学家麦克斯韦(J. C. Maxwell)；随后奥地利物理学家玻尔兹曼(L. E. Boltzmann)提出宇宙中存在着熵的涨落现象，用“涨落说”驳斥了宇宙“热寂说”；德国思想家、哲学家恩格斯(F. V. Engels)在其所著的《自然辩证法》中对宇宙“热寂说”也进行了批判，指出宇宙“热寂说”违反了能量守恒与转化定律。

1.6　涨落、平衡和稳定

系统总是会发生偏离原来状态的微小偏差，这种偏差称为涨落。涨落是自然界广泛存在的现象。涨落分为两类：围绕平均值的涨落和布朗运动的涨落。围绕平均值的涨落是某些物理量在平均值附近的起伏变化引起的。布朗运动是由于微观粒子受周围分子碰撞而引起的无规则运动，它是英国植物学家布朗

(R. Brown)于1827年在显微镜下观察液体中的悬浮胶态粒子发现的。布朗运动的涨落是在随机力作用下，系统中微观粒子做无规则运动而引起的。涨落是偶然的和随机的。涨落本身很微小，一般可以忽略不计。但是在某些现象中，涨落却起着决定性作用，如临界现象，临界点前的一个微小的涨落就可能被放大，导致原热力学分支失稳而突变进入新的分支。

平衡和稳定是两个不同的物理概念，两者的差异可以通过图1.3所示的静力学平衡稳定性的例子说明。在静力学中，平衡是指物体在合力作用下保持静止或运动状态不变。图1.3中的小球位置均处于平衡位置。如果给小球一个较小的扰动，使小球偏离平衡位置，将会有3种不同的结果：①位于(a)处的小球迟早会重新返回原来的平衡位置，所以小球原来的平衡位置是稳定平衡；②位于(b)处的小球一旦离开原来的平衡位置，将会发生相当大的变化，不会再返回原来的位置，这种平衡是不稳定平衡；③位于(c)处的小球，如果扰动较小，它仍会回到原来的平衡位置，如果扰动较大，超过一定极限值时，它将离开平衡位置，为此，称原来的平衡为亚稳定平衡。

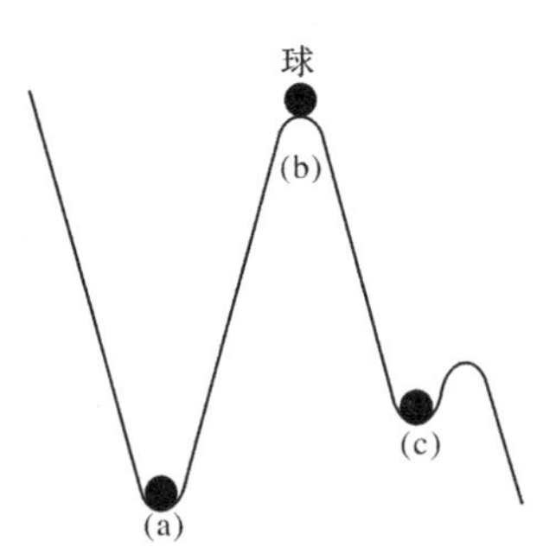

图1.3　静力学平衡和稳定

(a) 稳定平衡；(b) 不稳定平衡；(c) 亚稳定平衡

稳定性概念在热力学系统中同样存在。稳定性是指系统的状态不随时间变化而变化，也不因为有微小涨落而导致整个系统状态改变。如果一个系统处于某种平衡态或定态，由于涨落而偏离了原来的状态，但随着涨落被逐渐衰减，仍会回到原来的状态，称该系统是稳定的。反之，如果涨落随着时间发展不仅没有衰减反而放大，使系统更加偏离原来的状态，则称该系统是不稳定的。热力学系统中也存在稳定平衡和亚稳定平衡，例如，对于孤立系统，熵可能有几个极大值，其中最大值对应于稳定平衡，其他较小的值则对应于亚稳定平衡。

1.7　对称性与有序和无序

所谓对称性是指系统的某种属性经过一定调换后仍保持不变的性质。自然界中的各种事物都具有某种对称性，但不同事物的对称性强弱不同。对称性与有序密切相关。“序”是指事物之间或事物内部各个要素之间的关系所具有的次序。当事物组成要素具有某种约束性、呈现某种规律时，称该系统是有序的。而无序是指系统混乱无规则的状态。通常，系统的对称性越高，有序度就越低，即有序意味着对称性破缺。

对于孤立系统，Boltzmann 首先指出熵是分子无序的量度，并给出以下著名关系式[3~5]

$$S = k\ln N \tag{1.9}$$

式中，S 为系统的熵；k 为 Boltzmann 常数，$k=1.3806505\times10^{-23}\text{J/K}$；$N$ 为宏观状态所对应的微观状态数（称状态几率或配容数），状态几率越大，分子排列就越无序。

式(1.9)是熵的统计解释，称为 Boltzmann 统计熵公式。通过该式将系统的宏观量——熵和微观量——状态几率联系起来，并明确表明，系统的熵与状态几率成正比，即高熵对应于无序，而低熵则对应于有序。孤立系统的自发过程总是趋于平衡态，在平衡态时，熵为极大值。也就是说，系统处于平衡态时，其对应的微观状态数最大，分子排列也最混乱无序。例如，在图 1.4 中有一个密闭容器，中间用隔板将容器一分为二。容器的左侧充满气体，右侧为真空。当隔板去掉后，由于分子做无规则的布朗运动，随着时间的持续，气体分子将均匀地混乱无序地充满整个容器。此时，容器内各部分温度、压强等状态参量均匀分布，并不随时间变化，达到平衡态，而这时微观分子运动也最混乱、无序，并具有较强的对称性，即无论将气体各部分如何调换，其物理性质均不会发生变化。图 1.4 中发生的过程是

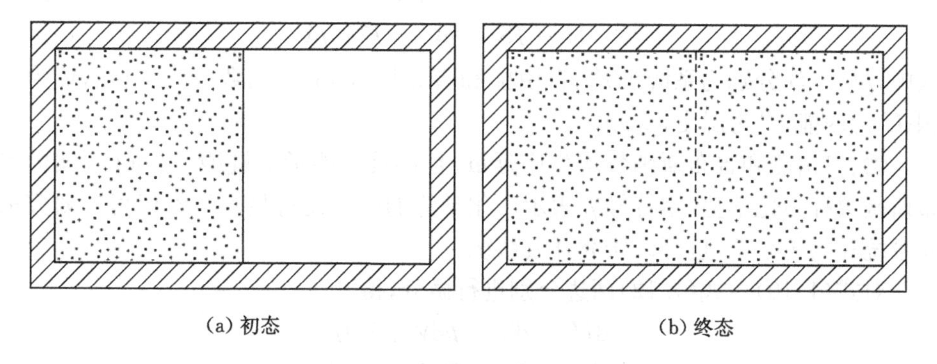

(a) 初态　　(b) 终态

图 1.4　密闭容器气体扩散过程

不可逆过程。可见，孤立系统自发过程总是趋于平衡和趋于无序，永远不可能自发地形成有序状态，但趋于平衡和趋于无序并不是自然界的普遍规律。

对于封闭系统，Boltzmann 指出[9]，当系统温度充分低时，则有可能形成低熵有序的平衡结构。这一点从自由能定义式(1.11)可以看出，正是系统的内能 U 和熵 S 两者竞争的结果决定了系统所处的状态。如果要使系统的自由能取极小值，则需要 U 尽量小，而 TS 尽量大。这正是热力学第二定律所要求的。当温度 T 较高时，TS 项增大，使自由能 F 趋于极小，系统进入分子混乱无序的平衡态。而在低温时，TS 项可以忽略，自由能 F 主要取决于内能 U，在这种情况下，就有可能出现低熵有序的平衡结构。但这种平衡结构是在分子水平上定义的平衡结构，而不是宏观的时空有序结构，并且这种平衡结构可以在孤立的环境下维持，不需要和外界交换任何物质和能量。例如，水在低温下可以形成冰晶体，将其放进绝热低温和恒温的容器内，它将永远保持下去。这种在平衡态出现的对称性自发破缺从无序进入有序状态的现象称为平衡相变，而相应的结构称为平衡结构。

在非平衡条件下，开放系统通过与外界交换物质和能量也存在有序结构，而这正是耗散结构理论所要回答的问题。

1.8　热力学基本方程及平衡判据

1.8.1　热力学基本方程

在经典热力学中，称状态函数为热力学函数。热力学函数用来描述系统的平衡态。如前所述，物态方程、温度、内能和熵均为热力学函数，下面再引入 3 个新的热力学函数，即

$$H = U + pV \tag{1.10}$$

$$F = U - TS \tag{1.11}$$

$$G = U - TS + pV = F + pV \tag{1.12}$$

式中，H、F、G 分别为系统的焓、自由能和吉布斯(Gibbs)函数；p 为压强；V 为体积；U 为内能；T 为温度；S 为熵。

焓、自由能和吉布斯函数均为广延量，且都具有能量的量纲。1mol 物质的吉布斯函数称为化学势，用符号 μ 表示。化学势的引入使得热力学不仅可以研究孤立系统和封闭系统，也可以研究开放系统。

对式(1.10)～式(1.12)两边分别进行微分，得

$$\mathrm{d}H = \mathrm{d}U + p\mathrm{d}V + V\mathrm{d}p \tag{1.13}$$

$$\mathrm{d}F = \mathrm{d}U - T\mathrm{d}S - S\mathrm{d}T \tag{1.14}$$

$$\mathrm{d}G = \mathrm{d}U - T\mathrm{d}S - S\mathrm{d}T + p\mathrm{d}V + V\mathrm{d}p \tag{1.15}$$

根据系统状态描述原则，对于封闭系统，由于物质总量保持不变，系统的热力学状态只需要两个独立变量来描述。但对于由 n 种组分构成的多元开放系统，由于系统内的物质总量不再是一个恒量，如果要描述它的平衡状态，除了两个独立变量，还必须考虑各组分的质量 m_i 或物质的量 η_i、质量分数 $\rho_i(i=1,2,\cdots,n)$。由于焓、自由能和吉布斯函数都是广延量，因此焓、自由能和吉布斯函数均可表示为包含两个独立变量和各组分质量的函数，即

$$H = H(S,p,\{m_i\}) \tag{1.16}$$

$$F = F(T,V,\{m_i\}) \tag{1.17}$$

$$G = G(T,p,\{m_i\}) \tag{1.18}$$

式中，$\{m_i\}$为各组分质量的集合，$\{m_i\}=m_1,m_2,\cdots,m_n$。

对式(1.16)～式(1.18)分别求全微分，得

$$\mathrm{d}H = \left(\frac{\partial H}{\partial S}\right)_{p,\{m_i\}}\mathrm{d}S + \left(\frac{\partial H}{\partial p}\right)_{S,\{m_i\}}\mathrm{d}p + \sum_{i=1}^{n}\left(\frac{\partial H}{\partial m_i}\right)_{S,p,\{m_j\neq m_i\}}\mathrm{d}m_i \tag{1.19}$$

$$\mathrm{d}F = \left(\frac{\partial F}{\partial T}\right)_{V,\{m_i\}}\mathrm{d}T + \left(\frac{\partial F}{\partial V}\right)_{T,\{m_i\}}\mathrm{d}V + \sum_{i=1}^{n}\left(\frac{\partial F}{\partial m_i}\right)_{T,V,\{m_j\neq m_i\}}\mathrm{d}m_i \tag{1.20}$$

$$\mathrm{d}G = \left(\frac{\partial G}{\partial T}\right)_{p,\{m_i\}}\mathrm{d}T + \left(\frac{\partial G}{\partial p}\right)_{T,\{m_i\}}\mathrm{d}p + \sum_{i=1}^{n}\left(\frac{\partial G}{\partial m_i}\right)_{T,p,\{m_j\neq m_i\}}\mathrm{d}m_i \tag{1.21}$$

式中，下标$\{m_i\}$表示求偏导数时各组分质量 $m_1,m_2,\cdots,m_n$ 都不变；下标$\{m_j\neq m_i\}$表示求偏导数时除 m_i 的各组分质量 $m_1,m_2,\cdots,m_{i-1},m_{i+1},\cdots,m_n$ 保持不变。

因有下列热力学关系[2,3]

$$\left(\frac{\partial H}{\partial S}\right)_{p,\{m_i\}} = T,\quad \left(\frac{\partial H}{\partial p}\right)_{S,\{m_i\}} = V \tag{1.22}$$

$$\left(\frac{\partial F}{\partial T}\right)_{V,\{m_i\}} = -S,\quad \left(\frac{\partial F}{\partial V}\right)_{T,\{m_i\}} = -p \tag{1.23}$$

$$\left(\frac{\partial G}{\partial T}\right)_{p,\{m_i\}} = -S,\quad \left(\frac{\partial G}{\partial p}\right)_{T,\{m_i\}} = V \tag{1.24}$$

将式(1.22)～式(1.24)代入式(1.19)～式(1.21)中，得

$$\mathrm{d}H = T\mathrm{d}S + V\mathrm{d}p + \sum_{i=1}^{n}\mu_i\mathrm{d}m_i \tag{1.25}$$

$$\mathrm{d}F = -S\mathrm{d}T - p\mathrm{d}V + \sum_{i=1}^{n}\mu_i\mathrm{d}m_i \tag{1.26}$$

$$dG = - SdT + Vdp + \sum_{i=1}^{n} \mu_i dm_i \tag{1.27}$$

式中，μ_i 为第 i 组分的化学势，分别定义为

$$\begin{cases} \mu_i = \left(\dfrac{\partial H}{\partial m_i}\right)_{S,p,\{m_j \neq m_i\}} \\ \mu_i = \left(\dfrac{\partial F}{\partial m_i}\right)_{T,V,\{m_j \neq m_i\}} \\ \mu_i = \left(\dfrac{\partial G}{\partial m_i}\right)_{T,p,\{m_j \neq m_i\}} \end{cases} \tag{1.28}$$

将式(1.27)与式(1.15)比较，得

$$TdS = dU + pdV - \sum_{i=1}^{n} \mu_i dm_i \tag{1.29}$$

式(1.25)～式(1.27)和式(1.29)称为多元开放系统的热力学基本方程，其中式(1.29)又称吉布斯公式。

根据欧拉(Euler)齐次式定理，吉布斯函数还可以写成下列形式：

$$G = \sum_{i=1}^{n} \mu_i m_i \tag{1.30}$$

对其两边求微分，有

$$dG = \sum_{i=1}^{n} \mu_i dm_i + \sum_{i=1}^{n} m_i d\mu_i \tag{1.31}$$

将式(1.31)与式(1.27)比较，得

$$SdT - Vdp + \sum_{i=1}^{n} m_i d\mu_i = 0 \tag{1.32}$$

式(1.32)称为吉布斯-杜亥姆(Gibbs-Duhem)公式，也是一个多元开放系统的热力学基本方程。

1.8.2 平衡判据与稳定性条件

对于孤立系统，根据最大熵原理可知，系统中发生的任何宏观过程都朝着熵增加的方向进行，直到平衡态时，熵为最大值，即熵是平衡判据。同时，最大熵原理也保证了平衡态的稳定性。

对于封闭系统，作为平衡判据的热力学函数就不是熵，而是自由能或吉布斯函数。

在温度和体积保持不变的定容系统，平衡判据是自由能 F，即平衡态的自由能最小，于是有

$$\text{极值条件：} \delta F = 0 \tag{1.33}$$

$$\text{稳定条件：} \delta^2 F > 0 \tag{1.34}$$

在温度和压强保持不变的定压系统，平衡判据是吉布斯函数G，即平衡态的吉布斯函数最小，于是有

$$\text{极值条件：}\delta G = 0 \tag{1.35}$$

$$\text{稳定条件：}\delta^2 G > 0 \tag{1.36}$$

式(1.33)和式(1.35)极值条件只是系统达到平衡的必要条件，而式(1.34)和式(1.36)稳定条件是系统维持平衡态的充分条件。如果稳定条件不能满足，系统即使达到平衡态，也会由于涨落而脱离平衡态。一般地，热力学系统的平衡态是稳定平衡，无论是孤立系统的熵取极大值，还是封闭系统的自由能或吉布斯函数取极小值，均为如此。

熵判据、自由能判据和吉布斯函数判据，归根结底是一个熵判据，因为其他两个判据都是熵判据的推论。

1.9　小　　结

在热力学中，根据系统与外界相互作用程度，可将系统分为孤立系统、封闭系统和开放系统。所有的系统都可以处于两种不同的宏观状态，即平衡态和非平衡态。热力学中的平衡态是指系统状态的所有物理量不再随时间变化，而且系统内部不存在任何物理量的宏观流动过程，否则，称为非平衡态。孤立系统自发过程总是由非平衡态趋向于平衡态，在演变过程中遵循热力学第二定律，熵只增不减，达到平衡态时，熵取极大值，即熵是平衡判据。封闭系统达到平衡态时，自由能或吉布斯函数取为极小值，即自由能或吉布斯函数是平衡判据。封闭系统或开放系统由于受外界条件的约束，系统演变过程的终态很可能不是平衡态，而是非平衡定态。非平衡定态是系统在外界条件不变时达到的一种宏观上不随时间变化的稳定状态。非平衡定态与平衡态的区别在于系统内部存在物理量的宏观流动过程。

一般地，热力学的平衡态是稳定的，系统不会自发地离开平衡态，除非有外界影响。平衡与稳定是两个不同的物理概念。稳定性是指系统的状态不随时间的变化而变化，也不因为微小涨落而导致系统离开原来的稳定状态。所以系统稳定性条件是系统维持平衡态的充分条件。如果稳定性条件不能满足，系统即使达到平衡态，也会由于涨落而脱离平衡态。

熵是热力学中一个非常重要的物理量，用以描述系统的混乱度和无序度。高熵对应于无序，低熵对应于有序。

第2章　非平衡态热力学基本理论

经典热力学研究系统的平衡态和可逆过程，但自然界中的平衡态只是一种暂时的、特殊的状态，而非平衡态才是普遍的状态。正因为如此，才发展了非平衡态热力学。非平衡态热力学是在经典热力学基础上发展起来的，它主要研究开放系统的非平衡态性质和不可逆过程。非平衡态热力学亦称不可逆过程热力学，它包括近平衡态不可逆过程热力学和远离平衡态不可逆过程热力学。本章主要介绍非平衡态热力学的基本理论——最小熵产生原理和耗散结构理论，并指出最小熵产生原理等价于最小能耗率原理。

2.1　非平衡态热力学研究简介

非平衡态热力学研究最早可以追溯到1854年英国物理学家汤姆森(W. Thomson，后改名:L. Kelvin)关于各种热电现象的研究[10,11]，但也仅仅局限于近平衡态线性区(简称线性区)。1931年美国物理化学家翁萨格(L. Onsager)证明了在线性区唯象系数的矩阵是对称矩阵，即存在着Onsager倒易关系，这一关系成为研究近平衡态线性区的基础。Onsager也因为这一著名的倒易关系发现而荣获了1968年度诺贝尔化学奖。1945年比利时学者普利高津(I. Prigogine)在Onsager倒易关系的基础上，提出了最小熵产生原理在线性区成立[12]，从而使近平衡态线性区有了较成熟的理论。随后，人们将主要研究精力集中到远离平衡态非线性区(简称非线性区)。但是由于非线性区的复杂性，对于该领域的研究几十年来一直进展缓慢。直到20世纪60年代末，以比利时自由大学著名的物理学家兼化学家Prigogine教授为首的布鲁塞尔学派，经过20余年的艰苦努力，终于对非线性区的研究取得了突破性的进展，提出了耗散结构理论[12]。Prigogine在1969年召开的一次“理论物理与生物学”国际会议上将这一成果公布于众[13]。Prigogine也由于对非平衡态热力学研究做出重大贡献而荣获了1977年度诺贝尔化学奖。

非平衡态热力学研究对象虽然是热力学开放系统，但其理论方法已经推广应用到众多领域，无论物理、力学、化学、生物、地学、农学、医学、工程技术，甚至社会科学领域都可以应用它的研究成果[12]。自1978年以来，非平衡态热力学，特别是耗散结构理论在中国也得到较广泛的传播[2~4,6,7,9,12,14~17]，并在某些领域应用中取得了重要成果。

2.2　开放系统的状态与熵变

非平衡态热力学理论以开放系统作为研究对象，研究其演变规律及性质。一个开放系统依据距离平衡态的远近程度，可能以 3 种不同的宏观状态存在：平衡态、近平衡态和远离平衡态。但受外界约束条件的限制，这 3 种状态未必都能实现。近平衡态和远离平衡态都属于非平衡态。在非平衡态下，系统做功，并产生熵。在平衡态下，系统不再做功，因而熵产生也就停止了。处于非平衡态的系统有许多变化着的因素影响其演变方向。但归纳起来，不外乎两大类：一类是广义流，如热流、水流、电流、扩散流和化学反应等；另一类是广义力，如温度梯度、流速梯度、质量梯度、势梯度、化学亲和势等。广义力引发广义流，两者之间的关系一般是很复杂的函数关系，但在近平衡态，广义流与广义力的关系是线性关系，故近平衡态亦称为线性区或线性非平衡态。而在远离平衡态，它们之间的关系是复杂的非线性关系，故亦称为非线性区或非线性非平衡态。

根据经典热力学理论，任何宏观系统的状态都可引用状态函数熵 S 来描述。对于开放系统，Prigogine 将熵的变化 $\mathrm{d}S$ 分解为两项之和[18,19]，即

$$\mathrm{d}S = \mathrm{d_e}S + \mathrm{d_i}S \tag{2.1}$$

或

$$\frac{\mathrm{d}S}{\mathrm{d}t} = \frac{\mathrm{d_e}S}{\mathrm{d}t} + \frac{\mathrm{d_i}S}{\mathrm{d}t} \tag{2.2}$$

式中，$\mathrm{d_e}S$ 表示系统与外界交换能量和物质所引起的熵变，称为熵流（下标 e 代表 exchanges）；$\mathrm{d_i}S$ 表示系统内发生不可逆过程所产生的熵变，称为熵产生（下标 i 代表 inside）。

开放系统中的熵流和熵产生如图 2.1 所示。开放系统和封闭系统与孤立系统的差别在于系统中存在着熵流项 $\mathrm{d_e}S$。熵流项 $\mathrm{d_e}S$ 其值可正、可负或为零，一般来说没有确定的符号。而根据热力学第二定律，由不可逆过程引起的熵产生项 $\mathrm{d_i}S$ 却永远是正值，即

$$\mathrm{d_i}S \geqslant 0 \tag{2.3}$$

因此，开放系统熵的变化 $\mathrm{d}S$ 不一定大于零，也可以等于零或小于零。

当

$$\frac{\mathrm{d}S}{\mathrm{d}t} = \frac{\mathrm{d_e}S}{\mathrm{d}t} + \frac{\mathrm{d_i}S}{\mathrm{d}t} = 0 \tag{2.4}$$

时，系统处于非平衡态定态。考虑到式(2.3)，由式(2.4)可得

$$\frac{\mathrm{d_e}S}{\mathrm{d}t} = -\frac{\mathrm{d_i}S}{\mathrm{d}t} < 0 \tag{2.5}$$

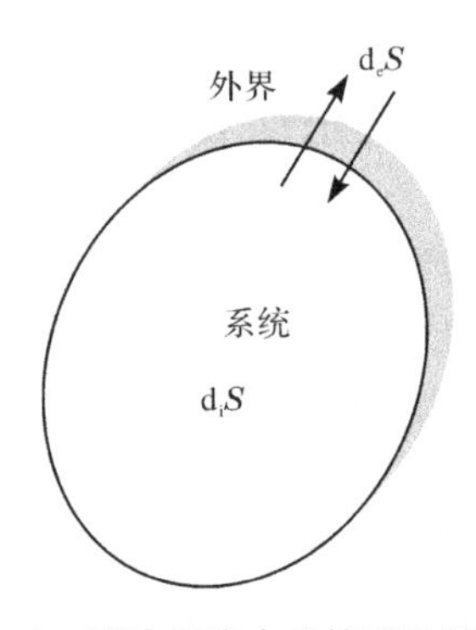

图 2.1 开放系统中的熵流和熵产生

可见,开放系统为定态时,熵流项 d_eS/dt 与熵产生项 d_iS/dt 在数值上相等,但符号相反。也就是说,系统从外界环境中引进了负熵流,而且引进的负熵流与系统内部不可逆过程引起的熵产生维持一种平衡状态。在这种状态下,系统的边界条件与时间无关。

当

$$\frac{dS}{dt} = \frac{d_eS}{dt} + \frac{d_iS}{dt} < 0 \tag{2.6}$$

时,则有

$$\frac{d_eS}{dt} < -\frac{d_iS}{dt} \tag{2.7}$$

系统从外界环境中引进的负熵流满足式(2.7)时,就会使系统的总熵减少。随着总熵减少,系统逐渐趋向于远离平衡态区域。如果系统能够引进足够数量的负熵,使系统处于远离平衡态时,那么系统在一定条件下就有可能发生突变,形成时空有序的耗散结构。

当

$$\frac{dS}{dt} = \frac{d_eS}{dt} + \frac{d_iS}{dt} > 0 \tag{2.8}$$

时,则有

$$\frac{d_eS}{dt} > -\frac{d_iS}{dt} \tag{2.9}$$

系统从外界环境中引进的熵流满足式(2.9)时,就会使系统的总熵增加。随着总熵增加,系统逐渐趋向于平衡态。

对于封闭系统,系统与外界仅交换能量引起的熵变为

$$d_eS = \frac{\delta Q}{T} \tag{2.10}$$

式中,δ 为变分符号;Q 为热量;T 为绝对温度。

将式(2.10)代入式(2.1)得

$$dS = \frac{\delta Q}{T} + d_i S \tag{2.11}$$

因为 $d_i S \geqslant 0$,所以有

$$dS \geqslant \frac{\delta Q}{T} \tag{2.12}$$

式(2.12)是热力学第二定律在封闭系统的数学表达形式。

对于孤立系统,因 $d_e S = 0$,则有

$$dS = d_i S \geqslant 0 \tag{2.13}$$

可见,在平衡态时,熵取极大值,熵产生等于零。如果系统受外界条件约束,达不到平衡态时,熵产生总是大于零。

2.3　局域平衡假设及基本方程

2.3.1　局域平衡假设

当系统处于非平衡态时,系统内各个部分的性质不再均匀,宏观性质也会随时间变化,此时便不能直接应用经典热力学的方法来描述系统的状态。以Prigogine为首的布鲁塞尔学派的重要贡献之一就是把局域平衡假设引入非平衡态热力学研究之中[12,18,19]。

局域平衡假设是建立非平衡态热力学理论的一个重要基石。这一假设的基本思想是:虽然一个系统从整体上看是非平衡的,但是如果将系统看成由许许多多微小局域子系统组成,每个子系统从宏观来看虽小,但其内部包含足够多的微观粒子,仍满足经典热力学宏观系统的条件,并且认为每个子系统内部是平衡的,这样在子系统内部仍可用经典热力学函数来描述,而诸多子系统之间任意两个系统的平衡状态却可能是不同的,所以整体看仍是非平衡的。对于满足局域平衡假设条件的非平衡系统,如果选择某个热力学函数来描述局域子系统状态,那么,整个系统的热力学函数就是各局域热力学函数的算术和,如果把各局域的变化看成连续变化,就可用积分来代替算术和。

现在考虑一个由 n 种组分所构成、处于等温等压但包含化学反应的开放系统,设系统不受外力作用,系统的边界条件与时间无关。当该系统处于热力学平衡时(包括热平衡、力学平衡和化学平衡),系统的热力学状态仅仅取决于系统中各组分的质量分数$\{\rho_j\}$,而与其他状态参量(如温度、压强、体积等)无关。当系统处于热力学非平衡态时,系统的状态还取决于各组分质量分数随时间 t 和空间位置 $\boldsymbol{r}$ 的变化。而质量分数本身又是时间和空间的函数,即 $\rho_j = \rho_j(t, \boldsymbol{r})$。如果选择熵 S 作为描述系统状态的热力学函数,则系统熵函数具有如下形式的泛函[18,19]:

$$S = S\left(\{\rho_j\}, \{\nabla\rho_j\}, \{\nabla^2\rho_j\}, \cdots, \left\{\frac{\partial\rho_j}{\partial t}\right\}, \cdots, \boldsymbol{r}, t\right) \tag{2.14}$$

其中

$$\{\nabla\rho_j\} = \left\{\left(\boldsymbol{i}\frac{\partial}{\partial x} + \boldsymbol{j}\frac{\partial}{\partial y} + \boldsymbol{k}\frac{\partial}{\partial z}\right)\rho_j\right\}, \quad \{\nabla^2\rho_j\} = \left\{\left(\frac{\partial^2}{\partial x^2} + \frac{\partial^2}{\partial y^2} + \frac{\partial^2}{\partial z^2}\right)\rho_j\right\}$$

式中，$\{\rho_j\}$为各组分质量分数的集合，$\{\rho_j\} = \rho_1, \rho_2, \cdots, \rho_n$。

式(2.14)是一个非常复杂的函数而难以应用。但是如果系统在非平衡态时满足局域平衡假设，那么系统的状态就仅取决于系统中各组分质量分数$\{\rho_j(t, \boldsymbol{r})\}$，写出局域熵$S_V$表达式如下：

$$S_V = S_V(\{\rho_j(t, \boldsymbol{r})\}) \tag{2.15}$$

式中，S_V为局域熵，又称单位体积熵或熵密度。

则系统熵为局域熵积分，有

$$S = \iiint_V S_V \mathrm{d}V \tag{2.16}$$

此时

$$S = S(\{\rho_j(t, \boldsymbol{r})\}) \tag{2.17}$$

可见，在局域平衡假设下，系统非平衡态的熵同平衡态的熵一样也仅仅是组分质量分数$\{\rho_j\}$的函数。

式(2.15)对时间求导数，得

$$\frac{\partial S_V}{\partial t} = \sum_{j=1}^{n}\left(\frac{\partial S_V}{\partial \rho_j}\right)\left(\frac{\partial \rho_j}{\partial t}\right) \tag{2.18}$$

2.3.2 质量守恒方程

在经典力学范围内，组成系统的所有物质，无论经过机械的、物理的、化学的等任何形式的运动，都必须遵循质量守恒定律，即质量不会自行产生和消灭。设组成系统的n种物质组分同时进行着化学反应和扩散运动，在某一时刻，这n种物质的质量分别为$m_1, m_2, \cdots, m_n$。每种物质的质量可以通过和外界环境的交换和内部的化学反应发生变化。根据质量守恒定律，在任一时刻，系统第j种物质的质量对时间的变化率可以写为[18,19]

$$\frac{\mathrm{d}m_j}{\mathrm{d}t} = \frac{\mathrm{d_e}m_j}{\mathrm{d}t} + \frac{\mathrm{d_i}m_j}{\mathrm{d}t}, \quad j = 1, 2, \cdots, n \tag{2.19}$$

式中，$\mathrm{d_e}m_j/\mathrm{d}t$是通过系统表面的第$j$种物质的质量扩散流的贡献；$\mathrm{d_i}m_j/\mathrm{d}t$是化学反应对质量变化的贡献。

设Ω是系统的封闭表面积，V是Ω所包围的体积，$\boldsymbol{n}$是面积元外法线方向单位矢量，$\boldsymbol{J}$是质量扩散流，则通过系统表面的第j种物质的质量对时间的变化率为

$$\frac{\mathrm{d_e}m_j}{\mathrm{d}t}=-\oiint_{\Omega}\boldsymbol{J}_j\cdot\boldsymbol{n}\mathrm{d}\Omega \tag{2.20}$$

式中，$\boldsymbol{J}_j$ 为第 j 种物质质量的扩散流；积分号前的负号表示通过系统封闭表面积 Ω 进入体积 V 内的质量扩散流多于流出 V 内的质量扩散流。

利用数学场论中的高斯(Gauss)公式，式(2.20)还可以写成扩散流的散度体积分，即

$$\frac{\mathrm{d_e}m_j}{\mathrm{d}t}=-\oiint_{\Omega}\boldsymbol{J}_j\cdot\boldsymbol{n}\mathrm{d}\Omega=-\iiint_V \mathrm{div}\boldsymbol{J}_j\mathrm{d}V \tag{2.21}$$

式中，$\mathrm{div}\boldsymbol{J}_j$ 为 $\boldsymbol{J}_j$ 的散度，在直角坐标系中，散度的形式为

$$\mathrm{div}\boldsymbol{J}=\nabla\cdot\boldsymbol{J}=\frac{\partial J_x}{\partial x}+\frac{\partial J_y}{\partial y}+\frac{\partial J_z}{\partial z} \tag{2.22}$$

其中，J_x、J_y、J_z 分别为矢量 $\boldsymbol{J}$ 在各坐标轴上的投影；∇为哈密顿(Hamilton)算子，$\nabla=\boldsymbol{i}\frac{\partial}{\partial x}+\boldsymbol{j}\frac{\partial}{\partial y}+\boldsymbol{k}\frac{\partial}{\partial z}$，其引入主要是为了以后推导公式标记方便。

设第 j 种物质参与 r 种化学反应，其中第 k 种化学反应的速率记为 W_k，第 k 种化学反应中的计量系数记为 ν_{jk}[18,19]，则有

$$\frac{\mathrm{d_i}m_j}{\mathrm{d}t}=\sum_{k=1}^{r}\nu_{jk}W_k \tag{2.23}$$

其中

$$W_k=\iiint_V w_k\mathrm{d}V$$

式中，w_k 为单位体积的反应率。

又因

$$m_j=\iiint_V \rho_j\mathrm{d}V \tag{2.24}$$

式中，ρ_j 为第 j 种物质的质量分数。

将式(2.21)、式(2.23)和式(2.24)代入式(2.19)中，则有

$$\frac{\mathrm{d}}{\mathrm{d}t}\iiint_V \rho_j\mathrm{d}V=-\iiint_V \mathrm{div}\boldsymbol{J}_j\mathrm{d}V+\sum_{k=1}^{r}\nu_{jk}\iiint_V w_k\mathrm{d}V \tag{2.25}$$

由于力学平衡假设，求导数与积分号可交换，这样式(2.25)可写为

$$\frac{\partial\rho_j}{\partial t}=-\mathrm{div}\boldsymbol{J}_j+\sum_{k=1}^{r}\nu_{jk}w_k,\quad j=1,2,\cdots,n \tag{2.26}$$

式(2.26)为非线性偏微分方程组，是含有化学反应和扩散运动的非平衡系统的质量守恒方程，又称反应扩散方程。

2.3.3 局域熵平衡方程

当系统处于平衡态时，经典热力学的吉布斯公式为式(1.29)。对于等温且不

受外力作用的系统，因系统与外界没有热量交换，外界对系统也不做功，考虑到热能关系式(1.2)，可知式(1.29)中的 $dU=0$。仅考虑化学反应，不考虑体积变化，则 $dV=0$。引入局域平衡假设，对于局域子系统，式(1.29)变为[18,19]

$$\frac{\partial S_V}{\partial \rho_j}=-\frac{\mu_j}{T} \tag{2.27}$$

式中，μ_j 为第 j 组分的化学势。

将式(2.27)代入式(2.18)中，则有

$$\frac{\partial S_V}{\partial t}=-\sum_{j=1}^{n}\frac{\mu_j}{T}\frac{\partial \rho_j}{\partial t} \tag{2.28}$$

将质量守恒方程式(2.26)代入式(2.28)，得

$$\begin{aligned}\frac{\partial S_V}{\partial t}&=-\sum_{j=1}^{n}\frac{\mu_j}{T}\left(-\operatorname{div}\boldsymbol{J}_j+\sum_{k=1}^{r}\nu_{jk}w_k\right)\\&=\sum_{j=1}^{n}\frac{\mu_j}{T}\operatorname{div}\boldsymbol{J}_j-\sum_{j=1}^{n}\sum_{k=1}^{r}\frac{\mu_j}{T}\nu_{jk}w_k\\&=\nabla\cdot\left(\sum_{j=1}^{n}\frac{\mu_j}{T}\boldsymbol{J}_j\right)-\sum_{j=1}^{n}\boldsymbol{J}_j\cdot\nabla\frac{\mu_j}{T}+\sum_{k=1}^{r}\left(-\sum_{j=1}^{n}\frac{\mu_j}{T}\nu_{jk}\right)w_k\end{aligned} \tag{2.29}$$

式(2.29)的推导过程中应用了数学场论中的下列关系式，即

$$\nabla\cdot(a\boldsymbol{A})=(\nabla a)\cdot\boldsymbol{A}+a(\nabla\cdot\boldsymbol{A}) \tag{2.30}$$

并注意到

$$\operatorname{div}\boldsymbol{A}=\nabla\cdot\boldsymbol{A}$$

式中，$\boldsymbol{A}$ 为矢量场；∇a 为标量场 a 的梯度，是一个矢量场，在直角坐标系中梯度的形式为

$$\nabla a=\operatorname{grad}a=\boldsymbol{i}\frac{\partial a}{\partial x}+\boldsymbol{j}\frac{\partial a}{\partial y}+\boldsymbol{k}\frac{\partial a}{\partial z} \tag{2.31}$$

令

$$\begin{cases}-\operatorname{div}\boldsymbol{J}_s=\nabla\cdot\left(\sum_{j=1}^{n}\frac{\mu_j}{T}\boldsymbol{J}_j\right), \quad s=1,2,\cdots,n\\ \sigma=-\sum_{j=1}^{n}\boldsymbol{J}_j\cdot\nabla\frac{\mu_j}{T}+\sum_{k=1}^{r}\frac{A_k}{T}w_k\end{cases} \tag{2.32}$$

式中，$\boldsymbol{J}_s$ 为熵流，由扩散类运动引起；σ 为局域熵产生，由化学反应类引起；A_k 为化学亲和势，是化学反应偏离平衡态量度，其表达式为[10,18,19]

$$A_k=-\sum_{j=1}^{n}\nu_{jk}\mu_j, \quad k=1,2,\cdots,r \tag{2.33}$$

当化学反应平衡时，$A_k=0$；不平衡时，$A_k\neq0$。

将式(2.32)代入式(2.29)中，得

$$\frac{\partial S_V}{\partial t} = -\operatorname{div}\boldsymbol{J}_s + \sigma \tag{2.34}$$

式(2.34)就是局域熵平衡方程。

2.3.4 局域熵产生与广义力和广义流

对局域熵平衡方程式(2.34)求体积分得出系统熵对时间的微分

$$\begin{aligned}\frac{\mathrm{d}S}{\mathrm{d}t} &= \frac{\partial}{\partial t}\iiint_V S_V \mathrm{d}V \\ &= -\iiint_V \operatorname{div}\boldsymbol{J}_s \mathrm{d}V + \iiint_V \sigma \mathrm{d}V \\ &= -\oiint_\Omega \boldsymbol{J}_s \cdot \boldsymbol{n}\mathrm{d}\Omega + \iiint_V \sigma \mathrm{d}V\end{aligned} \tag{2.35}$$

比较式(2.2)和式(2.35),可知

$$\frac{\mathrm{d_e}S}{\mathrm{d}t} = -\oiint_\Omega \boldsymbol{J}_s \cdot \boldsymbol{n}\mathrm{d}\Omega \tag{2.36}$$

$$\frac{\mathrm{d_i}S}{\mathrm{d}t} = \iiint_V \sigma \mathrm{d}V \tag{2.37}$$

由此可知,式(2.35)的物理意义就是系统熵的变化由两项引起:一项是熵流 $\mathrm{d_e}S/\mathrm{d}t$,其中 $\boldsymbol{J}_s$ 代表通过单位面积的熵的交换速率;另一项是熵产生 $\mathrm{d_i}S/\mathrm{d}t$,其中 σ 代表单位体积中熵产生的速率,具有单位时间单位体积熵的量纲$[\mathrm{ML^{-1}T^{-3}\theta^{-1}}]$。为了以后推导公式书写方便,可令

$$P = \frac{\mathrm{d_i}S}{\mathrm{d}t} \tag{2.38}$$

这个熵产生 P 具有单位时间熵的量纲$[\mathrm{ML^2T^{-3}\theta^{-1}}]$,它在非平衡态热力学中的作用就像熵 S 在平衡态热力学中那样起着非常关键的作用。

关于局域熵产生 σ 可写成下列形式[11]:

$$\sigma = \sum_{i=1}^{m} J_i X_i + \sum_{i=1}^{n} \boldsymbol{J}_i \cdot \boldsymbol{X}_i + \sum_{i=1}^{s} \boldsymbol{J}_i : \boldsymbol{X}_i \tag{2.39}$$

式中,J_i 或 $\boldsymbol{J}_i$ 表示广义流;X_i 或 $\boldsymbol{X}_i$ 表示广义力。

式(2.39)中的广义力和广义流的选取具有一定的任意性,但应遵循下列原则[9,11]:①广义力和广义流的乘积是标量,因此,它们的乘积可以是两个标量的乘积之和,两个矢量的点积之和或两个二阶张量的双点积之和;②广义力和广义流的乘积具有局域熵产生 σ 的量纲;③对某一确定的系统和一组确定的不可逆过程,当用一组新的广义力和广义流乘积来代替旧的广义力和广义流乘积时,局域熵产生 σ 仍保持不变;④当系统处于平衡态时,所有的广义流和广义力都等于零,局域熵产生 σ 也必然等于零。

为了以后推导公式方便,将式(2.39)概化成下列简便形式:

$$\sigma = \sum_{i=1}^{m} \boldsymbol{J}_i \cdot \boldsymbol{X}_i \tag{2.40}$$

由式(2.40)可知,式(2.32)中,$\boldsymbol{J}_j$ 为扩散流;$-\nabla\frac{\mu_j}{T}$ 为扩散力;w_k 为化学反应流;$\frac{A_k}{T}$ 为化学反应力。

2.4　Lyapunov 稳定性理论

稳定性理论是研究动力系统状态发生微小扰动后是否具有保持不变性质的理论[20],所谓动力系统是指随时间演变的系统。热力学系统属于动力系统。描述非平衡热力学开放系统演变过程的动力方程是质量守恒方程式(2.26),该微分方程组的解是否稳定与系统的稳定性紧密相关。若方程组的解是稳定的,则系统稳定;反之,则系统不稳定。所以,研究系统稳定性问题就转化成研究该微分方程组的解的稳定性。关于微分方程组解的稳定性已由俄国数学力学家李雅普诺夫(A. M. Lyapunov)在1892年完成的博士论文"运动稳定性的一般问题"解决。经过100多年的发展完善,由他创立的稳定性理论已经形成了从理论到应用的丰富体系。所以,布鲁塞尔学派在研究热力学系统的稳定性问题过程中就借鉴了Lyapunov稳定性理论[18,19]。

设非线性微分方程组

$$\frac{\mathrm{d}x_i}{\mathrm{d}t} = f(t,\{x_i\}), \quad i = 1,2,\cdots,n \tag{2.41}$$

在初始条件 $x_i^0(t_0)$ 下有解 $\tilde{x}_i(t)$,如果初始条件受到一个微小扰动而成为 $x_i(t_0)$,那么方程组对应的解为 $\tilde{\tilde{x}}_i(t)$,则解 $\tilde{x}_i(t)$ 的稳定性有下列定义。

定义 2.1　若对于给定的任意小的数 $\varepsilon>0$ 和 $t=t_0$,存在着一个相应的正数 $\delta=\delta(\varepsilon,t_0)$,只要能使

$$|x_i(t_0) - x_i^0(t_0)| < \delta \tag{2.42}$$

则对于一切 $t \geqslant t_0$,总有

$$|\tilde{\tilde{x}}_i(t) - \tilde{x}_i(t)| < \varepsilon \tag{2.43}$$

在这种情况下,称微分方程组的解 $\tilde{x}_i(t)$ 是稳定的,否则为不稳定的。

定义 2.2　若 $\tilde{x}_i(t)$ 是稳定的,而且

$$\lim_{t\to\infty} |\tilde{\tilde{x}}_i(t) - \tilde{x}_i(t)| = 0 \tag{2.44}$$

则称 $\tilde{x}_i(t)$ 是渐进稳定的。

得到上述关于微分方程组解的稳定性数学定义后,仍然无法判断非线性方程组的解是否稳定,因为在绝大多数情况下非线性微分方程组的所有解析解是不可

能求出的，所以也就无法利用上述稳定性定义来判断解的稳定性。如何在不求出方程组解的情况下判断解是否稳定呢？Lyapunov 给出了两种判别法[19,20]：第一种方法是间接法，即先设法寻求微分方程组的级数解，在此基础上再研究解的稳定性；第二种方法是直接法，其核心是设法找到一个与微分方程组有关的称为 Lyapunov 函数的辅助函数 $V=V(t,\{x_i\})(i=1,2,\cdots,n)$，然后根据 V 与 $\mathrm{d}V/\mathrm{d}t$ 的符号性质来判断方程组解的稳定性。目前研究微分方程组解的稳定性，主要采用第二种方法。在研究热力学系统的稳定性中也采用了第二种方法。

假定微分方程组(2.41)有零解。如果没有零解，但总可以通过坐标变换把微分方程组的某个非零解选作新坐标系的坐标原点，这样方程组的非零解就变换成新坐标系下的微分方程组的零解。设函数 $V(t,\{x_i\})$ 是定义在坐标原点($x_1=x_2=\cdots=x_n$)某个邻域 D 内的单值连续函数，且满足 $V(t,0,0,\cdots,0)=0$。如果 $V(t,\{x_i\})$ 在 D 内不变号，则称 $V(t,\{x_i\})$ 在 D 内是定号的，并且 $V(t,\{x_i\})$ 连续可微，于是

$$\frac{\mathrm{d}V}{\mathrm{d}t}=\frac{\partial V}{\partial t}+\sum_{i=1}^{n}\frac{\partial V}{\partial x_i}\frac{\partial x_i}{\partial t} \tag{2.45}$$

那么则有下列稳定性判别定理。

定理 2.1　如果对微分方程组(2.41)能找到一个定号函数 $V(t,\{x_i\})$，在邻域 D 内恒有

$$V\frac{\mathrm{d}V}{\mathrm{d}t}\leqslant 0 \tag{2.46}$$

则方程组(2.41)的零解是稳定的。

定理 2.2　如果找到的定号函数 $V(t,\{x_i\})$，在除坐标原点的邻域 D 内恒有

$$V\frac{\mathrm{d}V}{\mathrm{d}t}<0 \tag{2.47}$$

则方程组(2.41)的零解是渐进稳定的。

定理 2.3　如果找到的定号函数 $V(t,\{x_i\})$，在除坐标原点的邻域 D 内恒有

$$V\frac{\mathrm{d}V}{\mathrm{d}t}>0 \tag{2.48}$$

则方程组(2.41)的零解是不稳定的。

具有上述性质的函数 $V(t,\{x_i\})$ 称为 Lyapunov 函数，又称稳定性判据。所以，在利用第二种方法研究微分方程组解的稳定性问题时，关键在于寻找到一个 Lyapunov 函数。但是对于大多数较复杂的微分方程组，寻找这种函数是十分困难的，甚至难以找到。幸运的是，布鲁塞尔学派在近平衡态线性区和远离平衡态非线性区分别找到了这样的 Lyapunov 函数，即不同的稳定性判据。据此，可以判断系统在近平衡态线性区和远离平衡态非线性区的稳定性。

2.5 近平衡态线性区的最小熵产生理论

2.5.1 唯象方程与Onsager倒易关系

在热力学平衡态,系统的广义力和广义流恒等于零。一旦系统偏离平衡态,广义力随即产生并引发广义流。由于广义力是产生广义流的原因,因此广义流和广义力之间存在着某种函数关系,即 $\boldsymbol{J}_k=\boldsymbol{J}_k(\{\boldsymbol{X}_l\})$。将广义流 $\boldsymbol{J}_k$ 在平衡态附近展开为广义力 $\boldsymbol{X}_l$ 的幂级数[18,19],有

$$\boldsymbol{J}_k(\{\boldsymbol{X}_l\})=\boldsymbol{J}_k(0)+\sum_{l=1}^{m}\left(\frac{\partial \boldsymbol{J}_k}{\partial \boldsymbol{X}_l}\right)_0\boldsymbol{X}_l+\frac{1}{2}\sum_{l=1}^{m}\sum_{s=1}^{m}\left(\frac{\partial^2 \boldsymbol{J}_k}{\partial \boldsymbol{X}_l\partial \boldsymbol{X}_s}\right)_0\boldsymbol{X}_l\boldsymbol{X}_s+\cdots \tag{2.49}$$

在平衡态,式(2.49)的第一项恒等于零。在近平衡态,由于广义力的作用较弱,式(2.49)中的第3项及以后各高次项都可以忽略(而在远离平衡态,由于广义力作用较强,这些高次项不可忽略),这样可得

$$\boldsymbol{J}_k=\sum_{l=1}^{m}L_{kl}\boldsymbol{X}_l \tag{2.50}$$

其中

$$L_{kl}=\left(\frac{\partial \boldsymbol{J}_k}{\partial \boldsymbol{X}_l}\right)_0$$

式(2.50)称为唯象方程,由此方程得出,在近平衡态广义力与广义流呈线性关系。而系数 L_{kl} 称为唯象系数。唯象系数与外界对系统的约束无关,可能与系统的状态变量如温度、压强和组分的质量分数有关,但在线性区可作为常量处理。在不可逆过程的线性区域,唯象系数的矩阵是对称矩阵,即

$$L_{kl}=L_{lk} \tag{2.51}$$

式(2.51)称为Onsager倒易关系,由Onsager于1931年提出,该关系式可从微观统计物理学中得到证明。其物理意义是由广义力 $\boldsymbol{X}_l$ 所引起的广义流 $\boldsymbol{J}_k$ 的增长等于由广义力 $\boldsymbol{X}_k$ 所引起的广义流 $\boldsymbol{J}_l$ 的增长。

2.5.2 最小熵产生原理与定态的稳定性

在近平衡态线性区,可证明系统总熵产生 P 就是Lyapunov函数。利用广义流和广义力线性关系可写出扩散流 $\boldsymbol{J}_j$ 和化学反应流 w_k 线性关系为

$$\begin{cases}\boldsymbol{J}_j=-\sum_{i=1}^{n}L_{ji}\nabla\frac{\mu_i}{T}\\ w_k=\sum_{f=1}^{r}l_{kf}\frac{A_f}{T}\end{cases} \tag{2.52}$$

其中

$$L_{ij}=L_{ji},\quad l_{kf}=l_{fk}$$

将式(2.52)代入式(2.32)中的局域熵产生 σ 表达式中，求系统总熵产生 P，并注意到系统总熵产生只能大于零或等于零。

$$P=\frac{\mathrm{d_i}S}{\mathrm{d}t}=\iiint_V\sigma\mathrm{d}V=\frac{1}{T^2}\iiint_V\left(\sum_{i=1}^{n}\sum_{j=1}^{n}L_{ij}\ \nabla\mu_i\cdot\nabla\mu_j+\sum_{k=1}^{r}\sum_{f=1}^{r}l_{kf}A_kA_f\right)\mathrm{d}V\geqslant 0 \tag{2.53}$$

由于熵产生 $P\geqslant 0$ 为定号函数，所以熵产生 P 可作为近平衡态线性区的 Lyapunov 函数。下面求 $\mathrm{d}P/\mathrm{d}t$，并注意利用式(2.33)和 Onsager 倒易关系式(2.51)。

$$\frac{\mathrm{d}P}{\mathrm{d}t}=\frac{2}{T^2}\iiint_V\left(\sum_{i=1}^{n}\sum_{j=1}^{n}L_{ij}\ \nabla\mu_i\cdot\nabla\frac{\partial\mu_j}{\partial t}-\sum_{k=1}^{r}\sum_{f=1}^{r}\sum_{i=1}^{n}l_{kf}A_f\nu_{ik}\ \frac{\partial\mu_i}{\partial t}\right)\mathrm{d}V \tag{2.54}$$

根据局域平衡假设，化学势 μ_i 仅是组分质量分数 ρ_j 的函数，即

$$\mu_i=\mu_i(\{\rho_j\}) \tag{2.55}$$

式(2.55)对时间求导数，得

$$\frac{\partial\mu_i}{\partial t}=\sum_{j=1}^{n}\left(\frac{\partial\mu_i}{\partial\rho_j}\right)_{\{\rho\neq\rho_j\}}\frac{\partial\rho_j}{\partial t} \tag{2.56}$$

将式(2.56)代入式(2.54)，得

$$\begin{aligned}\frac{\mathrm{d}P}{\mathrm{d}t}=&\frac{2}{T^2}\iiint_V\left\{\sum_{i=1}^{n}\sum_{j=1}^{n}\sum_{k=1}^{n}L_{ij}\ \nabla\mu_i\cdot\nabla\left[\left(\frac{\partial\mu_j}{\partial\rho_k}\right)\frac{\partial\rho_k}{\partial t}\right]\right.\\&\left.-\sum_{k=1}^{r}\sum_{f=1}^{r}\sum_{i=1}^{n}\sum_{j=1}^{n}l_{kf}A_f\nu_{ik}\left(\frac{\partial\mu_i}{\partial\rho_j}\right)\frac{\partial\rho_j}{\partial t}\right\}\mathrm{d}V\end{aligned} \tag{2.57}$$

对式(2.57)第一项进行分部积分，并利用场论中的高斯公式，将体积分变换成面积分。

$$\begin{aligned}\text{第一项积分}=&\frac{2}{T^2}\iiint_V\nabla\cdot\left[\sum_{i=1}^{n}\sum_{j=1}^{n}\sum_{k=1}^{n}L_{ij}\ \nabla\mu_i\left(\frac{\partial\mu_j}{\partial\rho_k}\right)\frac{\partial\rho_k}{\partial t}\right]\mathrm{d}V\\&-\frac{2}{T^2}\iiint_V\left\{\sum_{i=1}^{n}\sum_{j=1}^{n}\sum_{k=1}^{n}\left[\left(\frac{\partial\mu_j}{\partial\rho_k}\right)\frac{\partial\rho_k}{\partial t}\ \nabla\cdot(L_{ij}\ \nabla\mu_i)\right]\right\}\mathrm{d}V\\=&\frac{2}{T^2}\oiint_\Omega\sum_{i=1}^{n}\sum_{j=1}^{n}\sum_{k=1}^{n}L_{ij}\ \nabla\mu_i\left(\frac{\partial\mu_j}{\partial\rho_k}\right)\frac{\partial\rho_k}{\partial t}\cdot\boldsymbol{n}\mathrm{d}\Omega\\&-\frac{2}{T^2}\iiint_V\left\{\sum_{i=1}^{n}\sum_{j=1}^{n}\sum_{k=1}^{n}\left[\left(\frac{\partial\mu_j}{\partial\rho_k}\right)\frac{\partial\rho_k}{\partial t}\ \nabla\cdot(L_{ij}\ \nabla\mu_i)\right]\right\}\mathrm{d}V\end{aligned} \tag{2.58}$$

在局域平衡假设的稳定边界条件下，式(2.58)中第一项面积分为零。将剩余项代入式(2.57)，并注意到$\nabla\cdot(L_{ij}\nabla\mu_i)=\mathrm{div}(L_{ij}\nabla\mu_i)$，得

$$\frac{\mathrm{d}P}{\mathrm{d}t}=-\frac{2}{T^2}\iiint_V\left\{\sum_{i=1}^{n}\sum_{j=1}^{n}\sum_{k=1}^{n}\left(\frac{\partial\mu_j}{\partial\rho_k}\right)\frac{\partial\rho_k}{\partial t}\mathrm{div}(L_{ij}\ \nabla\mu_i)\right.$$

$$+\sum_{k=1}^{r}\sum_{f=1}^{r}\sum_{i=1}^{n}\sum_{j=1}^{n}l_{kf}A_{f}\nu_{ik}\left(\frac{\partial\mu_i}{\partial\rho_j}\right)\frac{\partial\rho_j}{\partial t}\Bigg\}\mathrm{d}V$$

$$=-\frac{2}{T}\iiint_V\left[\sum_{i=1}^{n}\sum_{j=1}^{n}\left(\frac{\partial\mu_i}{\partial\rho_j}\right)\frac{\partial\rho_j}{\partial t}\left(\mathrm{div}\sum_{k=1}^{n}L_{jk}\ \nabla\frac{\mu_k}{T}+\sum_{k=1}^{r}\sum_{f=1}^{r}l_{kf}\nu_{ik}\ \frac{A_f}{T}\right)\right]\mathrm{d}V \tag{2.59}$$

将式(2.52)代入质量守恒方程式(2.26)中，可得

$$\frac{\partial\rho_i}{\partial t}=\mathrm{div}\sum_{j=1}^{n}L_{ij}\ \nabla\frac{\mu_j}{T}+\sum_{k=1}^{r}\sum_{f=1}^{r}l_{kf}\nu_{ik}\ \frac{A_f}{T} \tag{2.60}$$

将式(2.60)代入式(2.59)，则有

$$\frac{\mathrm{d}P}{\mathrm{d}t}=-\frac{2}{T}\iiint_V\left[\sum_{i=1}^{n}\sum_{j=1}^{n}\left(\frac{\partial\mu_i}{\partial\rho_j}\right)\frac{\partial\rho_j}{\partial t}\ \frac{\partial\rho_i}{\partial t}\right]\mathrm{d}V \tag{2.61}$$

为了确定 $\mathrm{d}P/\mathrm{d}t$ 的正负号，引用开放系统吉布斯函数 $G=G(T,p,\{\mu_i\})$ 在平衡态时的极值条件和稳定条件，这些条件表达式类似于封闭系统的极值条件式(1.35)和稳定条件式(1.36)。取局域吉布斯函数 G_V，则有

$$G=\iiint_V G_V\mathrm{d}V \tag{2.62}$$

根据式(1.30)，局域吉布斯函数 G_V 可写成下列形式：

$$G_V=\sum_{i=1}^{n}\rho_i\mu_i \tag{2.63}$$

从而得

$$\delta G_V=\sum_{i=1}^{n}\rho_i\delta\mu_i \tag{2.64}$$

$$\delta^2 G_V=\sum_{i=1}^{n}\delta\rho_i\delta\mu_i=\sum_{i=1}^{n}\sum_{j=1}^{n}\left(\frac{\partial\mu_i}{\partial\rho_j}\right)\delta\rho_i\delta\rho_j\geqslant 0 \tag{2.65}$$

比较式(2.61)和式(2.65)，得

$$\frac{\mathrm{d}P}{\mathrm{d}t}\leqslant 0 \tag{2.66}$$

式(2.66)中等号对应定态，不等号对应偏离定态。式(2.66)表明，在近平衡态线性区，当外界约束条件保持稳定时，一个开放系统内的不可逆过程总是向熵产生减小的方向进行，当熵产生减小至最小值时，系统的状态不再随时间变化(图 2.2)。此时，系统处于与外界约束条件相适应的非平衡定态。这个结论称为最小熵产生原理，是 Prigogine 于 1945 年得到的[12,18]。在定态时，熵产生 P 为最小值，那么根据式(2.4)可知，系统从外界环境中引进的负熵流 $\mathrm{d_e}S/\mathrm{d}t$ 也为最小值，且两者相互平衡抵消。

最小熵产生原理反映了非平衡定态的一种“惰性”行为。根据 Lyapunov 稳定性判据

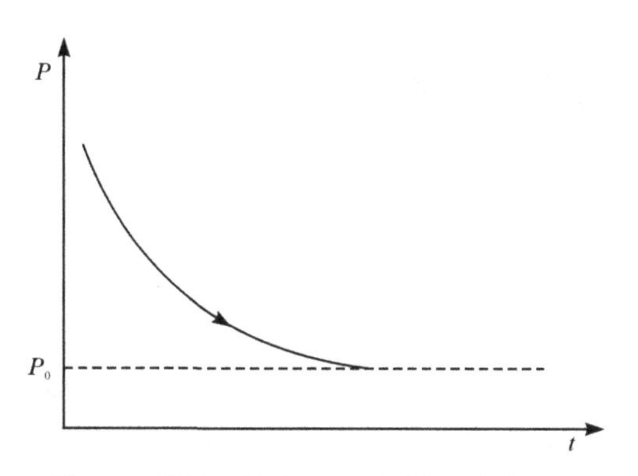

图 2.2　线性区熵产生 P 随时间 t 变化过程

$$P\frac{\mathrm{d}P}{\mathrm{d}t}\leqslant 0 \tag{2.67}$$

得知，在近平衡态线性区，如果系统由于某些扰动偏离了定态，只要这种偏离不大，仍在线性区内，系统总是会自发地趋向于定态。这表明，在近平衡态线性区，最小熵产生原理保证了系统在非平衡定态的稳定性。一旦系统达到非平衡定态，在没有外界的影响下，它将不会再自发地离开这个定态。这一点也可以从图 2.3 中看出，当系统由于某些扰动使系统偏离定态$\{x_i^0\}$时，根据最小熵产生原理，偏离定态的系统熵产生将大于定态的熵产生，按照不等式(2.66)，系统的熵产生将会随时间减少直至达到定态。因而在线性区不可能出现新的稳定化的时空有序结构，即耗散结构。

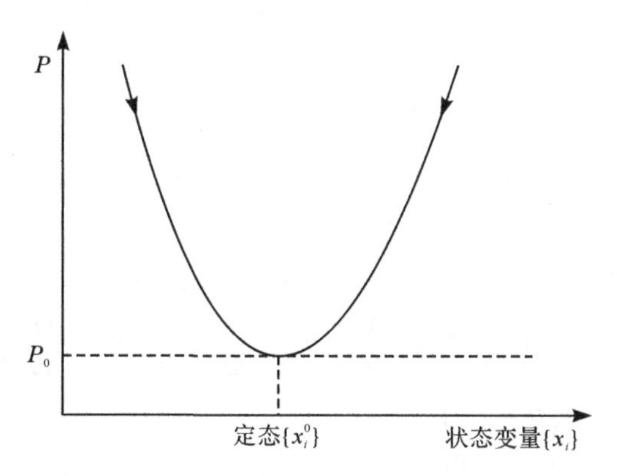

图 2.3　最小熵产生原理与定态的稳定性

由于平衡态是非平衡定态的一种特例，如果外界约束条件允许系统到达平衡态，那么，系统会首先选择平衡态。所以，开放系统的平衡态也是稳定的。

2.6 远离平衡态非线性区的耗散结构理论

在热力学平衡态，系统的 Lyapunov 函数是熵(或自由能)。在近平衡态，系统的 Lyapunov 函数是熵产生。在远离平衡态，即非线性非平衡态，为了判断一个系统的稳定性，同样需要找到一个 Lyapunov 函数。自从 Prigogine 证明了在近平衡态线性区存在着最小熵产生原理以来，人们就一直试图将其推广应用到远离平衡态非线性区，但是这种努力最终还是失败了。因为在远离平衡态，唯象方程和 Onsager 倒易关系不再成立，系统不可能再像平衡态或近平衡态那样，用某个热力学函数(如平衡态的熵或自由能，近平衡态的熵产生)的极值行为来确定变化趋向的终态。直到 20 世纪 60 年代末，布鲁塞尔学派才解决了这个难题。在远离平衡态非线性区，也找到一个 Lyapunov 函数，即熵的二次变分 $\delta^2 S$，对其求时间导数正好等于超熵产生 $\delta_X P$，但这个超熵产生在非线性区没有确定的符号，即可正、可负或为零。也就是说，系统既可以是稳定的，也可以是不稳定的。由于系统的不稳定，就可能会产生突变形成耗散结构。因而，提出了远离平衡态的耗散结构理论[13,18]。

2.6.1 普适发展判据

寻找远离平衡态的 Lyapunov 函数仍从质量守恒方程(2.26)出发，而熵产生 P 采用如下表达形式：

$$P=\iiint_V \sigma \mathrm{d}V=\iiint_V\left(-\sum_{i=1}^{n}\boldsymbol{J}_i\cdot\nabla\frac{\mu_i}{T}+\sum_{k=1}^{r}\frac{A_k}{T}w_k\right)\mathrm{d}V$$

$$=\iiint_V\left(\sum_{k=1}^{m}\boldsymbol{J}_k\cdot\boldsymbol{X}_k\right)\mathrm{d}V \tag{2.68}$$

在非平衡态，一旦系统越过线性区，广义力和广义流的线性关系和 Onsager 倒易关系就不再成立，所以从熵产生的时间变化 $\mathrm{d}P/\mathrm{d}t$ 那里就不会得到任何有意义的结果。尽管如此，还是将 $\mathrm{d}P/\mathrm{d}t$ 分解成以下两项：

$$\frac{\mathrm{d}P}{\mathrm{d}t}=\iiint_V\left(\sum_{k=1}^{m}\boldsymbol{J}_k\cdot\frac{\mathrm{d}\boldsymbol{X}_k}{\mathrm{d}t}\right)\mathrm{d}V+\iiint_V\left(\sum_{k=1}^{m}\boldsymbol{X}_k\cdot\frac{\mathrm{d}\boldsymbol{J}_k}{\mathrm{d}t}\right)\mathrm{d}V$$

$$=\frac{\mathrm{d}_X P}{\mathrm{d}t}+\frac{\mathrm{d}_J P}{\mathrm{d}t} \tag{2.69}$$

式中，$\mathrm{d}_X P/\mathrm{d}t$ 表示广义力的时间变化对熵产生变化的贡献；$\mathrm{d}_J P/\mathrm{d}t$ 表示广义流的时间变化对熵产生变化的贡献。

在近平衡态，利用广义力和广义流的线性关系和 Onsager 倒易关系，则有

$$\mathrm{d}_X P=\iiint_V\left(\sum_{k=1}^{m}\sum_{l=1}^{m}L_{kl}\boldsymbol{X}_l\,\mathrm{d}\boldsymbol{X}_k\right)\mathrm{d}V$$

$$= \iiint_V \Big[\sum_{l=1}^{m} \boldsymbol{X}_l \mathrm{d}\Big(\sum_{k=1}^{m} L_{lk} \boldsymbol{X}_k\Big)\Big] \mathrm{d}V$$

$$= \iiint_V \Big(\sum_{l=1}^{m} \boldsymbol{X}_l \mathrm{d}\boldsymbol{J}_l\Big) \mathrm{d}V = \mathrm{d}_J P \tag{2.70}$$

根据最小熵产生原理,由式(2.69)和式(2.70)得

$$\frac{\mathrm{d}_X P}{\mathrm{d}t} = \frac{\mathrm{d}_J P}{\mathrm{d}t} = \frac{1}{2}\frac{\mathrm{d}P}{\mathrm{d}t} \leqslant 0 \tag{2.71}$$

式(2.71)表明,在近平衡态,$\mathrm{d}_X P/\mathrm{d}t$ 的作用与 $\mathrm{d}P/\mathrm{d}t$ 的作用相同,即等价于最小熵产生原理。

在远离平衡态,仍写出 $\mathrm{d}_X P/\mathrm{d}t$ 的一般表达式

$$\frac{\mathrm{d}_X P}{\mathrm{d}t} = \frac{1}{T}\iiint_V \Big[-\sum_{i=1}^{n} \boldsymbol{J}_i \cdot \nabla\Big(\frac{\partial \mu_i}{\partial t}\Big) + \sum_{k=1}^{r} w_k \frac{\partial A_k}{\partial t}\Big] \mathrm{d}V \tag{2.72}$$

将式(2.72)第一项进行分部积分,并注意利用高斯公式,有

$$\text{第一项积分} = -\frac{1}{T}\iiint_V \nabla\cdot \Big[\sum_{i=1}^{n} \boldsymbol{J}_i \Big(\frac{\partial \mu_i}{\partial t}\Big)\Big] \mathrm{d}V + \frac{1}{T}\iiint_V \Big[\sum_{i=1}^{n} \Big(\frac{\partial \mu_i}{\partial t}\Big) \nabla\cdot \boldsymbol{J}_i\Big] \mathrm{d}V$$

$$= -\frac{1}{T}\oiint_\Omega \sum_{i=1}^{n} \boldsymbol{J}_i \Big(\frac{\partial \mu_i}{\partial t}\Big)\cdot \boldsymbol{n}\mathrm{d}\Omega + \frac{1}{T}\iiint_V \Big[\sum_{i=1}^{n} \Big(\frac{\partial \mu_i}{\partial t}\Big) \nabla\cdot \boldsymbol{J}_i\Big] \mathrm{d}V \tag{2.73}$$

在稳定的边界条件下,式(2.73)中的面积分为零,将剩余的第二项积分代入式(2.72)中,并注意到 $A_k = -\sum_{i=1}^{n} \nu_{ik}\mu_i$,$\mu_i = \mu_i(\{\rho_j\})$,再利用式(2.26),得

$$\frac{\mathrm{d}_X P}{\mathrm{d}t} = \frac{1}{T}\iiint_V \Big[\sum_{i=1}^{n}\sum_{j=1}^{n} \Big(\frac{\partial \mu_i}{\partial \rho_j}\Big) \frac{\partial \rho_j}{\partial t} \mathrm{div}\boldsymbol{J}_i - \sum_{k=1}^{r}\sum_{i=1}^{n}\sum_{j=1}^{n} \nu_{ik} w_k \Big(\frac{\partial \mu_i}{\partial \rho_j}\Big) \frac{\partial \rho_j}{\partial t}\Big] \mathrm{d}V$$

$$= -\frac{1}{T}\iiint_V \Big[\sum_{i=1}^{n}\sum_{j=1}^{n} \Big(\frac{\partial \mu_i}{\partial \rho_j}\Big) \frac{\partial \rho_j}{\partial t} \frac{\partial \rho_i}{\partial t}\Big] \mathrm{d}V \tag{2.74}$$

比较式(2.74)和式(2.65),得

$$\frac{\mathrm{d}_X P}{\mathrm{d}t} \leqslant 0 \tag{2.75}$$

这表明,在远离平衡态非线性区,广义力的时间变化对熵产生的时间变化的贡献同近平衡态线性区一样也总是小于或等于零。这一结论因同时适用于非平衡态线性区和非线性区,故称为普适发展判据。

2.6.2 超熵产生

下面从普适发展判据出发,推导超熵产生。

设 $\{w_k^0\}$,$\{\boldsymbol{J}_i^0\}$,$\{A_k^0\}$,$\{\mu_i^0\}$,$\{\rho_i^0\}$ 为定态时的值。在定态各种物理量不再随时间变化,质量守恒方程(2.26)可写为

$$\frac{\partial \rho_i^0}{\partial t} = -\operatorname{div}\boldsymbol{J}_i^0 + \sum_{k=1}^{r} \nu_{ik} w_k^0 = 0 \tag{2.76}$$

给系统一个较小的扰动，系统的状态将对定态有一微小偏离，用变分表示这种偏离量变化，则有

$$\begin{cases} w_k = w_k^0 + \delta w_k \\ \boldsymbol{J}_i = \boldsymbol{J}_i^0 + \delta \boldsymbol{J}_i \\ A_k = A_k^0 + \delta A_k \\ \mu_i = \mu_i^0 + \delta \mu_i \\ \rho_i = \rho_i^0 + \delta \rho_i \end{cases} \tag{2.77}$$

微小偏离标准是指

$$\left|\frac{\delta w_k}{w_k^0}\right| \ll 1,\quad \left|\frac{\delta \boldsymbol{J}_i}{\boldsymbol{J}_i^0}\right| \ll 1,\quad \left|\frac{\delta A_k}{A_k^0}\right| \ll 1,\quad \left|\frac{\delta \mu_i}{\mu_i^0}\right| \ll 1,\quad \left|\frac{\delta \rho_i}{\rho_i^0}\right| \ll 1 \tag{2.78}$$

将式(2.77)微小偏离量代入式(2.72)中整理，并注意利用定态条件$\frac{\partial \mu_i^0}{\partial t}=0$，$\frac{\partial A_k^0}{\partial t}=0$，得

$$\begin{aligned} \frac{\mathrm{d}_X P}{\mathrm{d}t} =& \frac{1}{T}\iiint_V \left(-\sum_{i=1}^{n} \boldsymbol{J}_i^0 \cdot \nabla \frac{\partial \delta \mu_i}{\partial t} + \sum_{k=1}^{r} w_k^0 \frac{\partial \delta A_k}{\partial t}\right)\mathrm{d}V \\ &+ \frac{1}{T}\iiint_V \left(-\sum_{i=1}^{n} \delta \boldsymbol{J}_i \cdot \nabla \frac{\partial \delta \mu_i}{\partial t} + \sum_{k=1}^{r} \delta w_k \frac{\partial \delta A_k}{\partial t}\right)\mathrm{d}V \end{aligned} \tag{2.79}$$

式(2.79)等号右侧第一项大括号积分为零，证明如下：

$$\begin{aligned} \text{第一项积分} =& \iiint_V \nabla\cdot\left(-\sum_{i=1}^{n} \boldsymbol{J}_i^0 \frac{\partial \delta \mu_i}{\partial t}\right)\mathrm{d}V - \iiint_V \left(-\sum_{i=1}^{n} \frac{\partial \delta \mu_i}{\partial t} \nabla\cdot \boldsymbol{J}_i^0\right)\mathrm{d}V \\ &+ \iiint_V \left(\sum_{k=1}^{r} w_k^0 \frac{\partial \delta A_k}{\partial t}\right)\mathrm{d}V \\ =& -\oiint_\Omega \sum_{i=1}^{n} \boldsymbol{J}_i^0 \frac{\partial \delta \mu_i}{\partial t} \cdot \boldsymbol{n}\mathrm{d}\Omega \\ &+ \iiint_V \left(\sum_{i=1}^{n} \frac{\partial \delta \mu_i}{\partial t} \nabla\cdot \boldsymbol{J}_i^0 - \sum_{k=1}^{r}\sum_{j=1}^{n} \nu_{jk} w_k^0 \frac{\partial \delta \mu_j}{\partial t}\right)\mathrm{d}V \\ =& \iiint_V \left[-\sum_{i=1}^{n} \frac{\partial \delta \mu_i}{\partial t}\left(-\operatorname{div}\boldsymbol{J}_i^0 + \sum_{k=1}^{r} \nu_{jk} w_k^0\right)\right]\mathrm{d}V = 0 \end{aligned} \tag{2.80}$$

式(2.80)的证明过程中分别利用了数学分部积分、高斯公式、稳定边界条件面积分为零及式(2.26)和式(2.76)。因而式(2.79)变为

$$\frac{\mathrm{d}_X P}{\mathrm{d}t} = \frac{1}{T}\iiint_V \left(-\sum_{i=1}^{n} \delta \boldsymbol{J}_i \cdot \nabla \frac{\partial \delta \mu_i}{\partial t} + \sum_{k=1}^{r} \delta w_k \frac{\partial \delta A_k}{\partial t}\right)\mathrm{d}V \tag{2.81}$$

类似于式(2.40)局域熵产生一般表达式形式，式(2.81)也可写为

$$\mathrm{d}_X P = \mathrm{d}_X \delta P = \iiint_V \left(\sum_{j=1}^{m} \delta \boldsymbol{J}_j \mathrm{d}\delta \boldsymbol{X}_j \right) \mathrm{d}V \tag{2.82}$$

式(2.82)的物理意义是在定态附近求 $\mathrm{d}_X P$ 就等于求 $\mathrm{d}_X \delta P$。其中定义 $\delta \boldsymbol{J}_j$ 为超流，$\delta \boldsymbol{X}_j$ 为超力。

在定态附近，由于系统状态的微小偏离引起的超流和超力之间存在下列线性关系：

$$\delta \boldsymbol{J}_j = \sum_{i=1}^{m} L_{ji} \delta \boldsymbol{X}_i \tag{2.83}$$

在非线性区，唯象系数的矩阵不是对称矩阵，即 $L_{ji} \neq L_{ij}$，不满足 Onsager 倒易关系，但总可以将其表示为一个对称矩阵 L_{ji}^{s} 和一个反对称矩阵 L_{ji}^{a} 之和，即有

$$L_{ji} = \frac{1}{2}(L_{ji} + L_{ij}) + \frac{1}{2}(L_{ji} - L_{ij}) = L_{ji}^{\mathrm{s}} + L_{ji}^{\mathrm{a}} \tag{2.84}$$

将式(2.83)和式(2.84)代入式(2.82)，得

$$\mathrm{d}_X P = \iiint_V \left(\sum_{i=1}^{m} \sum_{j=1}^{m} L_{ji}^{\mathrm{s}} \delta \boldsymbol{X}_i \mathrm{d}\delta \boldsymbol{X}_j \right) \mathrm{d}V + \iiint_V \left(\sum_{i=1}^{m} \sum_{j=1}^{m} L_{ji}^{\mathrm{a}} \delta \boldsymbol{X}_i \mathrm{d}\delta \boldsymbol{X}_j \right) \mathrm{d}V \tag{2.85}$$

在对称情况下，考虑到 $\mathrm{d}_X P = \frac{1}{2}\mathrm{d}P$，则式(2.85)可写为

$$\mathrm{d}_X P = \frac{1}{2}\mathrm{d}\iiint_V \left(\sum_{i=1}^{m} \sum_{j=1}^{m} L_{ji}^{\mathrm{s}} \delta \boldsymbol{X}_i \delta \boldsymbol{X}_j \right) \mathrm{d}V + \iiint_V \left(\sum_{i=1}^{m} \sum_{j=1}^{m} L_{ji}^{\mathrm{a}} \delta \boldsymbol{X}_i \mathrm{d}\delta \boldsymbol{X}_j \right) \mathrm{d}V \tag{2.86}$$

在对称情况下，因 $L_{ji}^{\mathrm{a}} = 0$，所以 $L_{ji}^{\mathrm{s}} = L_{ji}$。式(2.86)等号右侧第一项可变换为

$$\begin{aligned} \iiint_V \left(\sum_{i=1}^{m} \sum_{j=1}^{m} L_{ji}^{\mathrm{s}} \delta \boldsymbol{X}_i \delta \boldsymbol{X}_j \right) \mathrm{d}V &= \iiint_V \left(\sum_{i=1}^{m} \sum_{j=1}^{m} L_{ji} \delta \boldsymbol{X}_i \delta \boldsymbol{X}_j \right) \mathrm{d}V \\ &= \iiint_V \left(\sum_{j=1}^{m} \delta \boldsymbol{J}_j \delta \boldsymbol{X}_j \right) \mathrm{d}V \end{aligned} \tag{2.87}$$

故式(2.86)可写为

$$\mathrm{d}_X P = \frac{1}{2}\mathrm{d}\iiint_V \left(\sum_{j=1}^{m} \delta \boldsymbol{J}_j \delta \boldsymbol{X}_j \right) \mathrm{d}V + \iiint_V \left(\sum_{i=1}^{m} \sum_{j=1}^{m} L_{ji}^{\mathrm{a}} \delta \boldsymbol{X}_i \mathrm{d}\delta \boldsymbol{X}_j \right) \mathrm{d}V \tag{2.88}$$

引入 $\delta_X P$，即

$$\begin{aligned} \delta_X P &= \iiint_V \left(\sum_{j=1}^{m} \boldsymbol{J}_j \delta \boldsymbol{X}_j \right) \mathrm{d}V = \iiint_V \left[\sum_{j=1}^{m} (\boldsymbol{J}_j^0 + \delta \boldsymbol{J}_j) \delta \boldsymbol{X}_j \right] \mathrm{d}V \\ &= \iiint_V \left(\sum_{j=1}^{m} \boldsymbol{J}_j^0 \delta \boldsymbol{X}_j \right) \mathrm{d}V + \iiint_V \left(\sum_{j=1}^{m} \delta \boldsymbol{J}_j \delta \boldsymbol{X}_j \right) \mathrm{d}V \end{aligned} \tag{2.89}$$

因式(2.89)等号右侧第一项可写为

$$\iiint_V \left(\sum_{j=1}^{m} \boldsymbol{J}_j^0 \delta \boldsymbol{X}_j \right) \mathrm{d}V = \iiint_V \left(-\sum_{i=1}^{n} \boldsymbol{J}_i^0 \cdot \nabla \frac{\delta \mu_i}{T} + \sum_{k=1}^{r} w_k^0 \frac{\delta A_k}{T} \right) \mathrm{d}V \tag{2.90}$$

类似于证明式(2.80)，可证明式(2.90)恒等于零。因而有

$$\delta_X P = \iiint_V \Big(\sum_{j=1}^{m} \delta \boldsymbol{J}_j \delta \boldsymbol{X}_j\Big) \mathrm{d}V \tag{2.91}$$

这里引入的 $\delta_X P$ 称为超熵产生，即由超力和超流所引起的部分熵产生。布鲁塞尔学派认为这是他们对非平衡态热力学做出的另一重要贡献。

将式(2.91)代入式(2.88)中，并根据普适发展判据式(2.75)得

$$\mathrm{d}_X P = \frac{1}{2}\mathrm{d}\delta_X P + \iiint_V \Big(\sum_{i=1}^{m}\sum_{j=1}^{m} L_{ji}^{\mathrm{a}} \delta \boldsymbol{X}_i \mathrm{d}\delta \boldsymbol{X}_j\Big) \mathrm{d}V \leqslant 0 \tag{2.92}$$

式(2.92)可在一定条件下判断非线性系统的稳定性。如果系统中的反对称系数矩阵 $L_{ji}^{\mathrm{a}}=0$，且 $\delta_X P \geqslant 0$，则 $\delta_X P$ 可以看成一个 Lyapunov 函数，根据 Lyapunov 稳定性判据可知，系统是渐进稳定的，这就是线性区最小熵产生原理在非线性区的推广。但在一般情况下，反对称系数矩阵 $L_{ji}^{\mathrm{a}} \neq 0$，且 $\delta_X P \geqslant 0$ 也不能确定。所以，系统的稳定性并没有保证。但鉴于超熵产生在稳定性判据中所起的重要作用，启发人们从建立超熵平衡方程方面来寻找 Lyapunov 稳定函数。

2.6.3 耗散结构及其特点

引入系统偏离定态的熵的变化量和熵产生的变化量如下：

$$\begin{cases} \Delta S = S(\{\rho_i\}) - S^0(\{\rho_i^0\}) \\ \Delta P = \iiint_V \sum_{k=1}^{m} \boldsymbol{J}_k \boldsymbol{X}_k \mathrm{d}V - \iiint_V \sum_{k=1}^{m} \boldsymbol{J}_k^0 \boldsymbol{X}_k^0 \mathrm{d}V \end{cases} \tag{2.93}$$

设这些变化量很小，符合式(2.78)微小偏离标准，将 ΔS、ΔP 在定态附近展开，有

$$\begin{cases} \Delta S = \delta S + \dfrac{1}{2}\delta^2 S + \cdots \\ \Delta P = \delta P + \dfrac{1}{2}\delta^2 P + \cdots \end{cases} \tag{2.94}$$

其中

$$\delta S = \iiint_V \Big[\sum_{i=1}^{n} \Big(\frac{\partial S_V}{\partial \rho_i}\Big)_0 \delta\rho_i\Big] \mathrm{d}V = -\frac{1}{T}\iiint_V \Big(\sum_{i=1}^{n} \mu_i^0 \delta\rho_i\Big) \mathrm{d}V \tag{2.95}$$

$$\delta^2 S = -\frac{1}{T}\iiint_V \Big[\sum_{i=1}^{n}\sum_{j=1}^{n} \Big(\frac{\partial \mu_i}{\partial \rho_j}\Big)_0 \delta\rho_i \delta\rho_j\Big] \mathrm{d}V \tag{2.96}$$

$$\delta P = \iiint_V \Big[\sum_{k=1}^{m} (\boldsymbol{J}_k^0 \delta \boldsymbol{X}_k + \boldsymbol{X}_k^0 \delta \boldsymbol{J}_k)\Big] \mathrm{d}V = \iiint_V \Big(\sum_{k=1}^{m} \boldsymbol{X}_k^0 \delta \boldsymbol{J}_k\Big) \mathrm{d}V \tag{2.97}$$

$$\frac{1}{2}\delta^2 P = \iiint_V \Big(\sum_{k=1}^{m} \delta \boldsymbol{J}_k \delta \boldsymbol{X}_k\Big) \mathrm{d}V = \delta_X P \tag{2.98}$$

在导出上列诸式中引用了局域平衡假设。式(2.95)利用了式(2.18)和式(2.27)，式(2.96)利用了式(2.56)，而式(2.97)则利用了式(2.90)。

在局域平衡假设仍适用的条件下，$\delta^2 S$ 具有与平衡态条件相同的结构。由式(2.65)可知，$\delta^2 S$ 总是小于或等于零，即

$$\delta^2 S = -\frac{1}{T}\iiint_V \left[\sum_{i=1}^{n}\sum_{j=1}^{n}\left(\frac{\partial \mu_i}{\partial \rho_j}\right)_0 \delta\rho_i \delta\rho_j\right] \mathrm{d}V \leqslant 0 \tag{2.99}$$

由于 $\delta^2 S \leqslant 0$ 为定号函数，因此在定态附近 $\delta^2 S$ 可以看成非线性区的一个 Lyapunov 函数。下面计算 $\delta^2 S$ 对时间的导数。

$$\frac{\mathrm{d}}{\mathrm{d}t}\left(\frac{1}{2}\delta^2 S\right) = -\frac{1}{T}\iiint_V \left[\sum_{i=1}^{n}\sum_{j=1}^{n}\left(\frac{\partial \mu_i}{\partial \rho_j}\right)_0 \delta\rho_j \frac{\partial \delta\rho_i}{\partial t}\right] \mathrm{d}V \tag{2.100}$$

其中，$\frac{\partial \delta\rho_i}{\partial t}$ 可根据质量守恒方程式(2.26)写为

$$\frac{\partial \delta\rho_i}{\partial t} = -\operatorname{div}\delta \boldsymbol{J}_i + \sum_{k=1}^{r} \nu_{ik}\delta w_k \tag{2.101}$$

式(2.101)就是超熵平衡方程。将式(2.101)代入式(2.100)，得

$$\begin{aligned}\frac{\mathrm{d}}{\mathrm{d}t}\left(\frac{1}{2}\delta^2 S\right) = &\frac{1}{T}\iiint_V \left[\sum_{i=1}^{n}\sum_{j=1}^{n}\left(\frac{\partial \mu_i}{\partial \rho_j}\right)_0 \delta\rho_j \operatorname{div}\delta \boldsymbol{J}_i\right] \mathrm{d}V \\ &- \frac{1}{T}\iiint_V \left[\sum_{i=1}^{n}\sum_{j=1}^{n}\sum_{k=1}^{r}\left(\frac{\partial \mu_i}{\partial \rho_j}\right)_0 \nu_{ik}\delta\rho_j \delta w_k\right] \mathrm{d}V\end{aligned} \tag{2.102}$$

对式(2.102)等号右侧第一项进行分部积分，并利用高斯公式将体积分变换成面积分。在稳定边界条件下，面积分项等于零，剩余项则为

$$\begin{aligned}\frac{\mathrm{d}}{\mathrm{d}t}\left(\frac{1}{2}\delta^2 S\right) = &-\frac{1}{T}\iiint_V \left\{\sum_{i=1}^{n}\sum_{j=1}^{n}\delta \boldsymbol{J}_i \cdot \nabla\left[\left(\frac{\partial \mu_i}{\partial \rho_j}\right)_0 \delta\rho_j\right]\right. \\ &\left. + \sum_{i=1}^{n}\sum_{j=1}^{n}\sum_{k=1}^{r}\left(\frac{\partial \mu_i}{\partial \rho_j}\right)_0 \nu_{ik}\delta\rho_j \delta w_k\right\} \mathrm{d}V\end{aligned} \tag{2.103}$$

考虑到式(2.33)和式(2.56)，式(2.103)可写为

$$\begin{aligned}\frac{\mathrm{d}}{\mathrm{d}t}\left(\frac{1}{2}\delta^2 S\right) &= \iiint_V \left[-\sum_{i=1}^{n}\delta \boldsymbol{J}_i \cdot \delta\left(\nabla\frac{\mu_i}{T}\right) + \sum_{k=1}^{r}\delta w_k \delta\frac{A_k}{T}\right] \mathrm{d}V \\ &= \iiint_V \left(\sum_{j=1}^{n}\delta \boldsymbol{J}_j \cdot \delta \boldsymbol{X}_j\right) \mathrm{d}V = \delta_X P\end{aligned} \tag{2.104}$$

式(2.104)表明，对 $\frac{1}{2}\delta^2 S$ 求时间导数正好等于超熵产生 $\delta_X P$。由于 $\delta^2 S$ 的符号是负定的，根据 Lyapunov 稳定性判据，系统是否稳定就完全取决于 $\delta_X P$ 的符号。正如前述，在非线性区 $\delta_X P$ 没有确定的符号，即可正、可负或为零，但在线性区 $\delta_X P > 0$。设系统处于某个定态，在 $t = t_0$ 时，系统开始受到某种扰动偏离定态。对于 $t \geqslant t_0$，若

$$\begin{cases}\delta_X P > 0, & \text{系统稳定} \\ \delta_X P < 0, & \text{系统不稳定} \\ \delta_X P = 0, & \text{临界稳定}(\lambda = \lambda_c)\end{cases} \tag{2.105}$$

式(2.105)称为非线性系统稳定性判据，又称超熵产生判据。$\delta^2 S$ 随时间 t 的变化过程如图 2.4 所示。

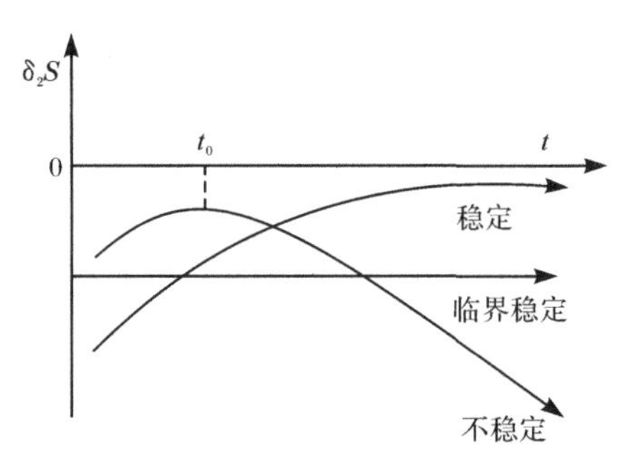

图 2.4　$\delta^2 S$ 随时间 t 的变化过程示意图

对于一个给定的系统，当系统由于涨落等因素影响，使系统内部状态参量或外界约束条件 λ 改变时，定会引起系统的组分质量分数 $\{\rho_i\}$ 变化(图 2.5)。随着 λ 偏离 λ_0，系统将会偏离平衡态，过渡到近平衡态，而这种近平衡态与原平衡态统称为稳定的热力学分支(a)。在该分支上，系统遵循最小熵产生原理，处于稳定状态。但是当 λ 超过某临界值 λ_c 而进入非线性区时，即不稳定的热力学分支(b)，这时超熵 $\delta_X P$ 就没有确定的符号。如果 $\delta_X P<0$，可能由于微小扰动，系统就会离开这个不稳定状态分支，而进入一个新的稳定状态分支(c)，这个分支(c)称为有序的耗散结构分支。交点 λ_c 通常称为分岔点。这种在远离平衡态条件下发生的突变现象，称为非平衡相变。也正由于非平衡相变，才可能导致耗散结构产生。

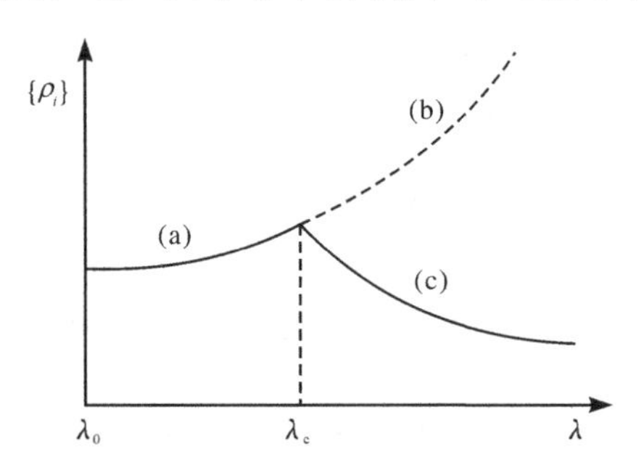

图 2.5　热力学分支示意图

(a) 稳定热力学分支；(b) 不稳定热力学分支；(c) 耗散结构分支

一个非平衡系统从不稳定演变到稳定而宏观有序的新结构，可以用数学中稳定与分岔理论来解释。分岔是系统在远离平衡态非线性区域演化过程中的一个基本特性，通常是当某个系统的外界约束条件 λ 变化到一定程度时，系统的行为就会发生突然变化。系统耗散结构的演化过程是一个不断分岔的过程，参见

图 2.6所示的分岔演变示意图。当系统处于稳定状态时，由内部或外部因素引起的微小涨落会被逐渐衰减掉，使系统总处于稳定状态。但外界约束条件 λ 超过临界分岔点 λ_c 后，微小的涨落不但不会被衰减掉，相反在非线性作用下可能会被放大，从而导致原热力学分支失稳而突变跃入新的分支。但系统究竟是选择哪个分支，这一方面取决于这些分支的相对稳定性，哪个分支越稳定，系统选择哪个分支的可能性就越大；另一方面还取决于涨落。然而一旦系统选择突变到某一分支后，系统状态又重新变得稳定，微小涨落不再对新的稳定状态产生影响。当外界对系统的约束条件继续改变时，又会重复上述过程。所以，耗散结构理论认为，一个系统的行为和特性只有考察它的全部时间进程（即“历史”）才能确定。有时间进程的动力系统才有可能形成耗散结构[21]。耗散结构一旦形成，系统的熵产生又降低到最小值。

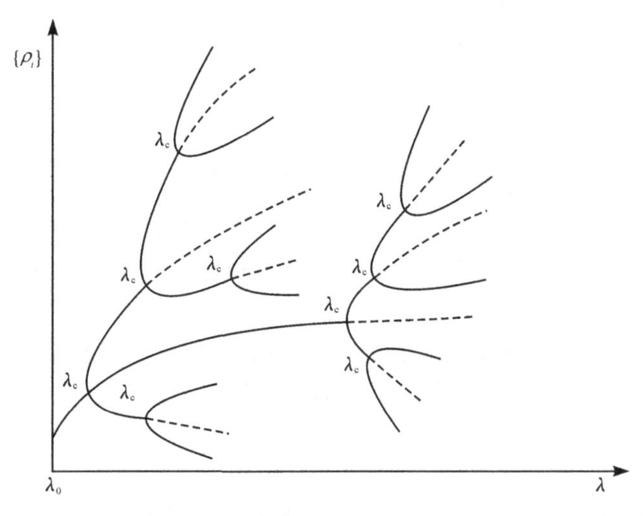

图 2.6　系统分岔演变示意图

上述情况表明，一个远离平衡态的开放系统，通过和外界不断交换物质和能量，非平衡定态可能变得不稳定，在一定条件下，演变过程可能会发生突变，从原有混乱无序状态转变为一种新的稳定的时空有序结构。这种结构的形成和维持需要与外界有物质和能量交换，故称为耗散结构。耗散结构一般具有以下 4 个特点：

(1) 耗散结构只能发生在开放系统。

(2) 只有当控制参数达到一定“临界值”时，它才突然出现。

(3) 它具有时空结构，对称性低于达到临界值前的状态。

(4) 耗散结构虽是旧状态下的产物，但它一旦产生，就具有相当的稳定性，不被任何微小扰动所破坏。

耗散结构理论就是研究开放系统如何从混乱无序的状态向稳定有序的结构组织演变的过程和规律，故又称非平衡系统的自组织理论。所谓自组织就是在这样的系统中，系统通过自我协调、自我组织，形成一个有自我调节功能的有序系统。耗散结构对阐明远离平衡的自组织现象起到了重要作用。最后需要指出的是，根据20世纪70年代迅速发展起来的混沌理论，一个开放的耗散系统，在远离平衡态的条件下，除了可能形成时空有序的耗散结构，随着系统多级分支出现，还有可能形成另一种称为混沌的状态。处于远离平衡态条件下的耗散结构和混沌这两种状态都是系统在发展变化过程中控制参数缓慢变化而超过某一临界值后经过自组织突变形成的，都属于非平衡相变[22]。这两种状态的形成和维持都需要与外界不断交换物质和能量，若一旦停止与外界交换物质和能量，状态就立即崩溃。无论是耗散结构还是混沌态，一旦形成，当系统处于定态时其熵产生又降低到最小值。由此可见，系统在远离平衡态区域的演变过程中，耗散结构和混沌态会交替出现。也就是说，有序化和无序化两个过程是伴生的。

2.6.4　耗散结构形成条件

耗散结构的形成和维持一般需要以下几个条件：

(1) 系统必须是开放的动力系统，孤立系统和封闭系统都不可能产生耗散结构。正如第1章所述，孤立系统总是趋于平衡和趋于无序，永远不会自发地形成稳定的有序结构。封闭系统在温度充分低时，可能会形成稳定化的有序平衡结构，并且可以在孤立的环境下及平衡条件下维持，但这种平衡结构是定义在微观分子水平上的有序结构，而不是宏观的时空有序结构。对于开放系统，熵变由两部分组成，见式(2.1)，只要

$$d_eS + d_iS < 0 \tag{2.106}$$

可使系统熵变 $dS<0$，也就是系统引进了负熵流 d_eS 使系统熵减少，而熵减少意味着系统趋向某种时空有序状态。

(2) 系统必须远离平衡态。在平衡态或近平衡态线性区，不可能发生从无序到有序的突变，也不可能从一种有序走向更高级的有序。系统处于远离平衡态非线性区时，有可能失去稳定性，产生新的时空有序结构。所以，非平衡是有序之源。

(3) 系统中必须有某些非线性动力学过程，如非线性反馈过程，即一个过程的结果会影响过程本身。正是这种非线性的相干行为，导致系统各因素之间协调动作而产生有序结构。

(4) 系统中存在着涨落，涨落导致有序。当系统处于稳定状态时，系统具有一定的抗干扰能力，由内部或外部因素引起的微小涨落会被逐渐衰减掉，使系统总是处于稳定状态。但系统在远离平衡状态时，微小的涨落不但不会被衰减掉，相

反在非线性作用下可能会被放大，从而导致原热力学分支失稳而突变跃入新的分支，形成耗散结构。

2.7　最小熵产生原理等价于最小能耗率原理

以 Prigogine 为首的布鲁塞尔学派在推导最小熵产生原理和耗散结构理论时，使用了系统的局域熵产生 σ，但是利用能量耗散函数 ϕ 也能得出同样的结论。

局域熵产生 σ 和能量耗散函数 ϕ 有下列关系[9,11]：

$$\phi = T\sigma \tag{2.107}$$

式中，T 为绝对温度；ϕ 为能量耗散函数（简称能耗函数），具有单位时间单位体积能量的量纲$[\mathrm{ML^{-1}T^{-3}}]$，表示系统在单位时间内单位体积耗散掉的能量，它是由不可逆过程引起的。

需要注意的是，局域熵产生 σ 和能量耗散函数 ϕ 不是状态函数，其值变化与所经历的路径有关，这一点有别于熵 S，熵是状态函数。

类似于局域熵产生可以写成广义力和广义流乘积的总和，能量耗散函数也可写为[11]

$$\phi = \sum_{j=1}^{m} \boldsymbol{J}_j \cdot \boldsymbol{X}_j \tag{2.108}$$

式(2.108)中广义力和广义流的选取原则与式(2.39)中广义力和广义流选取原则相同，只不过是广义力和广义流的乘积必须具有能量耗散函数 ϕ 的量纲。

根据式(2.107)，可得到能耗率 Φ 与熵产生 P 之间的关系

$$\Phi = \iiint_V \phi \mathrm{d}V = T\iiint_V \sigma \mathrm{d}V = TP \tag{2.109}$$

式中，Φ 具有单位时间能量的量纲$[\mathrm{ML^2T^{-3}}]$，即功率的单位瓦特(W)。那么，现在就可以用能耗率 Φ 替代熵产生 P 来表示最小熵产生原理和耗散结构。

在非平衡态线性区，根据式(2.66)，可得

$$\frac{\mathrm{d}\Phi}{\mathrm{d}t} \leqslant 0 \tag{2.110}$$

所以，线性区的最小熵产生原理也可称为最小能耗率原理，两者是等价关系。即在非平衡线性区，当外界约束条件保持稳定时，一个开放系统内的不可逆过程总是向熵产生或能耗率减小的方向进行，当熵产生或能耗率减小至最小值时，系统的状态不再随时间变化。此时，系统处于与外界约束条件相适应的非平衡定态。

在非平衡态非线性区，根据式(2.105)，可得

$$\begin{cases}\delta_X\Phi > 0, & \text{系统稳定} \\ \delta_X\Phi < 0, & \text{系统不稳定} \\ \delta_X\Phi = 0, & \text{临界稳定}(\lambda = \lambda_c)\end{cases} \tag{2.111}$$

类似于 $\delta_X P$ 称为超熵产生，$\delta_X\Phi$ 称为超能耗率，式(2.111)就可称为超能耗率判据，用来判断系统是否会失去稳定。

用能耗率替代熵产生来表示最小熵产生原理和耗散结构是十分必要的，因为在某些系统中用能耗率描述系统状态可能更为适宜。

2.8　最小熵产生原理和耗散结构理论适用范围

处于非平衡态的开放系统，在线性区其演变规律遵循最小熵产生原理，在非线性区可能存在着耗散结构。Prigogine 在推导最小熵产生原理时，进行了一系列假设，其中包括系统的外界条件稳定。所以有些人怀疑，最小熵产生原理只适用于系统外界条件恒定的开放系统，而不适用于外界条件随时间变化的开放系统，其实不然。最小熵产生原理适用于任何开放系统，无论其外界条件是否保持恒定，只不过是当系统的外界条件稳定而处于非平衡定态时熵产生为最小值。这一点，可以从开放系统的熵变计算式(2.2)看出。当 $\mathrm{d}S/\mathrm{d}t=\mathrm{d_e}S/\mathrm{d}t+\mathrm{d_i}S/\mathrm{d}t=0$ 时，系统处于非平衡定态。在定态，熵流项 $\mathrm{d_e}S/\mathrm{d}t$ 与熵产生项 $\mathrm{d_i}S/\mathrm{d}t$ 在数值上相等，但符号相反。也就是说，系统从外界环境中引进了负熵流，而且引进的负熵流与系统内部不可逆过程引起的熵产生维持一种平衡状态。在这种状态下，系统的外界条件保持稳定不会随时间变化。如果系统的外界条件发生了较大变化，系统将离开原来的定态，寻求与新的外界条件相适应的定态。在这个过程中，系统的熵产生 $\mathrm{d_i}S/\mathrm{d}t$ 不一定是单调减少，而是随着与外界交换物质和能量的熵流项 $\mathrm{d_e}S/\mathrm{d}t$ 的值而变化，可能增加、也可能减少。当系统演变到新的定态时，熵产生一定是与外界条件相适应的最小值，如图 2.7 所示。

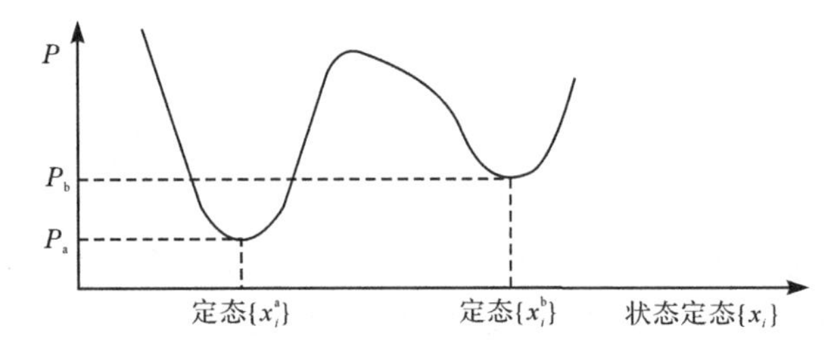

图 2.7　最小熵产生原理与定态的稳定性

最小熵产生原理作为开放系统在线性区演化或发展的判据，只是给出了系统发展演变的方向，即系统无论其初始运动状态如何，但其发展演变的最终状态是与外界约束条件相适应的某个定态。关于系统如何从初始状态,经过什么途径发展到最终状态的过程,最小熵产生原理并没有涉及。所以,最小熵产生原理一般只能预测系统演变趋势及最终状态,不能用来解释系统演变的一般过程。这是因为,系统从一个定态变化到另一个定态,所经历的中间过程是非常复杂的,并不是在过程的每一瞬间都处于定态,而是在经历了一系列非平衡态演变过程,才恢复到新的定态。在新的定态,熵产生一定为最小值,但在演变过程中,熵产生并不一定随时间单调减小。

任何正确的理论都有一定的适用范围,超出这个范围,它就可能与实际不符。最小熵产生原理和耗散结构理论是研究开放系统的非平衡状态性质和规律的理论,它们是建立在局域平衡等一系列假设和连续介质原理给出的质量守恒方程基础之上的,而这些假设及质量守恒方程仅适于描述缓慢变化的非平衡连续系统。所以,这套理论也只适用于缓慢变化的非平衡连续系统。但是涉及缓慢变化的非平衡连续系统具有普遍存在性,所以最小熵产生原理和耗散结构理论应用领域十分广泛。

对于某些特殊的缓慢变化的非平衡系统,例如,在极稀薄的气体中,分子间的距离很大,分子碰撞不常发生的系统;或在温度极低,能量耗散过程发生不明显的费米子系统,在这些系统中局域平衡和连续介质假设不成立,也就无法应用最小熵产生原理和耗散结构理论。

2.9　小　　结

最小熵产生原理和耗散结构理论构成了非平衡热力学基本理论。非平衡热力学是研究非平衡开放系统的性质、稳定和演变规律的理论。以 Prigogine 为首的布鲁塞尔学派从“非平衡是有序之源”这个观点出发,利用局域平衡等一系列假设,证明了处于非平衡态的开放系统,在线性区其演变规律遵循最小熵产生原理,在非线性区可能存在着耗散结构。

开放系统的熵变可以分解为熵流和熵产生两项之和。熵流项是从外部环境引进的,既可以是正熵流,也可以是负熵流。负熵流会使系统的总熵减少,随着总熵减少,系统逐渐趋向于远离平衡态区域。如果系统能够引进足够数量的负熵,使系统处于远离平衡态,那么系统在一定条件下就有可能发生突变,形成时空有序的耗散结构。而正熵流不仅不会促进耗散结构形成,相反会加速无序化进程。熵产生项是系统内部产生的,永远是正值,其在非平衡态热力学中的作用就如同熵在经典热力学中那样起着非常重要的作用。这一点从最小熵产生原理和耗散结构理论推导过程中也可以看出熵产生所扮演的角色的重要性。

在非平衡态线性区,最小熵产生原理表明,如果系统的边界条件稳定,系统随时间的变化总是朝着熵产生单调减少的方向进行，直至系统达到某一定态，此时熵产生为最小值。如果系统的边界条件非稳定，系统在调整演变过程中，熵产生不一定是单调减少，而是有可能增加、也有可能减少，但系统调整演变到定态时，熵产生一定是与外界约束条件相适应的最小值。最小熵产生原理保证了系统在定态的稳定性。最小熵产生原理作为开放系统在线性区演化或发展的判据，只是给出了系统发展演变方向，即系统无论其初始运动状态如何，但其发展演变的最终状态是与外界约束条件相适应的某个定态。关于系统如何从初始状态，经过什么途径发展到最终状态的过程，最小熵产生原理并没有涉及。所以，最小熵产生原理一般只能预测系统演变趋势及最终状态，不能用来解释系统演变的一般过程。

在非平衡态非线性区，布鲁塞尔学派通过一系列假设和理论推导，得到了超熵产生。利用超熵产生作为系统状态稳定判据，发现系统可能会突变失稳，产生一种新的时空有序的耗散结构。耗散结构理论强调了系统的时间进程，有时间进程的动力开放系统才有可能形成耗散结构。

用能耗率替代熵产生仍可得到同样的结论：在非平衡态线性区，最小能耗率原理与最小熵产生原理等价；在非平衡态非线性区，超能耗率与超熵产生具有同样的作用，可作为系统是否形成耗散结构的稳定判据。

第3章 混沌理论

自从20世纪70年代混沌理论迅猛发展以来,混沌理论已广泛应用于自然科学和社会科学的各个领域。混沌理论和耗散结构理论并不矛盾。耗散结构理论侧重于研究系统是如何从无序向有序的演变,而混沌理论则使人们认识到在自然界还存在着另外一个相反的演变方向,即有序向无序的演变。混沌理论揭示了自然界中普遍存在的一种复杂现象,这种复杂现象体现了有序与无序的统一、确定性与随机性的统一。从某种意义上说,混沌理论是对耗散结构理论的一种补充,两者之间还存在着一些共同的规律,如分岔、涨落和突变等。本章主要介绍混沌的概念及分类、混沌的基本特征和识别混沌的一些常用方法,并指出耗散结构是混沌的一种特例。

3.1 混沌研究起源及发展过程

自从17世纪英国物理学家、天文学家、数学家牛顿(I. Newton)建立经典力学以来,人们就一直认为力学系统服从确定的运动规律,即给定初始条件和相互作用力后,力学系统就将按确定的轨迹运动,从而可以对系统的运动做出预测。例如,根据行星的运动方程以及日、地、月的初始状态,就可以预测几百年甚至几千年后的日食和月食。然而,随着科学技术的发展,人们发现一些自然现象,用牛顿经典力学无法解释。

19世纪中期,自然科学家在研究热力学平衡态、布朗运动、丁铎尔现象、反应体系中反应基团的无规则碰撞等微观状态过程中,发现这些状态都与混沌有关,都是混沌无序的状态,即平衡态热力学混沌。

真正开始对现代科学意义上的混沌进行研究,至少可以追溯到19世纪末20世纪初,法国数学家、物理学家庞加莱(J. H. Poincaré)对太阳系三体运动的研究。1903年,Poincaré在他的《科学与方法》一书中提出了"庞加莱猜想"。他把拓扑学和动力系统有机结合起来,指出太阳系的三体运动中存在周期轨道,三体引力相互作用能产生惊人的复杂行为,确定性方程的某些解存在不可预见性。这是科学界第一次指出在确定性系统中存在随机性,即混沌,这种混沌实际上是保守系统中的混沌。

20世纪60年代,美国气象学家洛伦茨(E. N. Lorenz),在气象预报的研究中,用计算机模拟天气变化情况,发现了天气变化的非周期性和不可预测性之间的联系。Lorenz 从对流问题中提炼出一组三维常微分方程组，用来描述天气变化情况。在他的天气模型中，看到了比随机性更多的东西，发现了天气变化对初值的敏感依赖性。Lorenz 提出了一个形象的比喻：巴西的一只蝴蝶偶尔扇动几下翅膀，几周后就可能在美国得克萨斯州引起一场龙卷风。称为蝴蝶效应。1963 年，Lorenz 在他的著名论文“决定论非周期流”中对复杂的天气变化进行简化后，得到了一个微分方程组，即著名的 Lorenz 方程[23]，该方程讨论的是耗散系统的混沌。Lorenz 的研究直到 1970 年才引起人们重视，随即混沌理论才真正发展起来，但 Lorenz 的研究奠定了现代混沌理论研究的基石。

20 世纪 70 年代，为混沌理论迅猛发展阶段。1971 年法国物理学家茹勒(D. Ruelle)和荷兰数学家塔肯斯(F. Takens)为耗散系统引入了“奇异吸引子”的概念，提出了用混沌解释湍流(又称紊流)的形成[24]。1975 年美籍华人学者李天岩(T. Y. Li)和美国数学家约克(J. Yorke)在《数学月刊》发表了题为“周期 3 意味着混沌”的著名文章[25]，深刻地揭示了从有序到混沌的演变过程，被认为是“混沌”一词在现代意义下的科学语汇中正式表述，从此“混沌(chaos)”一词被正式使用。1976 年美国数学生态学家梅(R. M. May)在《自然》杂志上发表了题为“具有极复杂的动力学的简单数学模型”的文章[26]，文中指出，在生态学中一些非常简单的确定性的数学模型却能产生看似随机的行为。如称为人口(或虫口)的方程，即著名的罗基斯谛(Logistic)模型。该模型看起来似乎很简单，并且是确定性的，但当参数在一定范围变化时，它却具有极为复杂的动力学行为，其中包括分岔和混沌。1977 年第一次国际混沌会议在意大利召开，标志着混沌学在国际科学界正式诞生。1978～1979 年费根鲍姆(M. Feigenbaum)在 May 的研究基础上独立地发现了倍周期分岔现象中的标度性和普适常数[27,28]，从而使混沌在现代科学中具有坚实的理论基础。

20 世纪 80 年代，人们着重研究系统如何从有序进入新的混沌以及混沌的性质和特点。除此之外，借助于多(单)标度分形理论和符号动力学，还进一步对混沌结构进行了研究和理论上的总结。例如，1980 年美籍法国数学家曼德布罗特(B. B. Mandelbrot)用计算机绘出了世界上第一张 Mandelbrot 集的混沌图像[29]。1980 年帕卡德(N. H. Packard)等提出了由一维可观测量重构一个“等价的”相空间，即重构相空间，来重现系统状态的演变规律[30]。1981 年 Takens 则对重构相空间进行了严谨的数学分析[31]。1983 年 Grassberger 和 Procaccia 首次运用重构相空间，根据观测记录的时间序列直接计算奇异吸引子分形维数来识别混沌[32]，从而使混沌理论进入实际应用阶段。

20 世纪 90 年代初，科学界在混沌控制和混沌同步方面取得了突破性进展，从而在全世界掀起了“混沌控制热”，使其应用范围扩展到工程技术领域以及其他领域，混沌应用研究这才真正开展起来。

进入21世纪以来，混沌应用领域更加广泛，包括在气象学、水文学、流体力学、天文学、生命科学、生物医学、信息科学、化学和经济学等领域都有应用实例[33~39]。随着现代科学技术的蓬勃发展，尤其是计算机的长足进步，混沌理论成为迅速发展起来的一门新兴交叉学科。混沌是自然界普遍存在的一种现象，对混沌的研究不仅推动了其他学科的发展，而且其他学科的发展又促进了对混沌的深入研究。混沌科学与其他科学相互交叉渗透，在现代科学技术中起着十分重要的作用。目前，对混沌的研究已成为非平衡非线性现象研究中的一个十分活跃的新方向。混沌中存在着有序，有序中出现混沌。系统就是这样不断地发展演变，对混沌理论的进一步研究将使人类对各类系统的演变发展增加更深刻的理解。

3.2 混沌的概念及分类

传统意义上的混沌一般用来描述混乱、杂乱无章的状态。而在非线性动力学中，混沌一词则另有解释。为了区别，把前一种混沌称为平衡态热力学混沌，后一种混沌称为非线性动力学混沌。

19世纪中期，自然科学家首先讨论的是平衡态热力学混沌。当系统达到热力学平衡态时，系统内部中的每一点的温度、压强、浓度、化学势等均无差别，分子的混乱度极高。由此可见，热力学中的平衡态实际上是一种传统意义上的混沌态。Prigogine在其所著的《从混沌到有序》[40]一书中，通过对一些非平衡过程可以以各种不同的方式进入混沌以及对混沌特性的研究后发现，这种混沌不同于传统的平衡态热力学混沌，它是有序和无序的对立统一，既有复杂性的一面，又有规律性的一面。Prigogine将其称为非平衡湍流混沌，这种混沌实际上就是非线性动力学混沌。非线性动力学混沌和平衡态热力学混沌的区别在于：一个只是表面上无序，而内部却存在着有序结构，一个则是根本上无序；一个意味着进化，另一个则是退化的产物。

非线性动力学混沌又可分为保守系统的混沌和耗散系统的混沌。所谓保守系统是指在保守力，如重力、万有引力、弹性力、静电学中的引力和斥力等作用下的动力系统，其演变过程是可逆的。在保守系统中能量不随时间变化。耗散系统是指能量随时间不断变化的动力系统，其演变过程是不可逆的。保守系统与耗散系统的区别在于能量是否守恒。耗散系统的混沌存在奇异吸引子，而保守系统的混沌不存在奇异吸引子。本书所说的混沌主要是指耗散系统的混沌。

现代科学意义上的混沌是指在确定性非线性动力系统中，在非平衡态条件下出现的一种貌似无规则的运动，不需要附加任何外部随机因素也可出现类似的随机行为(内在随机性)。对于确定性系统中出现的具有内在随机性的解，就称为混沌解。混沌不是简单的无序，而是没有明显的周期和对称，但却是具有丰富的内部层次的有序结构。混沌系统的演变对初始条件十分敏感,因此从长期意义上讲,系统的未来行为是不可预测的,或者说,混沌现象短期可以预测,而长期不能预测。这正是系统固有的内在随机性引起的,它只可能发生在非线性动力系统中。

如果一个系统的演变过程在给定初始条件和相互作用力后完全由某一指定时刻的状态所确定,则称为确定性系统。动力系统则是指一个确定性系统的状态变量随时间不断变化的系统。一个确定性动力系统之所以出现混沌现象,既不是因为系统中存在着随机力(噪声或涨落力)的影响,也不是由于无穷多自由度的相互作用,而是确定性系统的非线性,这是产生混沌的根本原因。有非线性不一定产生混沌,但是没有非线性就根本不可能产生混沌。因此混沌才被称为非线性动力学混沌。

确定性代表有序,可预测;随机性代表无序,不可预测。混沌理论架起了确定论和概率论之间的桥梁,揭示了有序与无序的统一、确定性与随机性的统一。

3.3　产生混沌的途径

混沌是非线性动力系统处于非平衡过程中从确定性运动过渡到混沌运动的一种随机行为。耗散系统从确定性运动过渡到混沌运动主要是通过分岔突变。系统的分岔现象指的是随着外界某些控制参数的改变,系统的动态特性发生质的变化,特别是系统的平衡态或定态发生稳定性变化或出现方程解的轨迹分岔。分岔是把平衡态或定态、周期解的稳定性和混沌联系起来的一种机制。系统从确定性运动通过分岔进入混沌运动的途径(即通向混沌的道路)主要有以下几种。

1. 倍周期分岔途径

1976 年美国数学生态学家 May 在《自然》杂志上发表了题为“具有极复杂的动力学的简单数学模型”的文章,提出了著名的 Logistic 模型,该模型展示了如何经过倍周期分岔通向混沌[26]。1978 年 Feigenbaum 在此基础上经过分析,发现倍周期分岔是通向混沌的一条典型途径[27]。系统一旦发生倍周期分岔,则必导致混沌。一个系统,在一定参数条件下,其行为是周期性的,若改变参数值,出现周期加倍,当参数超过某一临界值时,系统出现 4 倍周期。因此,系统以某种逐级分岔为特点,每一相的周期为前一周期的 2 倍。从简单的周期行为走向复杂的非周期行为,非周期行为是当周期无限地加倍时产生的,即进入混沌。倍周期分岔的典型途径是:不动点(平衡态或定态)→2 倍周期点→4 倍周期点→…→无限倍周期(极限点)→奇异吸引子(混沌运动)。

2. 阵发(间隙)途径

这是由法国科学家玻木(Y. Pomeau)与曼维尔(P. Manneville)于1980年所提出的一种途径[41]。阵发性混沌是指系统从有序向混沌转化时,在非平衡非线性条件下,某些参数的变化达到某一临界值时,系统时而有序,时而混沌,在两者之间振荡。当有关参数继续变化,整个系统会由阵发性混沌发展成为混沌。

阵发性混沌的产生机制与切分岔密切相关。阵发性混沌发生于切分岔起点之前,表现为时间行为的忽而周期、忽而混沌,随机地在两者之间振荡。当系统的某一参数低于(或高于)某一临界值时,系统呈现规则的周期运动;而当参数逐渐增加(或减少)时,系统在长时间内仍然表现出明显的近似周期运动形式,但这种近似的周期运动形式将被短暂的突发混乱运动所打乱,突发之后又是周期运动,这种情况不断重复,显示出一阵周期、一阵混沌的阵发运动;随着参数的进一步增大(或减少),突发现象出现得越来越频繁,近似的周期运动几乎完全消失,最后系统完全进入混沌状态[33]。

3. 准周期途径

准周期途径源于1971年法国物理学家Ruelle和荷兰数学家Takens在“论湍流的本质”[24]一文中对兰多(L. D. Landau)和霍普夫(H. Hopf)提出的湍流发生机制进行的修正。文中认为湍流可以看成具有无数多个频率耦合而成的振荡现象,但并不需要经过无数次分岔,而是只需要四次分岔即可,即四维环面上具有四个不可公约的频率的准周期运动一般是不稳定的,经扰动后转变为奇异吸引子。这种方法称为Ruelle-Takens途径,以此来代替Landan-Hopf途径。1978年纽豪斯(S. E. Newhouse)等又对Ruelle-Takens途径做了进一步改进[42]。因此准周期分岔的典型途径是:不动点(平衡态或定态)→极限环(周期运动)→二维环面(准周期运动)→奇异吸引子(混沌运动)。

以上是耗散系统进入混沌的途径。对于保守系统,主要是通过哈密顿(Hamilton)系统KAM环面破裂途径进入混沌。Hamilton系统是指遵循Hamilton运动方程的动力系统,是保守系统。根据Hamilton函数的数学形式,它又分为可积系统和不可积系统两大类[33,43]。

1954年,苏联数学家柯尔莫哥洛夫(A. N. Kolmogorov)在研究概率起源的过程中提出一个定理,1963年,他的学生阿诺德(V. I. Arnold)对该定理进行了严格证明,紧接着瑞士数学家莫泽(J. Moser)又给出了一个改进证明。因此,这个定理被命名为KAM定理。KAM定理指出:近Hamilton系统的轨迹分布在一些环面(称为KAN环面)上,它们一个套在另一个外面,而两个环面之间充满了混沌区。它在法向平面上的截线称为KAM曲线。对于可积Hamilton系统(如单摆),其相图是椭圆平衡点和双曲平衡点交替出现，相平面被鞍点连续分割，相空间中各部分的运动是规则的和确定的，不会出现混沌运动。牛顿经典力学实质上就是研究可积 Hamilton 系统的理论。而对于不可积 Hamilton 系统，在鞍点附近发生一些变化，鞍点连线破裂，并在鞍点附近产生剧烈振荡，从而引起混沌运动，相应的区域称为混沌区。Hamilton 系统大多数都是不可积的，一般都会呈现混沌运动。

3.4　混沌的基本特征

对初始条件的敏感依赖性、存在奇异吸引子以及内在随机性是混沌的 3 个基本特征。

1. 对初始条件的敏感依赖性

混沌的一个主要特征是，动力学特性对初始条件有敏感依赖性。该特征是指混沌不可能无限预测，即使初始状态极为靠近的两点，随着时间推移也会呈指数速率分离，而无法用确定论预测未来的状态。这意味着虽然理论上应当有可能预测作为时间函数的动力学特性，而实际上却做不到，因为初始条件的微小差别最终将会导致完全不同的结果。对初始条件的敏感依赖性不是处处时时成立的，但是，对初始条件不敏感，就不是在混沌所发生的奇异吸引子区域内。所以，以对初始条件的高度敏感依赖性来表达混沌，是非常确切的，这是混沌最本质的特征。混沌的这个特性必然导致系统的长期行为很难预测、甚至是不可预测的。

2. 存在奇异吸引子

通常将渐进稳定不动点或极限环称为吸引子。对于确定性系统，吸引子维数为整数，但混沌吸引子的维数却是分数，称为奇异吸引子。混沌系统存在奇异吸引子，使得混沌系统的轨迹表现出一定的规律性。奇异吸引子的存在表明，虽然混沌两个很靠近的初始值所产生的轨迹，随着时间推移会以指数速率分离，导致系统的局部不稳定。但是由于系统在演变过程中的能量耗散，运动轨迹将向吸引子收缩。所以，无论混沌系统内部如何不稳定，它的轨迹都不会跑出奇异吸引子范围，因此从整体上说混沌系统又是稳定的。

奇异吸引子是相空间中无穷多个点的集合，这些点对应于系统的混沌状态，它是一种抽象的数学对象。因此，它常常隐藏在混沌现象的背后，借助于计算机可描绘出其图形。图 3.1 是著名的 Lorenz 奇异吸引子。奇异吸引子是一类具有无限嵌套层次的自相似几何结构，是一种分形。但迄今为止对奇异吸引子还没有令人满意的定义，只能用其所具有的特征作为奇异吸引子的判据，主要有以下 4 点特征：①奇异吸引子是一种局部不稳定而整体稳定的矛盾集合体；②奇异吸引子是由轨迹经大量分离和折叠才形成的;③奇异吸引子具有复杂的结构,即具有无穷层次的自相似结构,也称为分形结构,其几何维数是非整数;④奇异吸引子的空间是非连续的随参数变化的。正是奇异吸引子的这种特征,导致混沌具有丰富的层次和自相似结构、局部不稳定而整体稳定。

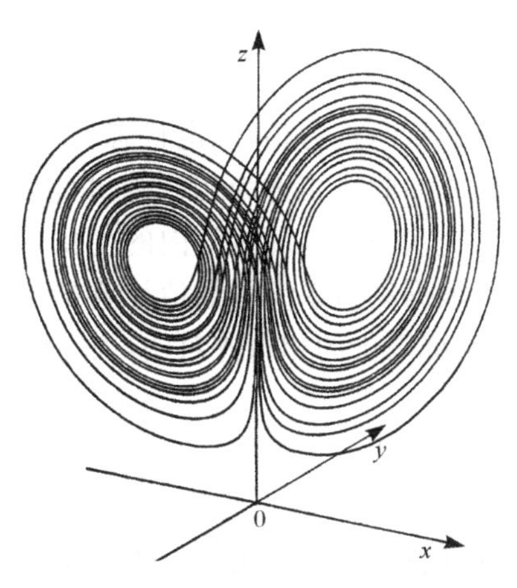

图 3.1 Lorenz 奇异吸引子

需要指出的是,由于保守系统中的混沌不存在奇异吸引子,因此,分离的轨迹不是局限在奇异吸引子范围内,但由于 KAM 环面的存在,分离的轨迹又将被限制在局部范围。

3. 内在随机性

混沌运动所表现的随机性,不同于传统的随机现象。传统的随机现象反映了外部随机因素对系统运动的影响,是一种外在的随机性。而混沌运动中表现出来的随机性则是系统内在随机性。内在随机性是指在确定性非线性动力系统内,不需要附加任何外部随机因素就可能产生的随机现象。观察一个混沌系统可以发现,描述系统的演变方程确定,但演变行为不确定;系统短期行为确定,但长期行为不确定。系统的这种行为既不同于传统的确定现象,也不同于传统的随机现象,而是系统确定性与随机性的有机结合。

3.5 识别混沌的几种常用方法

为了研究非线性动力学的混沌运动,首先要能够对混沌进行识别。识别混沌的方法可分为定性和定量两大类。定性方法通过揭示混沌运动轨迹在时域或频域中表现出的特殊空间结构或频率特性,来与周期运动、准周期运动或随机运动区分开，主要有相图法、分频采样、庞加莱截面、相空间重构、功率谱分析和主分量分析等。定量方法通过计算混沌奇异吸引子的特征量来对混沌运动加以识别，主要有分形维数、Lyapunov 指数和测度熵等。在实际应用中，常常不是单纯地使用某一类方法，而是将定性方法与定量方法结合起来，以便获得更加准确的结果。

3.5.1　相图法

动力系统在某一时刻的状态称为相，确定状态的几何空间称为相空间。系统随时间的解在相空间中形成的曲线簇称为相轨迹，相轨迹和相空间构成系统的相图。相图定性地描述了系统状态在全部时间内的变化，耗散系统吸引子的结构也可以得到反映。因此可以根据动力系统的数值计算结果，画出相空间中相轨迹随时间的变化图，通过与原系统等价的相轨迹对比，来定性分析系统运动的性质。

3.5.2　分频采样

为避免复杂运动在相空间中轨迹的混乱不清，可以每间隔一定时间（称为采样周期）观察一次在相空间的代表点（称为采样点），得到一系列离散点运动轨迹。这样研究在相空间中连续运动轨迹，就转换为研究这些离散点的运动轨迹。

对于在周期外力驱动下的受迫振动，采样周期通常取强迫力频率。当采样结果为一点时，系统做周期运动（特殊情况下是定态）；当采样结果是 n 个离散点时，系统运动也是周期的，运动周期是强迫力频率的 n 倍；当采样结果是无穷多个离散点时，运动是随机的；如果采样点集中在一定区域内并且具有层次结构，则此随机运动就是混沌。

分频采样法是分析长周期混沌带最有效的方法，它适用于一切由周期外力驱动的非线性系统，具有远高于其他方法的分辨能力。但该方法也存在着一定的缺点：一是解释不唯一；二是不能分辨比采样周期更高的频率。

3.5.3　庞加莱截面

庞加莱截面是 Poincaré 于 19 世纪末提出的一种方法，该方法对于分析含多个变量的自治微分方程系统很有效。其基本思想是：在多维相空间（$x_1, \mathrm{d}x_1/\mathrm{d}t, \cdots, x_N, \mathrm{d}x_N/\mathrm{d}t$）中适当选取一个截面，在此截面上对某一对共轭变量如（$x_1, \mathrm{d}x_1/\mathrm{d}t$）取固定值，称此截面为庞加莱截面。观察运动轨迹与此截面的交点（庞加莱点），设它们依次为 $P_0, P_1, \cdots, P_n, \cdots$。这样原来相空间的连续轨迹在庞加莱截面上表现为一些离散点之间的映射，由此可得到系统运动特性的信息。当庞加莱截面上只有一个不动点和少数离散点时，运动是周期的；当庞加莱截面上是一封闭曲线时，运动是准周期的；当庞加莱截面上是成片的密集点且有层次结构时，运动是混沌状态。

3.5.4 相空间重构

一般地，非线性动力系统的相空间可能维数很高，甚至无穷。为了知道整个系统状态的演变规律，通常需要获得系统状态演变的全部信息。但在实际应用中，往往只能得到系统状态演变信息的一维向量，即某一个变量的时间序列。所谓时间序列就是按时间次序排列的变量(观测值)集合。时间序列中隐含有系统所有变量的演变信息，但直接从时间序列提取这些信息有很大的局限性。因此，就需要进行相空间重构，把一维时间序列扩展到高维数的相空间中去，这样才能显示出隐含在时间序列中的全部信息。例如，通过对时间序列进行重构可以重新获得混沌中的奇异吸引子。相空间重构不仅是识别混沌的方法之一，而且也是相图分析、分形维数和 Lyapunov 指数计算的重要基础。

1980 年，帕卡德(N. H. Packard)等提出了由一维可观测量重构一个等价的相空间，来重现系统状态的演变规律[30]。1981 年 Takens 则对其进行了严谨的数学分析[31]。重构相空间原理如下：在试验过程中对某一个变量进行观测，得到时间序列$\{x_i|i=1,2,\cdots,N\}$，再适当选取一个时间延迟量τ，其中τ为采样周期的整数倍，取$x_i, x_{i+\tau}, x_{i+2\tau}, \cdots, x_{i+(m-1)\tau}$为坐标轴，重构$m$维相空间，并利用测得的时间序列画出系统在这$m$维相空间里的轨迹。这个$m$维相空间就被称为重构相空间。

重构相空间虽然是用某一个变量的时间序列构成相空间，但动力系统的一个变量的变化自然与此变量和系统的其他变量的相互作用有关，即此变量随时间的变化隐含着整个系统状态的演变规律。因此，重构相空间的轨迹也反映了系统状态的演变规律。对于定态，重构相空间中的轨迹是一个定点；对于周期运动，重构相空间中的轨迹是有限个点；而对于混沌运动，重构相空间中的轨迹是一些具有一定分布形式或结构的离散点。

对某一观测量的时间序列$\{x_i|i=1,2,\cdots,N\}$，重构相空间可以写为

$$\begin{cases} \boldsymbol{X}_1 = \{x_1, x_{1+\tau}, \cdots, x_{1+(m-1)\tau}\} \\ \boldsymbol{X}_2 = \{x_2, x_{2+\tau}, \cdots, x_{2+(m-1)\tau}\} \\ \quad\vdots \\ \boldsymbol{X}_l = \{x_l, x_{l+\tau}, \cdots, x_{l+(m-1)\tau}\} \end{cases} \tag{3.1}$$

式中，m为相空间嵌入维数；τ为延迟时间；l为总相点数，$l=N-(m-1)\tau$；$\boldsymbol{X}_1, \boldsymbol{X}_2, \cdots, \boldsymbol{X}_l$为相空间序列。

重构相空间的关键在于如何确定嵌入维数m和延迟时间τ。

1. 嵌入维数的确定

目前确定嵌入维数m的方法比较多，如饱和关联维数(G-P)法、近邻点维数

法、虚假邻近点法、改进的虚假邻近点法(Cao 方法)、真实矢量场法等。其中,饱和关联维数(G-P)法和改进的虚假邻近点法较常用且比较成熟,下面将详细介绍这两种方法的计算步骤。

1) 饱和关联维数法

在 m 维相空间的序列 $\boldsymbol{X}_1,\boldsymbol{X}_2,\cdots,\boldsymbol{X}_l$ 中,设 $r_{ij}(m)$ 为任意两向量之差的绝对值(即欧氏距离)。

$$r_{ij}(m)=\|\boldsymbol{X}_i-\boldsymbol{X}_j\| \tag{3.2}$$

给定一组数 r_0,取值介于 $r_{ij}(m)$ 的最小值与最大值之间。通过调整 r_0 大小,计算出一组 $\ln r_0$ 和 $\ln C(r)$ 的值,再通过式(3.3)得出关联维数 d_m,即

$$d_m=\lim_{r\to 0}\frac{\ln C(r)}{\ln r_0} \tag{3.3}$$

其中

$$C(r)=\frac{1}{l(l-1)}\sum_{i,j=1,i\neq j}^{l}\mathrm{H}(r_0-r_{ij})=\frac{1}{l(l-1)}\sum_{i,j=1,i\neq j}^{l}\mathrm{H}(r_0-\|\boldsymbol{X}_i-\boldsymbol{X}_j\|)$$

式中,$C(r)$ 为关联积分;l 为总相点数;$\mathrm{H}(x)$ 为 Heaviside 单位函数,定义为

$$\mathrm{H}(x)=\begin{cases}1, & x\geqslant 0\\ 0, & x<0\end{cases} \tag{3.4}$$

绘制不同嵌入维数条件下的 $\ln r_0$-$\ln C(r)$ 关系图,从图中可以直观地看到,若 $\ln r_0$ 与 $\ln C(r)$ 的曲线中包含一部分直线,那么这条直线的斜率就称为关联维数 d_m,若序列 $\{x_1,x_2,\cdots,x_N\}$ 中存在混沌,那么每一条直线的斜率随着嵌入维数 m 的增加到一定值 m' 时,便不会增加,此时不变的斜率称为饱和关联维数 D,对应的 m' 为重构相空间的嵌入维数。

2) 改进的虚假邻近点法

对于时间序列 $\{x_i|i=1,2,\cdots,N\}$,则在 m 维相空间中重构的延迟时间向量为 $\boldsymbol{X}_i(m)=\{x_1,x_{i+\tau},\cdots,x_{i+(m-1)\tau}\}$,令

$$a(i,m)=\frac{\|\boldsymbol{X}_i(m+1)-\boldsymbol{X}_{n(i,m)}(m+1)\|}{\|\boldsymbol{X}_i(m)-\boldsymbol{X}_{n(i,m)}(m)\|},\quad i=1,2,\cdots,N-m\tau \tag{3.5}$$

式中,$\|\cdot\|$ 为向量范数;$\boldsymbol{X}_i(m+1)$、$\boldsymbol{X}_i(m)$ 分别为第 i 个重构相空间向量,嵌入维数为 $m+1$ 和 m;$\boldsymbol{X}_{n(i,m)}(m+1)$、$\boldsymbol{X}_{n(i,m)}(m)$ 分别为离 $\boldsymbol{X}_i(m+1)$ 和 $\boldsymbol{X}_i(m)$ 最近的向量;$n(i,m)$ 为向量范数定义下与 m 维状态空间第 i 个向量距离最近的点的标号,$n(i,m)\in\mathrm{int}[1,N-m\tau]$。

如果 $\boldsymbol{X}_{n(i,m)}(m)$ 与 $\boldsymbol{X}_i(m)$ 相等,那么按照范数的定义寻找下一个最近的向量。定义

$$E(m)=\frac{1}{N-m\tau}\sum_{i=1}^{N-m\tau}a(i,m) \tag{3.6}$$

式中,$E(m)$为所有 $a(i,m)$的平均值。

为了观察 $E(m)$的变化情况,令

$$E_1(m)=\frac{E(m+1)}{E(m)} \tag{3.7}$$

如果时间序列具有混沌特征,当 m 大于某个 m_0 时,$E(m)$停止变化,那么重构相空间的嵌入维数就是 m_0+1。从理论上来说如果序列是不具有混沌特征的随机序列,那么随着 m 的增加,$E(m)$就不会达到饱和。

2. 延迟时间的确定

目前有很多方法确定延迟时间 τ,其中比较常用的是自相关函数法、复自相关法、互信息法和平均位移法等。自相关函数法由于计算简单,因此使用广泛。下面将详细介绍该方法的计算步骤。

对于时间序列$\{x_i|i=1,2,\cdots,N\}$,其自相关函数为

$$C_l(\tau)=\frac{\sum_{i=1}^{N-\tau}(x_{i+\tau}-\bar{x})(x_i-\bar{x})}{\sum_{i=1}^{N}(x_i-\bar{x})^2} \tag{3.8}$$

其中

$$\bar{x}=\frac{1}{N}\sum_{i=1}^{N}x_i$$

观察 $C_l(\tau)$-τ 关系曲线,取 $C_l(\tau)$首次下降通过 0 时所对应的 τ 为所需的延迟时间。也有研究表明,$C_l(\tau)$首次下降到初始值的(1.1/e)倍的 τ 为最优延迟时间更为合适(其中 e 是自然对数的底),不妨称为改进自相关法。

3.5.5 功率谱分析

时间序列可看成各种周期运动的叠加,确定各周期的振动能量分配,就称为功率谱。功率谱是分析时间序列的常用方法之一。通过对时间序列进行傅里叶变换可求出功率谱。

对于一个时间序列$\{x_i|i=1,2,\cdots,N\}$,加上周期条件 $x_{N+j}=x_j$,计算自相关函数

$$C_j=\frac{1}{N}\sum_{i=1}^{N}x_ix_{i+j} \tag{3.9}$$

然后对 C_j 进行傅里叶变换,得

$$p_k=\sum_{j=1}^{N}C_j\mathrm{e}^{\frac{2\pi\mathrm{i}kj}{N}} \tag{3.10}$$

式中,i 为复数的虚数单位,$\mathrm{i}=\sqrt{-1}$;p_k 为第 k 个频率分量对 x_i 的贡献,其意义代

表单位频率上的能量分配，即功率谱。

1965 年美国学者库利(J. W. Cooley)和图基(J. W. Tukey)提出快速傅里叶变换(fast Fourier transform，FFT)[44]。应用傅里叶变换可以不计算自相关函数，而直接对 x_j 进行傅里叶变换，得到傅里叶系数

$$\begin{cases} a_k = \dfrac{1}{N}\sum_{j=1}^{N} x_j \cos\left(\dfrac{\pi i k}{N}\right) \\ b_k = \dfrac{1}{N}\sum_{j=1}^{N} x_j \sin\left(\dfrac{\pi i k}{N}\right) \end{cases} \tag{3.11}$$

然后计算

$$p'_k = a_k^2 + b_k^2 \tag{3.12}$$

由多组 $\{x_j\}$ 得到一组 $\{p'_k\}$，求其平均值，即趋近于时间序列的功率谱 p_k。在使用快速傅里叶变换时，时间序列长度 N 应该取 2 的幂次，如 $2^{10}=1024$。

时间序列包括两个时间常数，即采样间隔时间 T 和总采样时间 NT。求这两个时间常数的倒数，得到两个特征频率

$$f_{\max} = \frac{1}{2T} \tag{3.13}$$

$$f_{\min} = \frac{1}{NT} \tag{3.14}$$

式中，$f_{\max}$ 为该时间序列的最大频率；$f_{\min}$ 为两个相邻傅里叶系数的频率差。

通过分析功率谱，可以很容易地识别运动的特征是周期的，还是准周期的、随机的或混沌的。对于周期运动，功率谱只在基频及其倍频处出现尖峰；准周期运动对应的功率谱在几个不可约的基频以及它们叠加所在频率处出现尖峰；混沌运动在功率谱中表现为出现噪声背景和宽峰特征的连续谱，其中含有与周期运动对应的尖峰。

3.5.6 主分量分析

主分量分析(principal component analysis，PCA)又称主成分分析，是用数学变换的方法，把给定的一组相关变量通过线性变换转成另一组不相关的变量，这些新的变量按照方差依次递减的顺序排列。在数学变换中保持变量的总方差不变，使第一变量具有最大的方差，称为第一主成分，第二变量的方差次大，并且和第一变量不相关，称为第二主成分，依此类推。由此可见，主分量分析实际上是旨在利用降维的思想，把多指标转化为少数几个综合指标。

主分量分析方法的计算步骤如下：对于离散时间序列 $\{x_i | i=1,2,\cdots,N\}$，选取延迟时间 τ 和嵌入维数 m，则由该时间序列形成的轨迹线矩阵 $\boldsymbol{X}_{l\times m}$ $[l=N-(m-1)\tau]$ 为

$$\boldsymbol{X}_{l\times m}=\frac{1}{l^{1/2}}\begin{bmatrix}x_1 & x_{1+\tau} & \cdots & x_{1+(m-1)\tau}\\ x_2 & x_{2+\tau} & \cdots & x_{2+(m-1)\tau}\\ \vdots & \vdots & & \vdots\\ x_l & x_{l+\tau} & \cdots & x_{l+(m-1)\tau}\end{bmatrix}=\frac{1}{l^{1/2}}\begin{bmatrix}\boldsymbol{X}_1\\ \boldsymbol{X}_2\\ \vdots\\ \boldsymbol{X}_l\end{bmatrix} \tag{3.15}$$

$\boldsymbol{X}_{l\times m}$的协方差矩阵为

$$\boldsymbol{A}_{m\times m}=\frac{1}{l}\boldsymbol{X}_{l\times m}^{\mathrm{T}}\boldsymbol{X}_{l\times m} \tag{3.16}$$

然后计算协方差矩阵$\boldsymbol{A}_{m\times m}$的特征值$\lambda_i(i=1,2,\cdots,m)$和相应的特征向量$\boldsymbol{U}_i$ $(i=1,2,\cdots,m)$，按照特征值的大小进行排序

$$\lambda_1\geqslant\lambda_2\geqslant\cdots\geqslant\lambda_m \tag{3.17}$$

特征值λ_i和特征向量$\boldsymbol{U}_i$称为主分量。对所有特征值求和

$$\xi=\sum_{i=1}^{m}\lambda_i \tag{3.18}$$

设主分量分析为$\mathrm{PCA}=\ln(\lambda_i/\xi)$，以嵌入维数$m$为横坐标，主分量分析为纵坐标得到的图，称为主分量谱图。若时间序列的主分量谱是一条与横坐标轴接近平行的直线，则该序列为噪声序列；若时间序列的主分量谱为一条近似斜率为负的直线，则该序列为混沌序列。

3.5.7 分形维数

混沌特性可由奇异吸引子的不规则轨迹来描述。由于奇异吸引子几何维数是分数，因此引入了分形维数。分形维数可对吸引子的几何特征及集于吸引子上轨迹随时间的演变情况进行数量上的描述。因而，可对吸引子的混沌程度进一步细分。分形维数有多种表示方法，如豪斯多夫(Hausdorff)维数、相似维数、信息维数和饱和关联维数等。其中格拉斯伯格(P. Grassberger)和普罗卡西(I. Procaccia)在1983年提出的一种易于从试验数据中提取分形维数算法即饱和关联维数[32]作为识别混沌特性的方法得到了广泛的应用。

饱和关联维数具体算法已在3.5.4节叙述。首先根据时间序列$\{x_i|i=1,2,\cdots,N\}$重构相空间，然后绘制不同嵌入维数条件下的$\ln r_0$-$\ln C(r)$关系图，如果图中存在直线部分，对图中每条曲线的直线部分进行最小二乘法直线拟合，所得直线的斜率就是各自嵌入维数m所对应的关联维数d_m。如果时间序列中有奇异吸引子，那么随着嵌入维数m的增加，关联维数d_m也会增加，当关联维数增加到一定值以后，得到的饱和值D即时间序列的饱和关联维数，从而证明时间序列具有混沌特性。饱和关联维数值越大，混沌特性就越强；饱和关联维数值越小，混沌特性就越弱。

3.5.8 Lyapunov 指数

混沌中奇异吸引子的存在，使得系统中两个很靠近的初始值所产生的运动轨迹，随着时间推移会以指数速率分离。但是在运动过程中由于能量耗散，运动轨迹又将向吸引子收缩。Lyapunov 指数可以定量描述两个相邻点之间的轨迹以指数速率分离或收缩的方向。当 Lyapunov 指数 $\lambda<0$ 时，对应收缩方向，系统运动轨迹稳定，且对初始条件不敏感；当 Lyapunov 指数 $\lambda>0$ 时，对应分离方向，运动轨迹迅速分离，长时间行为对初始条件敏感，运动呈混沌状态；当 Lyapunov 指数 $\lambda=0$时，对应于分岔点或周期解，运动呈临界状态。所以，Lyapunov 指数 $\lambda>0$ 是判断混沌存在和混沌特性的一个重要依据，其值越大，系统混沌特性越强；其值越小，混沌特性就越弱。

在混沌识别中，通常只计算最大 Lyapunov 指数 $\lambda_{\max}$，只要 $\lambda_{\max}>0$，就表明混沌存在。目前计算最大 Lyapunov 指数的方法包括 Wolf 法、Jacobian 法、p-范数法和小数据量法等。Wolf 法是直接基于相轨迹、相平面和相体积等演变来估计 Lyapunov 指数，使用较为广泛，下面就 Wolf 法计算混沌时间序列的最大 Lyapunov 指数步骤进行详细介绍。

设混沌时间序列为$\{x_i \mid i=1,2,\cdots,N\}$，延迟时间为 τ，嵌入维数为 m，则重构相空间为

$$\boldsymbol{X}_{t_i}=\{x_{t_i},x_{t_i+\tau},\cdots,x_{t_i+(m-1)\tau}\},\quad i=1,2,\cdots,N \tag{3.19}$$

设初始点时刻为 t_0，当前时刻为 t_i，终点时刻为 t_l，其中，$l=N-(m+1)\tau$，N 为时间序列的终点。取初始点为 $\boldsymbol{X}_{t_0}$（图 3.2），与其最近邻点 $\boldsymbol{X}_{t_0}(0)$的距离为$L_0=\|\boldsymbol{X}_{t_0}-\boldsymbol{X}_{t_0}(0)\|$，追踪这两点的时间演变，直到 t_1 时刻，其距离演变为 $L'_0=\|\boldsymbol{X}_{t_1}-\boldsymbol{X}_{t_1}(0)\|$，超过某规定值 $\varepsilon>0$，保留 $\boldsymbol{X}_{t_1}$，并在 $\boldsymbol{X}_{t_1}$ 近邻另找一点 $\boldsymbol{X}_{t_1}(1)$，使得 $L_1=\|\boldsymbol{X}_{t_1}-\boldsymbol{X}_{t_1}(1)\|<\varepsilon$，且与 L'_0的夹角尽可能小，继续上述过程，使得$L'_1=\|\boldsymbol{X}_{t_2}-\boldsymbol{X}_{t_2}(1)\|>\varepsilon$，直至 $\boldsymbol{X}_t$ 到达时间序列的终点 N，这时追踪演变过程总的迭代次数为 l，则最大 Lyapunov 指数 $\lambda_{\max}$为

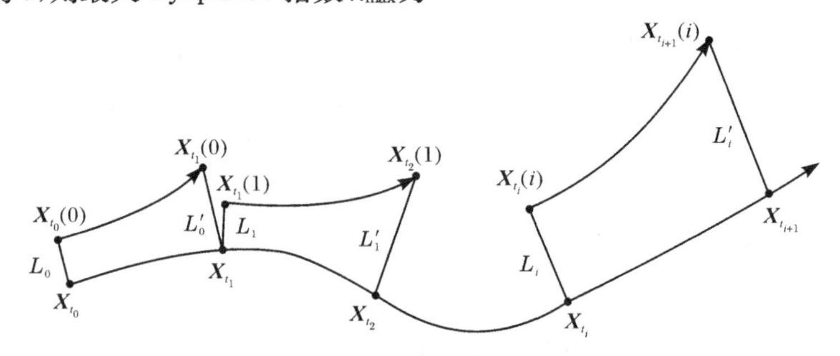

图 3.2 计算最大 Lyapunov 指数演变替换过程示意图

$$\lambda_{\max} = \frac{1}{t_l - t_0} \sum_{i=0}^{l} \ln \frac{L'_i}{L_i} \tag{3.20}$$

其中

$$L'_i = \| \boldsymbol{X}_{t_{i+1}} - \boldsymbol{X}_{t_{i+1}}(i) \|$$
$$L_i = \| \boldsymbol{X}_{t_i} - \boldsymbol{X}_{t_i}(i) \|$$

3.5.9 测度熵

测度熵是从热力学中的熵引申而来的。在热力学中,熵是系统无序程度的度量。熵越大,系统就越混乱无序。1948 年美国数学家、信息论的创始人香农(C. E. Shannon)首次将熵的概念引入信息论,将其称为信息熵,定义为

$$S_i = -\sum_{i=1}^{N} P_i \ln P_i \tag{3.21}$$

式中,P_i 为系统处在状态 i 的概率。

信息熵是系统信息源效用值或无序程度的一个度量。信息熵越小,表示信息源效用值越高或越有序;信息熵越大,表示信息源效用值越低或越无序。

1959 年 Kolmogorov 进一步把信息熵的概念精确化用来度量系统运动的混乱或无序程度,并定义为测度熵。所以,测度熵又称Kolmogorov熵,代表系统信息的损失程度。

考虑一个 m 维动力系统,将它的相空间分割成 N 个边长为 l 的 m 维立方体盒子。当系统运动时,它在相空间的轨迹为 $\boldsymbol{x}(t)=\{x_1(t),x_2(t),\cdots,x_m(t)\}$,取时间间隔 T 为一很小的量。设 $P(i_0,i_1,\cdots,i_N)$表示起始时刻系统轨迹在第 i_0 个格子中,$t=T$ 时在第 i_1 个格子中,…,$t=NT$ 时在第 i_N 个格子中的联合概率,则测度熵为

$$K = -\lim_{T\to 0} \lim_{l\to 0} \lim_{N\to\infty} \frac{1}{NT} \sum_{i_0 \cdots i_N}^{N-1} P(i_0,i_1,\cdots,i_N) \ln P(i_0,i_1,\cdots,i_N) \tag{3.22}$$

当不知道系统微分方程时,测度熵 K 是难以计算的。但可以通过计算二阶关联熵 K_2 值作为测度熵 K 值近似。对于一个离散时间序列$\{x_i|i=1,2,\cdots,N\}$,固定时间间隔,即给定延迟时间 τ,用饱和关联维数法计算二阶关联熵 K_2 值。

$$K_2 = \lim_{r\to 0} \lim_{m\to\infty} K_{2,m}(r) \tag{3.23}$$

其中

$$K_{2,m}(r) = \frac{1}{\tau} \ln \frac{C_m(r)}{C_{m+1}(r)}$$

式中,$C_m(r)$为嵌入维数为 m 时的关联积分 $C(r)$值,见式(3.3);$C_{m+1}(r)$为嵌入维数为 $m+1$ 时的关联积分 $C(r)$值。

理论上说,当 $r\to 0$、$m\to\infty$时,$K_{2,m}(r)\to K_2$。实际上,当 m 一定大时,$K_{2,m}(r)$

便不再随 m 和 r 变化而趋于稳定值，可将该稳定值作为 K_2 值。K_2 可作为测度熵 K 值近似，$K_2 \leqslant K$。

在某一嵌入维数 m 下，在 $\ln r$-$\ln C(r)$ 关系的无标度区间内，令

$$x_{mj} = (\ln r)_{mj} \tag{3.24}$$

$$y_{mj} = [\ln C(r)]_{mj} \tag{3.25}$$

式中，m 为嵌入维数；j 为在某一嵌入维数 m 下，无标度区间内满足线性关系的点的角标。

对 x_{mj} 和 y_{mj} 用式(3.26)进行线性回归拟合。

$$y_{mj} = a x_{mj} + b_m \tag{3.26}$$

式中，a 为关联维数 d_m。

同理可写出

$$y_{(m+1)j} = a' x_{(m+1)j} + b_{m+1} \tag{3.27}$$

关联维数确定后，$a=a'$，固定横坐标 x，当 $r \rightarrow 0$ 时，则有

$$y_{mj} - y_{(m+1)j} = [\ln C(r)]_{mj} - [\ln C(r)]_{(m+1)j} = b_m - b_{m+1} \tag{3.28}$$

将式(3.28)代入式(3.23)，则有

$$K_2 = \lim_{m \rightarrow \infty} \frac{b_m - b_{m+1}}{\tau} \tag{3.29}$$

从 $m=1$ 到 $m=m'+1$（m' 为对应于饱和关联维数的相空间嵌入维数），用式(3.30)得到最小二乘法最优估计值 a 和 b_m。

$$\begin{cases} \hat{a} = \dfrac{\sum_{j=1}^{n_m} (x_{mj} - \bar{x}_m)(y_{mj} - \bar{y}_m)}{\sum_{j=1}^{n_m} (x_{mj} - \bar{x}_m)^2} \\ \hat{b} = \bar{y}_m - a\bar{x}_m \end{cases} \tag{3.30}$$

其中

$$\begin{cases} \bar{x}_m = \dfrac{1}{n_m} \sum_{j=1}^{n_m} x_{mj} \\ \bar{y}_m = \dfrac{1}{n_m} \sum_{j=1}^{n_m} y_{mj} \end{cases}$$

式中，n_m 为嵌入维数为 m 时，无标度区间内满足线性关系的点的个数。

由测度熵 K 值可判别系统的运动状态：当 $K=0$ 时，为规则运动状态；当 $K=\infty$ 时，为随机运动状态；当 $0<K<+\infty$ 时，为混沌运动状态。K 值越大，表明系统信息的损失程度越大，那么系统的混沌特性就越强。

测度熵 K 与 Lyapunov 指数 λ 存在下列关系：对于一维系统，$K=\lambda$；对于 m 维

系统，$K=\sum_{i=1}^{m}\lambda_i$。

3.6 耗散结构是混沌的一种特例

混沌现象无处不在。混沌不是混乱，而是表面混乱而内部有序，是外在随意而内在有规，是局部不稳而整体稳定，是现象复杂而本质简单。总之，混沌理论表述了这样一个论点：有序来自无序，无序来自有序；混沌来自简单，简单来自混沌。混沌实现的途径如同耗散结构一样就是分岔突变。当系统处于非线性区域时，超过某一临界值后，系统就有可能失稳，出现突变，就可能导致出现混沌状态。分岔行为可以多级发生。从分岔到混沌，就表现为确定性系统的内在随机性。混沌理论是耗散结构理论的拓展，也是研究开放系统在远离平衡态区域所表现出的非线性特性的理论。从某种意义上说，混沌理论是对耗散结构理论的补充完善。耗散结构理论告诉人们，系统演变方向是从无序到有序。混沌理论则使人们认识到系统还存在着另外一个相反的演变方向，即从有序向无序的演变。

混沌是有序和无序的统一。当外界的控制参数不断改变时，在一定条件下系统会经历一个从无序到有序、从有序到混沌的演变过程。贝纳德试验清楚地说明了这个问题。贝纳德试验是一种流体自组织现象，由法国物理学家贝纳德(C. Bènard)于1900年首先完成并观测发现的。具体地说，一层液体被两块尺寸远大于液层厚度的水平平板隔开，任其自然，最终液体内部各处温度趋于相同，这是一种平衡态热力学混沌。如果从下面对液体加热，使液面上下产生温差，使系统离开平衡态混沌。当温度梯度较小时，热量通过热传导的方式从下向上传输。增大温度梯度，使系统逐渐远离平衡态，传输热量也逐渐增多。当温差达到某一临界值时，系统由原来的热传导状态突然进入热对流状态，形成六角形的宏观对流花纹，称为贝纳德花纹，尼科里斯(G. Nicolis)和Prigogine在《探索复杂性》一书中，将其称为耗散结构[45]。该花纹的形成过程是一种从平衡态混沌到有序的过程。此时如果该温差保持下去，六角形对流花纹不会消失，也会继续维持下去。如果继续加大温差，六角形对流花纹将变得更加复杂，对流的有序大部分被破坏，出现了湍流。湍流从宏观上看是无规则的和混沌的，但从微观上看却呈有序状态。因此，将湍流称为非平衡态混沌。这种新的混沌状态，与形成贝纳德花纹之前的平衡态热力学混沌不同，它存在着激烈的宏观运动，而原来的平衡态热力学却是宏观静止的。

判断一个系统是否具有混沌特性和混沌特性的强弱，可通过序度，如饱和关联维数、Lyapunov指数、测度熵等方法。序度表示一种约束的状态，不同的约束形成了不同的序度，约束越多，序度就越大。因此，有序表示序度较大，无序则表示序度较小。有序是一种有规则的状态，显示出某种确定性，因而又具有可测性。相反，无序是一种无规则的状态，因而具有随机性和不可测性。所以，序度越小，混沌特性就越强。其实，在许多场合，很难分清“有序”和“无序”这类词的含义，例如，湍流是有序还是无序？一个系统到底是有序还是无序，根据研究层面的不同而不同。又如，宏观上来看湍流是无序的，但从微观上来看又是有序的。这就是有序和无序的对立统一。

远离平衡态的系统演变与平衡态或近平衡态系统演变的最大区别就是系统存在着发展演变的多种可能性，而其表现就是系统存在着分岔或分支点现象。通过分岔突变，可能达到两种不同的状态：一种是耗散结构；一种是混沌态。在自然界中，绝大部分现象都是无序的。所以，混沌态是自然界普遍存在的一种现象，而耗散结构只不过是混沌态的一种特例，不妨将其称为高级混沌。Prigogine 提出有序来自混沌[40]，他提到的混沌既指平衡态热力学混沌，也包括非线性动力学混沌。由平衡态热力学混沌演变而来的有序，不妨称为低级耗散结构，由非线性动力学混沌演变而来的有序称为高级耗散结构。Prigogine 把这种从混沌到有序的过程称为通过涨落达到有序[40]。

3.7 小　结

混沌是一种貌似无规则的随机运动，从宏观上看似乎混乱无序，但内部层次却呈有序状态。可见，混沌的这种混乱无序与平衡态所指的微观上的分子混乱无序不同，它存在着宏观运动，而平衡态却是宏观静止的。混沌不是简单的无序，而是没有明显的周期和对称，但却是具有丰富的内部层次的有序结构。所以，混沌既包含无序又包含有序。由于混沌对初始条件十分敏感，因此混沌现象短期可以预测，而长期不能预测。

判断一个系统是否具有混沌特性和混沌特性的强弱的方法可分为定性和定量两大类。定性方法主要有相图法、分频采样、庞加莱截面、相空间重构、功率谱分析和主分量分析等。定量方法主要有分形维数、Lyapunov 指数和测度熵等。在实际应用中，常常不是单纯地使用某一类方法，而是将定性方法与定量方法结合起来。

从某种意义上说，混沌理论是对耗散结构理论的一种补充。混沌中存在着有序，有序中出现混沌。耗散结构理论主要强调有序来自混沌，其实，这个混沌既包括平衡态热力学混沌也包括非线性动力学混沌。耗散结构是混沌发展的高级形式，也可以称为高级混沌。一个开放系统在远离平衡态条件下，经过分岔突变，既可以进入更为有序的耗散结构状态，也可以进入混沌状态。系统的序度越小，混沌特性就越强。混沌是自然界普遍存在的一种现象，而耗散结构是混沌的一种特例。

第 4 章　黏性流体热力学问题

流体运动遵循流体力学基本方程和热力学相关定律[46,47]。本章基于非平衡态热力学的最小熵产生原理，从热力学中的吉布斯公式出发进行熵产生和熵流的演算，利用流体力学的 3 个基本方程，即连续方程、运动方程和能量方程，推导流体最小能耗率的一般数学表达式[48~50]。同时，基于河流广义流和广义力对河流最小能耗率的一般数学表达式进行推导[51]，这两种方法推导的能耗率表达式相同。

4.1　描述流体运动的两种基本方法

实际流体均为黏性流体，存在着黏性应力，黏性应力与黏性系数有关。在流体力学中常用到动力黏性系数 μ(其国际单位为 $N\cdot s/m^2$ 或 $Pa\cdot s$)和运动黏性系数 ν(其国际单位为 m^2/s)。两者关系 $\mu=\rho\nu$，其中 ρ 为流体密度。流体运动所占据的空间称为流场。流体运动可以看成充满流场而由许许多多流体质点所组成的连续介质运动。所谓流体质点不是指流体的分子，而是指内部包含着很多流体分子的微小单元，它是连续介质可以划分的最小单元，在这个微小单元中流体的各物理量是相同的。众所周知，描述流体质点运动的基本方法有两种，即拉格朗日法和欧拉法。

拉格朗日法是通过跟踪研究流场中每一个流体质点的各种物理量(如速度、压强、密度等)随时间的变化过程，来获得整个流场的流体运动规律性。设 Z 代表某个物理量，该物理量既可以是标量也可以是矢量，它是时间 t 和空间位置 $\boldsymbol{r}$ 的函数，则有 $Z=Z(t,\boldsymbol{r})$。在拉格朗日法中，因 $\boldsymbol{r}$ 不随时间变化，有 $d\boldsymbol{r}/dt=0$。所以，任一物理量对于时间的全导数等于对时间的偏导数，即有

$$\frac{dZ}{dt}=\frac{\partial Z}{\partial t} \tag{4.1}$$

欧拉法是通过研究流场中每一个空间位置上的流体质点的各种物理量随时间的变化过程，来了解整个流场的流体运动状况。在欧拉法中，因各种物理量随时间 t 和空间位置 $\boldsymbol{r}$ 变化，所以任一物理量对于时间的全导数都可以写为

$$\frac{dZ}{dt}=\frac{\partial Z}{\partial t}+(\boldsymbol{v}\cdot\nabla)Z \tag{4.2}$$

式中，$\frac{dZ}{dt}$称为物理量的随体导数；$\frac{\partial Z}{\partial t}$表示物理量的时变导数，当时变导数等于零

时，流体为恒定运动；$(\boldsymbol{v}\cdot\nabla)Z$ 表示物理量的位变导数，其中 $\boldsymbol{v}$ 为流速矢量。

拉格朗日法和欧拉法是描述流体运动的两种基本方法。对于同一流体运动既可用拉格朗日法，也可用欧拉法，且这两种方法还可以互换。但拉格朗日法在分析流体运动时，由于要寻求每一个质点的运动规律，在数学上常会遇到难以克服的困难。所以，在流体力学研究中常采用较为简便的欧拉法。

在建立流体力学基本方程时，可以采用描述流体运动的任意一种方法。欧拉法的做法是在流场中任取一微元体，该微元体不随流体一起运动，即相对于流场，它是静止不动的，外界流体连续不断地通过该微元体，微元体与外界流体既有质量交换又有能量交换，该微元体相当于热力学中的开放系统。拉格朗日法的做法也是在流场中任取一微元体，但该微元体随流体一起运动，它的形状和大小也可以随时间发生变化，流体不能通过微元体表面流入或流出微元体，微元体与外界流体没有质量交换但有能量交换，该微元体相当于热力学中的封闭系统。在解决实际问题时，通过分析微元体受力和运动状况建立起基本方程。

由于自然科学中的一些基本定律最初定义都是针对类似于拉格朗日法中的质点运动提出来的，因此在建立流体运动的基本方程时，往往先采用拉格朗日法建立起基本方程，然后再利用物理量体积分的随体导数将方程转换成便于描述流体运动的欧拉型基本方程。

在流体力学中，根据任一物理量随体导数的定义，推导出物理量体积分随体导数表达式为[52]

$$\frac{\mathrm{d}}{\mathrm{d}t}\iiint_V Z\mathrm{d}V=\iiint_V\frac{\partial Z}{\partial t}\mathrm{d}V+\oiint_{\Omega} Z\boldsymbol{v}\cdot\boldsymbol{n}\mathrm{d}\Omega \tag{4.3}$$

式(4.3)表明，任一物理量的体积分随体导数由两项组成：第一项表示物理量 Z 随时间的变化，是由于流场的不恒定性所引起的；第二项表示物理量 Z 通过表面积 Ω 的通量，是由于体积 V 的变化所引起的。

利用数学场论中的高斯公式以及式(2.30)和式(4.2)，式(4.3)还可写为

$$\frac{\mathrm{d}}{\mathrm{d}t}\iiint_V Z\mathrm{d}V=\iiint_V\left[\frac{\partial Z}{\partial t}+\mathrm{div}(Z\boldsymbol{v})\right]\mathrm{d}V=\iiint_V\left(\frac{\mathrm{d}Z}{\mathrm{d}t}+Z\mathrm{div}\boldsymbol{v}\right)\mathrm{d}V \tag{4.4}$$

4.2 流体运动的三个基本方程

流体运动规律遵循质量守恒定律、动量定律（牛顿第二定律）和能量守恒与转化定律这些自然科学中的基本定律。从这些基本定律出发，可以建立起黏性流体运动的 3 个基本方程，即连续方程、运动方程和能量方程[46,52~56]。

1. 连续方程

从流场中任取一微元体，该微元体随流体一起运动（即拉格朗日法），微元体

的体积为 V，其封闭表面积为 Ω。对于这样一个微元体，质量守恒定律简述为：若微元体内不存在源和汇，则微元体的质量 m 对时间 t 的变化率为零，即

$$\frac{\mathrm{d}m}{\mathrm{d}t}=\frac{\mathrm{d}}{\mathrm{d}t}\iiint_V \rho \mathrm{d}V=0 \tag{4.5}$$

式中，ρ 为流体密度。

式(4.5)就是用拉格朗日法推导出的积分形式的连续方程。利用式(4.3)或式(4.4)将其转变成下列欧拉型积分形式的连续方程：

$$\iiint_V \frac{\partial \rho}{\partial t}\mathrm{d}V+\oiint_\Omega \rho \boldsymbol{v}\cdot \boldsymbol{n}\mathrm{d}\Omega=0 \tag{4.6}$$

或

$$\iiint_V \left[\frac{\partial \rho}{\partial t}+\mathrm{div}(\rho \boldsymbol{v})\right]\mathrm{d}V=\iiint_V \left(\frac{\mathrm{d}\rho}{\mathrm{d}t}+\rho \mathrm{div}\boldsymbol{v}\right)\mathrm{d}V=0 \tag{4.7}$$

根据质量守恒定律，式(4.6)的物理意义表示单位时间内体积 V 的质量随时间变化等于单位时间内质量通过表面积 Ω 的通量。

由式(4.7)得到微分形式的连续方程矢量表达式为

$$\frac{\partial \rho}{\partial t}+\mathrm{div}(\rho \boldsymbol{v})=0 \tag{4.8}$$

及

$$\frac{\mathrm{d}\rho}{\mathrm{d}t}+\rho \mathrm{div}\boldsymbol{v}=0 \tag{4.9}$$

或用张量法则记为

$$\frac{\partial \rho}{\partial t}+\frac{\partial(\rho v_i)}{\partial x_i}=0 \tag{4.10}$$

及

$$\frac{\mathrm{d}\rho}{\mathrm{d}t}+\rho \frac{\partial v_i}{\partial x_i}=0 \tag{4.11}$$

式中，v_i 为流速分量，下标 $i=1,2,3$。

对于不可压缩流体，$\rho=$常数，故连续方程为

$$\mathrm{div}\boldsymbol{v}=0 \tag{4.12}$$

或

$$\frac{\partial v_i}{\partial x_i}=0 \tag{4.13}$$

2. 运动方程

运动方程又称动量方程或纳维埃-斯托克斯(Navier-Stokes)方程，其矢量形式的微分方程为

$$\boldsymbol{F}+\frac{1}{\rho}\nabla\cdot\boldsymbol{P}=\frac{\mathrm{d}\boldsymbol{v}}{\mathrm{d}t} \tag{4.14}$$

或

$$\boldsymbol{F}+\frac{1}{\rho}\nabla\cdot\boldsymbol{P}=\frac{\partial\boldsymbol{v}}{\partial t}+(\boldsymbol{v}\cdot\nabla)\boldsymbol{v} \tag{4.15}$$

其张量形式为

$$F_i+\frac{1}{\rho}\frac{\partial p_{ij}}{\partial x_j}=\frac{\mathrm{d}v_i}{\mathrm{d}t} \tag{4.16}$$

及

$$F_i+\frac{1}{\rho}\frac{\partial p_{ij}}{\partial x_j}=\frac{\partial v_i}{\partial t}+v_j\frac{\partial v_i}{\partial x_j} \tag{4.17}$$

式中，$\boldsymbol{F}$ 为作用在单位质量流体上的质量力（F_i 表示质量力分量）；$\boldsymbol{P}$ 为二阶应力张量（p_{ij} 为应力张量分量，下标 $i,j=1,2,3$，分别表示 x,y,z 坐标轴）；$\frac{\mathrm{d}\boldsymbol{v}}{\mathrm{d}t}$ 为惯性加速度$\left(\frac{\mathrm{d}v_i}{\mathrm{d}t}\text{表示惯性加速度分量}\right)$；$\frac{\partial\boldsymbol{v}}{\partial t}$ 为时变加速度$\left(\frac{\partial v_i}{\partial t}\text{表示时变加速度分量}\right)$；$(\boldsymbol{v}\cdot\nabla)\boldsymbol{v}$ 为位变加速度$\left(v_j\frac{\partial v_i}{\partial x_j}\text{表示位变加速度分量}\right)$。

在直角坐标系中，二阶应力张量 $\boldsymbol{P}$ 可表示为

$$\boldsymbol{P}=[p_{ij}]=\begin{bmatrix}p_{xx}&p_{xy}&p_{xz}\\p_{yx}&p_{yy}&p_{yz}\\p_{zx}&p_{zy}&p_{zz}\end{bmatrix}=-p\begin{bmatrix}1&0&0\\0&1&0\\0&0&1\end{bmatrix}+\begin{bmatrix}p_{xx}+p&p_{xy}&p_{xz}\\p_{yx}&p_{yy}+p&p_{yz}\\p_{zx}&p_{zy}&p_{zz}+p\end{bmatrix} \tag{4.18}$$

式中，p_{ij} 为应力张量分量；位于主对角线上的分量为法向应力，且有 $p_{xx}\neq p_{yy}\neq p_{zz}$；位于主对角线两侧的分量为切向应力，且有 $p_{xy}=p_{yx}$，$p_{xz}=p_{zx}$，$p_{yz}=p_{zy}$，即应力张量是一个对称张量。

令

$$\begin{bmatrix}p_{xx}+p&p_{xy}&p_{xz}\\p_{yx}&p_{yy}+p&p_{yz}\\p_{zx}&p_{zy}&p_{zz}+p\end{bmatrix}=\begin{bmatrix}\tau_{xx}&\tau_{xy}&\tau_{xz}\\\tau_{yx}&\tau_{yy}&\tau_{yz}\\\tau_{zx}&\tau_{zy}&\tau_{zz}\end{bmatrix}=[\tau_{ij}]=\boldsymbol{\Pi} \tag{4.19}$$

$$\begin{bmatrix}1&0&0\\0&1&0\\0&0&1\end{bmatrix}=[\delta_{ij}]=\boldsymbol{\delta} \tag{4.20}$$

则式(4.18)可写为

$$\boldsymbol{P}=-\boldsymbol{\delta}p+\boldsymbol{\Pi} \tag{4.21}$$

或用张量表示为

$$p_{ij} = -\delta_{ij} p + \tau_{ij} \tag{4.22}$$

式中，$\boldsymbol{\delta}$ 为二阶单位张量（δ_{ij} 为二阶单位张量分量）；$\boldsymbol{\Pi}$ 为切向应力张量（τ_{ij} 为切向应力分量）；p 为沿内法线方向的平均动水应力（压强），其值与作用面方向无关。

3. 能量方程

根据能量守恒与转化定律（热力学第一定律），对于随流体一起运动的微元体（即拉格朗日法），在流动过程中，其体积内储存的总能量 E 随时间的变化等于单位时间内外界对微元体所作的功 W 和单位时间内外界传入微元体的热量 Q 之和，即

$$\frac{\mathrm{d}E}{\mathrm{d}t} = W + Q \tag{4.23}$$

下面分别求 E、W 和 Q，并代入式(4.23)中，将得到能量方程的具体表达形式。

首先求微元体内储存的总能量 E。在这里，总能量 E 不仅包括流体的内能，还包括流体运动的动能和势能。设单位质量流体的内能为 u，单位质量流体的动能为 $v^2/2$，只考虑重力场，单位质量流体的势能为 gh。于是

$$E = \iiint_V \rho\left(u + \frac{v^2}{2} + gh\right)\mathrm{d}V \tag{4.24}$$

然后推导单位时间内外界对微元体所作的功 W。外界只有作用在微元体边界上的应力对微元体做功。这些应力称为表面力，用 p_n 表示作用在法线为 $\boldsymbol{n}$ 的单位面积上的表面力。p_n 可以表示成作用面的外法线单位矢量 $\boldsymbol{n}$ 与一个二阶应力张量 $\boldsymbol{P}$ 的点乘积，即

$$p_n = \boldsymbol{n} \cdot \boldsymbol{P} \tag{4.25}$$

表面力 p_n 在单位时间内对微元体所作的功 W 可以写为

$$W = \oiint_\Omega p_n \cdot \boldsymbol{v}\mathrm{d}\Omega = \oiint_\Omega \boldsymbol{P} \cdot \boldsymbol{v} \cdot \boldsymbol{n}\mathrm{d}\Omega = \iiint_V \nabla \cdot (\boldsymbol{P} \cdot \boldsymbol{v})\mathrm{d}V \tag{4.26}$$

其中

$$\nabla \cdot (\boldsymbol{P} \cdot \boldsymbol{v}) = \boldsymbol{v} \cdot (\nabla \cdot \boldsymbol{P}) + \boldsymbol{P} : \nabla \boldsymbol{v}$$

而

$$\boldsymbol{P} : \nabla \boldsymbol{v} = (-\delta p + \boldsymbol{\Pi}) : \nabla \boldsymbol{v} = -p\,\nabla \cdot \boldsymbol{v} + \boldsymbol{\Pi} : \nabla \boldsymbol{v} \tag{4.27}$$

式(4.27)的推导中，考虑到式(4.28)成立

$$\boldsymbol{\delta} : \nabla \boldsymbol{v} = \nabla \cdot \boldsymbol{v} \tag{4.28}$$

因此

$$\nabla \cdot (\boldsymbol{P} \cdot \boldsymbol{v}) = \boldsymbol{v} \cdot (\nabla \cdot \boldsymbol{P}) - p\,\nabla \cdot \boldsymbol{v} + \boldsymbol{\Pi} : \nabla \boldsymbol{v} \tag{4.29}$$

式中，$\nabla \boldsymbol{v}$ 为流速梯度张量，是一个由 9 个流速分量的偏导数组成的二阶张量，记为

$$\nabla \boldsymbol{v} = \left[\frac{\partial v_i}{\partial x_j}\right] = \begin{bmatrix} \frac{\partial v_x}{\partial x} & \frac{\partial v_x}{\partial y} & \frac{\partial v_x}{\partial z} \\ \frac{\partial v_y}{\partial x} & \frac{\partial v_y}{\partial y} & \frac{\partial v_y}{\partial z} \\ \frac{\partial v_z}{\partial x} & \frac{\partial v_z}{\partial y} & \frac{\partial v_z}{\partial z} \end{bmatrix} \tag{4.30}$$

式(4.29)还可以用张量表示为

$$\frac{\partial}{\partial x_j}(p_{ij} v_i) = v_i \frac{\partial p_{ij}}{\partial x_i} - p \frac{\partial v_i}{\partial x_i} + \tau_{ij} \frac{\partial v_i}{\partial x_j} \tag{4.31}$$

接着再推导单位时间内外界传入微元体的热量 Q。传入微元体的热量主要通过热传导和热辐射两种途径。设单位时间内由于热传导通过表面积元 $\mathrm{d}\Omega$ 传入的热量为 $\boldsymbol{q}_\lambda \cdot \boldsymbol{n}\mathrm{d}\Omega$，其中 $\boldsymbol{q}_\lambda$ 是热流矢量；单位时间内由于热辐射传入单位质量流体的热量分布函数为 q_R，则单位时间内微元体吸收的总热量为

$$Q = \oiint_\Omega \boldsymbol{q}_\lambda \cdot \boldsymbol{n}\mathrm{d}\Omega + \iiint_V \rho q_R \mathrm{d}V = \iiint_V \nabla \cdot \boldsymbol{q}_\lambda \mathrm{d}V + \iiint_V \rho q_R \mathrm{d}V \tag{4.32}$$

最后，将式(4.24)、式(4.26)和式(4.32)代入式(4.23)中，得

$$\frac{\mathrm{d}}{\mathrm{d}t}\iiint_V \rho\left(u + \frac{v^2}{2} + gh\right)\mathrm{d}V = \iiint_V \nabla \cdot (\boldsymbol{P} \cdot \boldsymbol{v})\mathrm{d}V + \iiint_V \nabla \cdot \boldsymbol{q}_\lambda \mathrm{d}V + \iiint_V \rho q_R \mathrm{d}V \tag{4.33}$$

式(4.33)是拉格朗日型的能量方程积分形式，利用式(4.4)将其转变成欧拉型的能量方程积分形式。令 $Z=\rho\left(u+\frac{v^2}{2}+gh\right)$，考虑到连续方程(4.12)，写出总能量 E 的体积分随体导数为

$$\frac{\mathrm{d}}{\mathrm{d}t}\iiint \rho\left(u + \frac{v^2}{2} + gh\right)\mathrm{d}V = \iiint \rho \frac{\mathrm{d}}{\mathrm{d}t}\left(u + \frac{v^2}{2} + gh\right)\mathrm{d}V \tag{4.34}$$

因而欧拉型的能量方程积分形式为

$$\iiint_V \rho \frac{\mathrm{d}}{\mathrm{d}t}\left(u + \frac{v^2}{2} + gh\right)\mathrm{d}V = \iiint_V \nabla \cdot (\boldsymbol{P} \cdot \boldsymbol{v})\mathrm{d}V + \iiint_V \nabla \cdot \boldsymbol{q}_\lambda \mathrm{d}V + \iiint_V \rho q_R \mathrm{d}V \tag{4.35}$$

由式(4.35)得到能量方程微分形式为

$$\rho \frac{\mathrm{d}}{\mathrm{d}t}\left(u + \frac{v^2}{2} + gh\right) = \nabla \cdot (\boldsymbol{P} \cdot \boldsymbol{v}) + \nabla \cdot \boldsymbol{q}_\lambda + \rho q_R \tag{4.36}$$

或用张量表示为

$$\rho \frac{\mathrm{d}}{\mathrm{d}t}\left(u + \frac{v^2}{2} + gh\right) = \frac{\partial(p_{ij} v_j)}{\partial x_i} + \frac{\partial q_{\lambda i}}{\partial x_i} + \rho q_R \tag{4.37}$$

下面再来推求内能 u 对时间的变化率表达式。将运动方程(4.14)两侧点乘流速矢量 $\boldsymbol{v}$，得

$$\rho \boldsymbol{F} \cdot \boldsymbol{v} + \boldsymbol{v} \cdot (\nabla \cdot \boldsymbol{P}) = \rho \frac{\mathrm{d}}{\mathrm{d}t}\left(\frac{v^2}{2}\right) \tag{4.38}$$

若质量力只考虑重力，h 沿铅垂方向向上为正，此时 $\boldsymbol{F}=-g$，则

$$\boldsymbol{F} \cdot \boldsymbol{v} = -g \frac{\mathrm{d}h}{\mathrm{d}t} \tag{4.39}$$

将式(4.38)代入式(4.36)中，并考虑到式(4.29)和式(4.39)，得

$$\rho \frac{\mathrm{d}u}{\mathrm{d}t} = -p \nabla \cdot \boldsymbol{v} + \boldsymbol{\Pi} : \nabla \boldsymbol{v} + \nabla \cdot \boldsymbol{q}_\lambda + \rho q_R \tag{4.40}$$

式(4.40)是流体内能对时间变化率的表达式。如果设流场中的流体温度均匀分布，不存在热量交换，即 $\boldsymbol{q}_\lambda = q_R = 0$，则式(4.40)可写为

$$\rho \frac{\mathrm{d}u}{\mathrm{d}t} = -p \nabla \cdot \boldsymbol{v} + \boldsymbol{\Pi} : \nabla \boldsymbol{v} \tag{4.41}$$

4.3　流体的熵平衡方程

Prigogine 在推导最小熵产生原理时曾应用局域平衡假设，推导出了无外力作用下的系统局域熵平衡方程式(2.34)。现在考虑有外力作用的黏性流体局域熵平衡方程。根据吉布斯公式(1.29)，写出单位体积流体的吉布斯公式为

$$T\mathrm{d}S_V = \rho \mathrm{d}u + \rho p \,\mathrm{d}V_m - \mu \mathrm{d}\rho \tag{4.42}$$

式中，S_V 为单位体积熵(又称局域熵)；T 为绝对温度；ρ 为密度；u 为单位质量内能；μ 为化学势；V_m 为体积度，表示单位质量的体积，即

$$V_m = \frac{V}{m} = \frac{1}{\rho} \tag{4.43}$$

式(4.42)两侧对时间求导，得

$$\frac{\mathrm{d}S_V}{\mathrm{d}t} = \frac{\rho}{T}\frac{\mathrm{d}u}{\mathrm{d}t} + \frac{\rho p}{T}\frac{\mathrm{d}V_m}{\mathrm{d}t} - \frac{\mu}{T}\frac{\mathrm{d}\rho}{\mathrm{d}t} \tag{4.44}$$

又

$$\frac{\mathrm{d}V_m}{\mathrm{d}t} = \frac{\mathrm{d}}{\mathrm{d}t}\left(\frac{1}{\rho}\right) = -\frac{1}{\rho^2}\frac{\mathrm{d}\rho}{\mathrm{d}t} = \frac{1}{\rho}\nabla \cdot \boldsymbol{v} \tag{4.45}$$

式(4.45)的推导过程中，利用了连续方程式(4.9)。

将式(4.9)、式(4.41)和式(4.45)代入式(4.44)中整理，得到流体局域熵平衡方程为

$$\frac{\mathrm{d}S_V}{\mathrm{d}t} = \nabla \cdot \left(\frac{\mu\rho}{T}\boldsymbol{v}\right) - \boldsymbol{v} \cdot \frac{\mu}{T}\nabla\rho + \frac{1}{T}\boldsymbol{\Pi} : \nabla \boldsymbol{v} \tag{4.46}$$

仿照第 2 章式(2.32)，令

$$\begin{cases} -\mathrm{div}\boldsymbol{J}=\nabla\cdot\left(\dfrac{\mu\rho}{T}\boldsymbol{v}\right) \\ \sigma=-\boldsymbol{v}\cdot\dfrac{\mu}{T}\nabla\rho+\dfrac{1}{T}\boldsymbol{\Pi}:\nabla\boldsymbol{v} \end{cases} \tag{4.47}$$

对于不可压缩流体，因 ρ= 常量，所以 $\nabla\rho=0$。流体局域熵产生 σ 可写为

$$\sigma=\frac{1}{T}\boldsymbol{\Pi}:\nabla\boldsymbol{v} \tag{4.48}$$

根据式(4.47)，流体局域熵平衡方程式(4.46)可写为

$$\frac{\mathrm{d}S_V}{\mathrm{d}t}=-\mathrm{div}\boldsymbol{J}+\sigma \tag{4.49}$$

对式(4.49)求体积分，得到流体的总熵变为

$$\frac{\mathrm{d}S}{\mathrm{d}t}=\frac{\mathrm{d}}{\mathrm{d}t}\iiint_V S_V\mathrm{d}V=-\iiint_V \mathrm{div}\boldsymbol{J}\mathrm{d}V+\iiint_V\sigma\mathrm{d}V=-\oiint_\Omega\boldsymbol{J}\cdot\boldsymbol{n}\mathrm{d}\Omega+\iiint_V\sigma\mathrm{d}V \tag{4.50}$$

将式(4.50)与 $\dfrac{\mathrm{d}S}{\mathrm{d}t}=\dfrac{\mathrm{d_e}S}{\mathrm{d}t}+\dfrac{\mathrm{d_i}S}{\mathrm{d}t}$ 比较，可知

$$\begin{cases} \dfrac{\mathrm{d_e}S}{\mathrm{d}t}=-\oiint_\Omega\boldsymbol{J}\cdot\boldsymbol{n}\mathrm{d}\Omega \\ \dfrac{\mathrm{d_i}S}{\mathrm{d}t}=\iiint_V\sigma\mathrm{d}V \end{cases} \tag{4.51}$$

式(4.51)表明，流体的总熵变由两项构成：一项是流体通过边界与外界交换物质和能量产生的熵变 $\mathrm{d_e}S/\mathrm{d}t$；另一项是流体本身由于不可逆过程引起的熵变 $\mathrm{d_i}S/\mathrm{d}t$。

4.4　流体的能量耗散函数及能耗率

根据局域熵产生 σ 和能量耗散函数 ϕ 关系式(2.107)及式(4.48)，写出流体在单位时间内单位体积的能量耗散函数表达式为

$$\phi=T\sigma=\boldsymbol{\Pi}:\nabla\boldsymbol{v} \tag{4.52}$$

或用张量表示为

$$\phi=\tau_{ij}\frac{\partial v_i}{\partial x_j} \tag{4.53}$$

其中

$$\tau_{ij}=\rho\nu\left(\frac{\partial v_i}{\partial x_j}+\frac{\partial v_j}{\partial x_i}\right)$$

式中，ν 为流体运动黏性系数，由分子黏性应力引起。

广义力引发广义流。由于流速梯度的存在才导致流体中产生切向应力，因而

定义流速梯度为广义力，切向应力为广义流。当流体处于静止平衡状态时，$\boldsymbol{\Pi}$ 和 $\nabla \boldsymbol{v}$ 均为零，ϕ 也等于零。$\boldsymbol{\Pi}$ 和 $\nabla \boldsymbol{v}$ 的双点乘积是一个标量。可见，定义流速梯度为广义力和切向应力为广义流符合第 2 章有关广义力和广义流的选取原则。

在直角坐标系中，将能量耗散函数 ϕ 展开，则有

$$\begin{aligned}\phi &= \tau_{ij}\frac{\partial v_i}{\partial x_j}\\&= \tau_{xx}\frac{\partial v_x}{\partial x}+\tau_{yy}\frac{\partial v_y}{\partial y}+\tau_{zz}\frac{\partial v_z}{\partial z}+\tau_{xy}\left(\frac{\partial v_x}{\partial y}+\frac{\partial v_y}{\partial x}\right)\\&\quad+\tau_{yz}\left(\frac{\partial v_y}{\partial z}+\frac{\partial v_z}{\partial y}\right)+\tau_{zx}\left(\frac{\partial v_z}{\partial x}+\frac{\partial v_x}{\partial z}\right)\end{aligned} \tag{4.54}$$

由式(4.52)或式(4.53)定义的能量耗散函数与流体力学中定义的能量耗散函数具有相同的结构形式。

将表面力所做的功的表达式(4.29)代入能量方程式(4.36)，设 $\boldsymbol{q}_\lambda = q_R = 0$，并考虑能量耗散函数 ϕ 的表达式(4.52)，有

$$\rho\frac{\mathrm{d}}{\mathrm{d}t}\left(u+\frac{v^2}{2}+gh\right)=\boldsymbol{v}\cdot(\nabla\cdot\boldsymbol{P})-p\,\nabla\cdot\boldsymbol{v}+\phi \tag{4.55}$$

由式(4.55)可知，表面力所做的功并非全部转换成流体中储存的能量，而是有一部分由于黏性作用产生摩擦不可逆地转换成热能耗散掉，这部分耗散掉的能量就等于 ϕ。由式(4.52)可知，流速梯度越大，耗散掉的能量就越多。

对于紊流，由于流场中有大小尺度不等的涡旋运动出现，因而产生雷诺应力。雷诺应力又分为切向应力和法向应力。所以，紊流的切向应力除了分子黏性应力引起的切向应力，还有雷诺切向应力，即

$$\tau_{ij}=\rho(\nu+\nu_t)\left(\frac{\partial v_i}{\partial x_j}+\frac{\partial v_j}{\partial x_i}\right) \tag{4.56}$$

式中，ν_t 为紊动黏性系数，由雷诺切向应力引起。

雷诺切向应力比分子黏性应力引起的切向应力大得多，在多数情况下分子黏性应力引起的切向应力可以忽略。与层流情况类似，紊流在单位时间内单位体积的能量耗散函数仍为式(4.52)或式(4.53)，只不过式中的切向应力由式(4.56)定义。将式(4.56)代入二阶应力张量式(4.22)中，然后再代入 Navier-Stokes 方程式(4.17)，将会得到与式(4.17)结构完全相同的紊流运动方程，但方程中的流速不再是 Navier-Stokes 方程中的瞬间流速，而是平均流速。

通过对能量耗散函数 ϕ 求体积分，得到流体在单位时间内的总能耗率 Φ，即

$$\Phi=\iiint_V \phi\,\mathrm{d}V \tag{4.57}$$

将能量耗散函数 ϕ 的表达式(4.53)代入式(4.57)进行推导，得到流体总能耗率的具体表达式

$$\begin{aligned}\Phi &= \iiint_V \phi \mathrm{d}V = \iiint_V \tau_{ij} \frac{\partial v_i}{\partial x_j} \mathrm{d}V \\ &= \iiint_V \frac{\partial}{\partial x_j}(\tau_{ij} v_{ij}) \mathrm{d}V - \iiint_V v_i \frac{\partial \tau_{ij}}{\partial x_j} \mathrm{d}V \\ &= \oiint_\Omega \tau_{ij} v_i n_i \mathrm{d}\Omega - \iiint_V v_i \frac{\partial \tau_{ij}}{\partial x_j} \mathrm{d}V \end{aligned} \tag{4.58}$$

式(4.58)的推导过程中，由体积分变换到面积分应用了数学中的高斯公式，其中 n_i 为面积元 $\mathrm{d}\Omega$ 的外法线单位矢量 $\boldsymbol{n}$ 的分量。设流体运动为恒定运动，即所有的物理量不随时间变化，流体运动具有稳定的边界条件。在这种情况下，式(4.58)中的第一项面积分为零。于是

$$\Phi = -\iiint_V v_i \frac{\partial \tau_{ij}}{\partial x_j} \mathrm{d}V \tag{4.59}$$

对于恒定运动，运动方程式(4.17)中的时变加速度 $\frac{\partial v_i}{\partial t} = 0$。考虑到式(4.22)，运动方程可改写为

$$\frac{\partial \tau_{ij}}{\partial x_j} = -\rho F_i + \frac{\partial p}{\partial x_i} + \rho v_j \frac{\partial v_i}{\partial x_j} \tag{4.60}$$

将式(4.60)代入式(4.59)中，则有

$$\Phi = -\iiint_V v_i \frac{\partial \tau_{ij}}{\partial x_j} \mathrm{d}V = -\iiint_V v_i \left(-\rho F_i + \frac{\partial p}{\partial x_i}\right) \mathrm{d}V - \rho \iiint_V v_i v_j \frac{\partial v_i}{\partial x_j} \mathrm{d}V \tag{4.61}$$

根据场论中的基本运算公式

$$(\boldsymbol{A} \cdot \nabla)\boldsymbol{A} = \nabla\left(\frac{A^2}{2}\right) - \boldsymbol{A} \times (\nabla \times \boldsymbol{A})$$

对于无旋运动，有

$$(\boldsymbol{A} \cdot \nabla)\boldsymbol{A} = \nabla\left(\frac{A^2}{2}\right) \tag{4.62}$$

考虑到式(4.62)，式(4.61)右侧第二项积分可写成如下形式：

$$\iiint_V v_i v_j \frac{\partial v_i}{\partial x_j} \mathrm{d}V = \iiint_V v_i (\boldsymbol{v} \cdot \nabla) \boldsymbol{v} \mathrm{d}V = \iiint_V v_i \nabla\left(\frac{v^2}{2}\right) \mathrm{d}V = \iiint_V v_i \frac{\partial\left(\frac{v^2}{2}\right)}{\partial x_i} \mathrm{d}V$$

于是

$$\begin{aligned}\Phi &= -\iiint_V v_i \left(-\rho F_i + \frac{\partial p}{\partial x_i}\right) \mathrm{d}V - \rho \iiint_V v_i \frac{\partial\left(\frac{v^2}{2}\right)}{\partial x_i} \mathrm{d}V \\ &= -\iiint_V v_i \left[-\rho F_i + \frac{\partial p}{\partial x_i} + \rho \frac{\partial\left(\frac{v^2}{2}\right)}{\partial x_i}\right] \mathrm{d}V \end{aligned} \tag{4.63}$$

若质量力 F_i 只考虑重力，h 沿铅垂方向量取（向上为正），因 x,y,z 轴是任意选取的，所以有

$$F_i=-g\frac{\partial h}{\partial x_i} \tag{4.64}$$

式中，负号表示重力加速度的方向与 h 方向相反。如果 x,y,z 轴其中之一取铅垂方向，则有 $F_i=-g$。

将式(4.64)代入式(4.63)，得

$$\begin{aligned}\Phi&=-\iiint_V v_i\left(\rho g\frac{\partial h}{\partial x_i}+\frac{\partial p}{\partial x_i}+\rho\frac{\partial\left(\frac{v^2}{2}\right)}{\partial x_i}\right)\mathrm{d}V\\&=-\gamma\iiint_V v_i\frac{\partial}{\partial x_i}\left(h+\frac{p}{\gamma}+\frac{v^2}{2g}\right)\mathrm{d}V\end{aligned} \tag{4.65}$$

设

$$-\frac{\partial}{\partial x_i}\left(h+\frac{p}{\gamma}+\frac{v^2}{2g}\right)=J_i \tag{4.66}$$

则式(4.65)可写为

$$\Phi=\gamma\iiint_V v_iJ_i\mathrm{d}V \tag{4.67}$$

式中，J_i 为水力坡降。

对于一维流体运动，如假设天然河流断面水力要素沿全断面均匀分布，可看成一维流体运动。此时 $v_y=v_z=0$，$J_y=J_z=0$，式(4.67)简化为

$$\Phi=\gamma\iiint_V v_xJ_x\mathrm{d}V=\gamma\int_l J_x\mathrm{d}x\iint_A v_x\mathrm{d}A \tag{4.68}$$

式中，Φ 为能耗率，W；γ 为水容重，$\mathrm{N/m^3}$；A 为过流断面，$\mathrm{m^2}$。

沿水流流动方向取单位长度 $l=1\mathrm{m}$，并设在单位长度内 $J_x=J$ 为常数，则有

$$\Phi_l=\gamma J\iint_A v_x\mathrm{d}A=\gamma QJ \tag{4.69}$$

式中，Φ_l 为单位长度河流能耗率，W/m；Q 为流量，$\mathrm{m^3/s}$。

式(4.69)就是流体做一维运动时，单位长度河流能耗率的一般数学表达式，该式在推导过程中引用了忽略惯性加速度项中的时变加速度的运动方程，所以它适用于：①具有稳定边界的任何开放的流体系统，如河流；②恒定非均匀流或均匀流；③层流或紊流。

4.5　基于广义流和广义力的河流能耗率

如上所述，从热力学中的吉布斯公式出发进行熵产生和熵流的演算，利用流

体力学的3个基本方程，即连续方程、运动方程和能量方程，推导出河流能耗率的数学表达式，尽管该方法烦琐，但比较严谨。下面基于广义流和广义力再次推导河流能耗率数学表达式，该方法较为简捷。尽管这两种方法不同，但得到的河流能耗率表达式却是相同的，这也相互得到了验证。

4.5.1 河流的广义力和广义流

如第2章所述，能量耗散函数可以表示为

$$\phi = \sum_{j=1}^{m} \boldsymbol{J}_j \cdot \boldsymbol{X}_j \tag{4.70}$$

如果广义力 $\boldsymbol{X}_j$ 和广义流 $\boldsymbol{J}_j$ 已经确定，便可以由式(4.70)计算出能量耗散函数 ϕ。河流中存在两种流，即物质流和能量流。在不考虑热交换的情况下，能量流是通过动量传输实现的，物质流是通过扩散完成的。

众所周知，单位体积的流体所具有的动量为 ρv，将通过给定流体空间边界面的流体动量通量定义为动量流，则动量流等于流体动量 ρv 和流速 v 的乘积，即

$$\boldsymbol{J}_p = \rho v v \tag{4.71}$$

式中，$\boldsymbol{J}_p$ 为动量流；ρ 为水流密度。

流速梯度的存在将促使流体发生动量扩散，这类扩散是由高流速区指向低流速区，所以动量流对应的广义力是流速梯度，即

$$\boldsymbol{X}_p = -\frac{\mathrm{d}v}{\mathrm{d}l} \tag{4.72}$$

式中，$\boldsymbol{X}_p$ 为动量流对应的广义力；l 为流向的坐标轴。

对于质量流，定义为密度乘以流速，即单位时间内扩散的质量

$$\boldsymbol{J}_m = \rho v \tag{4.73}$$

式中，$\boldsymbol{J}_m$ 为质量流。

在河流中，驱动水体流动的因子是重力。重力沿流向的分量为质量流对应的广义力，即

$$\boldsymbol{X}_m = g\sin i \tag{4.74}$$

式中，$\boldsymbol{X}_m$ 为质量流对应的广义力；g 为重力加速度；i 表示水面坡降，$i = -\frac{\mathrm{d}}{\mathrm{d}l}\left(h+\frac{p}{\rho g}\right)$，对于平原河流，$i$ 的值很小时($i \leqslant 6°$)，$\sin i \approx i$，于是得

$$\boldsymbol{X}_m = gi \tag{4.75}$$

广义力和广义流乘积的量纲可以由3个基本量纲，即长度[L]、质量[M]和时间[T]导出。河流的动量流和动量力的乘积为 $\boldsymbol{J}_p\boldsymbol{X}_p = -\rho v v\frac{\mathrm{d}v}{\mathrm{d}l}$，其量纲为 $\frac{\mathrm{M}}{\mathrm{L}^3} \cdot \frac{\mathrm{L}}{\mathrm{T}} \cdot \frac{\mathrm{L}}{\mathrm{T}} \cdot \frac{\frac{\mathrm{L}}{\mathrm{T}}}{\mathrm{L}} = [\mathrm{ML}^{-1}\mathrm{T}^{-3}]$；河流的质量流和质量力的乘积为 $\boldsymbol{J}_m\boldsymbol{X}_m = \rho v \cdot gi$，其量纲

为$\frac{\mathrm{M}}{\mathrm{L}^3}\cdot\frac{\mathrm{L}}{\mathrm{T}}\cdot\frac{\mathrm{L}}{\mathrm{T}^2}\cdot\frac{\mathrm{L}}{\mathrm{L}}=[\mathrm{ML}^{-1}\mathrm{T}^{-3}]$，可以看出构造的河流广义力和广义流的乘积具有能量耗散函数的量纲。

4.5.2 河流的能量耗散函数及能耗率

根据式(4.70)可知，河流的能量耗散函数可以表示为

$$\phi=\boldsymbol{J}_p\boldsymbol{X}_p+\boldsymbol{J}_m\boldsymbol{X}_m=-\rho vv\frac{\mathrm{d}v}{\mathrm{d}l}+\rho vgi=\rho gv\left(i-v\frac{\mathrm{d}v}{g\,\mathrm{d}l}\right)\tag{4.76}$$

其中，$i=-\frac{\mathrm{d}}{\mathrm{d}l}\left(h+\frac{p}{\rho g}\right)$，则式(4.76)可以写为

$$\phi=-\rho gv\left[\frac{\mathrm{d}}{\mathrm{d}l}\left(h+\frac{p}{\rho g}\right)+\frac{\mathrm{d}\left(\frac{v^2}{2g}\right)}{\mathrm{d}l}\right]=-\rho gv\frac{\mathrm{d}}{\mathrm{d}l}\left(h+\frac{p}{\rho g}+\frac{v^2}{2g}\right)\tag{4.77}$$

河流的水力坡降$J=-\frac{\mathrm{d}}{\mathrm{d}l}\left(h+\frac{p}{\rho g}+\frac{v^2}{2g}\right)$，则式(4.77)变为

$$\phi=\gamma vJ\tag{4.78}$$

式中，γ为水容重；v为平均流速；J为水力坡降。

对能量耗散函数求体积分，得到河流能耗率表达式

$$\Phi=\iiint_V\phi\mathrm{d}V=\gamma\iiint_V vJ\,\mathrm{d}V\tag{4.79}$$

沿水流流动方向取单位长度$l=1\mathrm{m}$，并且设在单位长度内J是常数，则式(4.79)简化为

$$\Phi_l=\gamma J\int_A v\mathrm{d}A=\gamma QJ\tag{4.80}$$

式中，A为过流断面。

设过水断面为常数，则单位长度河流能耗率Φ_l可以简化为

$$\Phi_V=\gamma vJ\tag{4.81}$$

式中，Φ_V为单位体积河流能耗率，$\mathrm{W/m^3}$。

设水容重为常数，则单位体积河流能耗率可以简化为

$$\Phi_N=vJ\tag{4.82}$$

式中，Φ_N为单位重量河流能耗率，W/N，又称单位水流功率[57,58]。

对于天然河流，大多数情况下可以用水面坡降i代替水力坡降J，河流的能耗率也常用单位水流功率表示。

4.6 流体最小能耗率原理

最小能耗率原理基本概念如下：当一个开放系统处于非平衡定态时，其能耗

率应为最小值，该最小值取决于施加给该系统上的外界约束条件。如果系统偏离非平衡定态，该系统将会自行调整，直到系统恢复非平衡定态，能耗率重新达到与外界约束条件相适应的最小值。

最小能耗率概念最早是由德国物理学家亥姆霍兹(Helmholtz)于1868年提出的，只适用于固壁、清水、无旋、均匀流动，其基本观点是：在质量力场中，若忽略不可压缩黏性流体运动方程中的惯性项，那么，流体流动所消耗的能量比在同体积和同流速分布情况下其他所有的运动形式所消耗的能量要小[59]。20世纪50年代初，维里坎诺夫(M. A. Великанов)将其扩展到河流动力学领域，应用于动床挟沙水流问题，作为河床过程三原理之一[59]，用于解释一些关于河床动力过程的现象，但还不是很确切。自70年代开始，美籍华裔学者杨志达(C. T. Yang)和张海燕(H. H. Chang)等又对最小能耗率进行了进一步深入研究[60~82]。

杨志达[57,60]利用河流系统的势能与热力学系统的热能之间的类同，把熵概念引入河流系统的研究。他认为河系中唯一有用的能量是其势能，并进一步假定河系中的势能和高程分别相当于热力学系统中的热能和绝对温度。根据这些概念，杨志达证明

$$\frac{\mathrm{d}y}{\mathrm{d}t}=\frac{\mathrm{d}x}{\mathrm{d}t}\frac{\mathrm{d}y}{\mathrm{d}x}=vJ=\text{最小值} \tag{4.83}$$

式中，y 为河系中单位水重的势能；t 为时间；x 为流线距离；v 为流速；J 为水力坡降。

杨志达[57,58]定义 vJ 为单位水流功率，并基于单位水流功率概念，给出了河流最小能耗率原理数学表达式为

$$\Phi=\gamma\iiint_V v_i J_i \mathrm{d}x\mathrm{d}y\mathrm{d}z=\gamma QJ=\text{最小值} \tag{4.84}$$

式中，Φ 为河流能耗率；γ 为水容重；v_i 为纵向局部流速；J_i 为局部坡降；x、y、z 分别为沿纵向、横向和垂直方向距离；Q 为平均流量；J 为平均坡降。

最小能耗率原理由于缺乏严格的理论证明，人们常称最小能耗率原理为最小能耗率假说。根据非平衡态热力学的最小熵产生原理可知，一个开放的动力系统在其演变过程中总是朝着某个非平衡定态方向发展，直到系统达到定态时，熵产生一定为与约束条件相适应的最小值。由于最小能耗率原理等价于最小熵产生原理，根据最小熵产生原理，考虑到能耗率表达式(4.69)或式(4.80)，即可写出单位长度河流最小能耗率的数学表达式为

$$\Phi_l=\gamma QJ=\text{最小值} \tag{4.85}$$

基于非平衡态热力学中的最小熵产生原理，推导出的流体最小能耗率原理，具有坚实的理论基础。所以最小能耗率不应再称为假说，而是在理论上经过严格推导证明成立的科学原理。

众所周知，描述流体运动的动力方程组为连续方程和运动方程。自然界中的任何流体运动，无论其处于何种状态，动力平衡状态还是非平衡状态，其流速分布都必然同时满足连续方程和运动方程。但是在满足连续方程和运动方程的所有流速分布中，只有使能耗率 Φ 或熵产生 P 取得最小值的那个流速分布才是连续方程和运动方程在定态(即动力平衡状态)的解。根据最小熵产生原理，能耗率 Φ 或熵产生 P 是与流体动力方程组定态解有关的一个 Lyapunov 函数。所以，最小能耗率原理同最小熵产生原理一样保证了流体运动在定态的稳定性。

4.7 小　结

基于最小熵产生原理，从热力学中的吉布斯公式出发进行熵产生和熵流的演算，利用流体力学的 3 个基本方程，即连续方程、运动方程和能量方程，推导出河流最小能耗率的一般数学表达式。同时，基于广义流和广义力推导了河流最小能耗率数学表达式。尽管这两种方法不同，但得到的河流最小能耗率表达式却是相同的。该表达式适用于：①具有稳定边界的任何开放的流体系统，如河流；②恒定非均匀流或均匀流；③层流或紊流。

自然界中的任何流体运动，无论其处于何种状态，动力平衡状态还是非平衡状态，其流速分布都必将同时满足连续方程和运动方程。但是在满足连续方程和运动方程的所有流速分布中，只有使能耗率或熵产生取得最小值的那个流速分布才是连续方程和运动方程在定态(即动力平衡状态)的解。能耗率或熵产生是与流体连续方程和运动方程的定态解有关的一个 Lyapunov 函数，最小能耗率原理或最小熵产生原理保证了流体运动在定态的稳定性。

第5章　流体最小能耗率原理的数值水槽仿真模拟

时至今日，最小能耗率原理的有效性已经被广泛认可，并被广泛用来研究冲积河流的泥沙运动和河床演变及水力学问题。但是，能够证明流体最小能耗率原理存在的河流实测资料却很少，这是因为要测得一条河流的能耗率在整个周期内的变化，需历经数十年甚至更长时间。因而，最小能耗率原理缺少大量实测资料的验证，而用计算机进行数值仿真模拟可以缩短整个演变过程的时间。本章利用RNG k-ε 紊流模型对数值水槽中的流体运动进行仿真模拟，计算不同工况下的单位体积水体能耗率的变化[83,84]。

5.1　数值水槽模拟概述

首先在绘图软件 AutoCAD 中构建一个矩形三维数值水槽，长10m、宽1m、两侧边壁高1.5m，然后导入计算流体力学软件 Flow-3D 中。水槽进口端固定，出口端可绕进口端 y 轴在 x-z 平面内以一定角速度进行旋转，以便调整水槽底坡，如图5.1所示。水槽两侧边壁和底部设为玻璃，玻璃的密度取 $\rho=2500\text{kg/m}^3$，壁面糙率 $n=0.009\text{s/m}^{1/3}$。采用 RNG k-ε 紊流模型模拟水槽中的水流运动，利用流体体积(volume of fluid，VOF)法对自由水面进行追踪计算。采用通用运动物体(general moving objects，GMO)单耦合计算方法模拟水槽变坡对水流运动的影响，并实现水槽底坡调整的整个过程。利用该数值水槽验证最小能耗率原理时，首先在其进口端以恒定流速注水，出口端为自由出流，待水槽中的水流运动达到恒定状态后，在水槽出口端施加一定的转速来改变水槽底坡，这样水槽中的水流便由恒定流变为非恒定流，待水槽停止转动后，水流经过一段时间又恢复到恒定流状态，再重复一遍此过程。计算3种不同工况下水槽中5个系统的水流在恒定非均匀流→非恒定流→恒定非均匀流的整个变化过程中的能耗率变化。

图5.1　数值水槽装置示意图

5.2 水流运动数值模型

自然界中的河流绝大多数是紊流，描述紊流运动的模型称为紊流模型。紊流模型以 Navier-Stokes 方程对时间进行平均得到的雷诺平均运动方程为基础，依靠理论与经验的方法，引进某些假设，建立一组求解紊流平均量的封闭方程组。常用的紊流模型有零方程模型(混合长度模型)、单方程模型、双方程模型(k-ε 模型)、雷诺应力微分方程模型和雷诺应力代数方程模型等[53,85,86]。零方程模型、单方程模型和双方程模型是将雷诺应力的确定转化成紊动黏性系数的确定，然后进行求解。雷诺应力微分方程模型是通过求解雷诺应力满足的所有偏微分方程，并结合 k 和 ε 方程一起求解，从而使模型方程数大大增加。雷诺应力代数方程模型是在雷诺应力微分方程模型的基础上，用雷诺应力的代数关系取代其偏微分方程，以避免求解繁杂的偏微分方程。

目前 k-ε 模型应用较为广泛，也是解决紊流问题的有效工具。k-ε 模型引入了紊动能和紊动能耗散率的输运方程，考虑了紊动速度比尺和紊动长度比尺的输运，因此能较好地模拟较为复杂的剪切紊流和带有旋流的水流运动，且求解速度较快。k-ε 模型又有标准 k-ε 模型和 RNG k-ε 模型等。RNG k-ε 模型是对标准 k-ε 模型的改进，其性能更适应于复杂紊流的计算。RNG k-ε 紊流模型的特点是：来源于严格的统计技术，并非来源于经验，具有一定的通用性；在 ε 方程中加了一个条件，提高了计算精度；考虑了紊流漩涡，提高了模拟精度；在一定程度上考虑了紊流各向异性效应，改善了对复杂紊流的模拟；为紊流 Pr 数提供了一个新的解析式，而标准 k-ε 紊流模型使用的是用户提供的常数；标准 k-ε 紊流模型是一种高雷诺数模型，而 RNG k-ε 紊流模型提供了一个低雷诺数流动黏性的解析公式，能较好地模拟近壁区域。所以，RNG k-ε 紊流模型的应用领域更为广泛。选择理论上发展比较完善的 RNG k-ε 紊流模型，来仿真模拟三维数值水槽中的水流运动。

RNG k-ε 紊流模型由下列方程组成：

连续方程

$$\frac{\partial \rho}{\partial t}+\frac{\partial(\rho v_i)}{\partial x_i}=0 \tag{5.1}$$

运动方程

$$\frac{\partial v_i}{\partial t}+\frac{\partial(v_i v_j)}{\partial x_j}=-\frac{\partial p}{\rho \partial x_i}+\frac{\partial}{\partial x_j}\left[(\nu+\nu_t)\left(\frac{\partial v_i}{\partial x_j}+\frac{\partial v_j}{\partial x_i}\right)\right] \tag{5.2}$$

式中，ρ 为密度；t 为时间；v_i、v_j 分别为流速分量($i,j=1,2,3$)；x_i、x_j 分别为坐标分量($i,j=1,2,3$)；p 为压力；ν 为运动黏性系数；ν_t 为紊动黏性系数，可取如下表达式：

$$\nu_t = C_u \frac{k^2}{\varepsilon} \tag{5.3}$$

其中

$$k = \frac{1}{2}\overline{v_i' v_i'}, \quad \varepsilon = \nu \overline{\frac{\partial v_i' v_i'}{\partial x_j x_j}}$$

式中，k 和 ε 分别为紊动能和紊动能耗散率；C_u 为无量纲常数，在 RNG 中取值为 0.0845。

k 方程

$$\frac{\partial k}{\partial t} + \frac{\partial (k v_i)}{\partial x_i} = G_k + \varepsilon + \frac{\partial}{\partial x_j}\left[\alpha_k (\nu + \nu_t)\frac{\partial k}{\partial x_j}\right] \tag{5.4}$$

ε 方程

$$\frac{\partial \varepsilon}{\partial t} + \frac{\partial (\varepsilon v_i)}{\partial x_i} = C_{1\varepsilon}^* \frac{\varepsilon}{k} G_k - C_{2\varepsilon}\frac{\varepsilon^2}{k} + \frac{\partial}{\partial x_j}\left[\alpha_\varepsilon (\nu + \nu_t)\frac{\partial \varepsilon}{\partial x_j}\right] \tag{5.5}$$

式中，G_k 为平均流速梯度引起的紊动能 k 的产生项，其表达式为

$$G_k = \nu_t \left(\frac{\partial v_i}{\partial x_j} + \frac{\partial v_j}{\partial x_i}\right)\frac{\partial v_i}{\partial x_j} \tag{5.6}$$

式(5.4)、式(5.5)中包含 4 个系数 $C_{1\varepsilon}^*$、$C_{2\varepsilon}$、α_k、α_ε，这些系数分别表示为

$$C_{1\varepsilon}^* = C_{1\varepsilon} - \frac{\eta(1-\eta/\eta_0)}{1+\beta\eta^3}, \quad C_{2\varepsilon} = 1.68, \quad \alpha_k = \alpha_\varepsilon = 1.39$$

其中

$$C_{1\varepsilon} = 1.42, \quad \eta = S\frac{k}{\varepsilon}, \quad S = \sqrt{2S_{ij}S_{ij}}$$

$$S_{ij} = \frac{1}{2}\left(\frac{\partial v_i}{\partial x_j} + \frac{\partial v_j}{\partial x_i}\right), \quad \beta = 0.012, \quad \eta_0 = 4.377$$

自由水面模拟常用的方法有刚盖假定法、标高函数(HOF)法、标记网格(marker-and-cell，MAC)法、水平集(level set)法和流体体积(VOF)法等。刚盖假定法是假定在自由水面存在一个不变形的刚盖，使自由水面的位置不随时间变化，该法的优点是形式简单，适用于自由水面变化平缓且波动很小的情况。HOF 法，又称高度函数法，主要通过求解水深随时间变化的控制方程来获得沿程水深，从而得到自由水面的位置，该方法的优点是计算简单，但要求水深必须是单值函数，水面线不能重叠。MAC 法是在流场中加一种流动标记点，通过确定这些标记点在不同时刻的空间位置，来确定流体自由水面的运动位置，该方法的主要优点是可以处理自由水面为多值函数的问题，缺点是必须储存所有标记点随时间变化的坐标数值，这使计算储存量大大增加。水平集法是将自由水面定义为某个函数的零等值面，这个函数满足一定的方程，在每个时刻只要求出这个函数的值，就可以知道其等值面的位置，该法不仅能有效地处理复杂自由水面跟踪问题，而且不

需重构界面。VOF 法的优点是只用一个函数就可以描述自由水面的各种复杂变化，它既具有 MAC 法的优点，又克服了 MAC 法所用计算内存多和计算时间较长的缺点，同时也克服了 HOF 法无法处理自由水面是多值函数的缺点，该法是目前处理复杂自由水面的一种有效方法。因此，采用 VOF 法对水槽中的水流运动自由水面进行追踪计算。

VOF 法的基本思想是：定义水的体积函数 $F_w(x,y,z,t)$ 和气的体积函数 $F_a(x,y,z,t)$，它们分别代表计算单元水和气占计算单元的体积分数。在每个单元中，水和气的体积分数之和为 1，即

$$F_w + F_a = 1 \tag{5.7}$$

当 $F_w=1$ 时，表示该单元完全被水充满；当 $F_w=0$ 时，表示该单元完全被气充满；当 $F_w=0\sim1$ 时，表示该单元部分是水，部分是气，有水气交界面。水的体积函数 $F_w(x,y,z,t)$ 的控制微分方程为

$$\frac{\partial F_w}{\partial t} + v_i\frac{\partial F_w}{\partial x_i} = 0 \tag{5.8}$$

自由水面的跟踪即通过求解该控制微分方程来完成，其具体位置采用几何重建格式来确定，即采用分段线性近似的方法来表示自由水面线。在水气交界面的每一个单元中都是用斜率不变的直线段近似表示自由水面曲线，只要网格足够细，光滑曲线就可以用直线段近似代替。

5.3　水槽变坡模拟

采用通用运动物体(general moving objects，GMO)方法模拟水槽变坡对水流运动的影响，并实现水槽底坡调整的整个过程。GMO 方法模拟物体运动对流体运动的影响有单耦合和双耦合两种计算方法。单耦合是指流体运动受物体运动影响，而物体运动不受流体运动影响；双耦合是指物体运动和流体运动互相影响。由于是模拟水槽变坡对水流运动的影响，因此采用单耦合的方法。GMO 支持流固耦合的模型定义，物体可以在 6 个自由度上自由运动或者绕固定点或固定轴旋转。固定点或固定轴位置任意设定，在物体或计算域内外都可以，但是固定轴必须和坐标轴平行。计算时可以有多种类型的运动。每个 GMO 中的物体都有自己的随体坐标系，初始时刻随体坐标系由 Flow-3D 软件前处理器自动生成，坐标系方向与计算系统相同。如果是 6 个自由度上自由运动，随体坐标系原点在物体质心或用户指定的参考点，其他情况原点在固定点(围绕固定点运动)或旋转轴上的一点(围绕固定轴运动)，随体坐标系始终在物体上并和物体一起运动。此次模拟，设置水槽出口端绕入口端固定轴 y 轴旋转，如图 5.1 所示。

应用 GMO 法计算流固耦合问题中的流体与物体运动的相互作用时有两种计

算方法：显式和隐式方法。如果没有耦合运动存在，这两种方法是相同的。一般情况下，显式方法仅适用于密度较大的模型问题，即在耦合运动下，所有运动物体相对于流体有较大的密度，流体附加在其上的质量力较小。而隐式方法适用于密度较小的模型问题。计算之前根据需要确定选用隐式还是显式计算方法。由于此次选用的水槽两侧边壁和底部为玻璃材质，其密度比水的大，且经过计算后确定填充于水槽内部的水体的重量远小于水槽自身的重量，故采用显式计算方法。

在设置水槽出口端的旋转角速度时，首先要确定水槽的旋转角度范围，这个范围不能超过计算区域的范围，否则水槽会处于失重状态。其他任何参数的设置均在计算区域内有效，在此范围内确定旋转历时及角速度，如果超出了预定的旋转角度范围，水槽就会停止转动，然后回到原来初始位置重复此转动过程，同时还要保证水体与水槽边壁不出现分离现象，且无水滴飞溅。因此水槽的旋转角速度要限定在一定的范围内，物体运动的距离在单位时间步长内不超过划分的单元格。时间步长在计算过程中软件会在设定的范围内自动选取最优值。所以，要适当确定位移及旋转角速度。

5.4 模型建立、网格划分及边界条件

1. 模型建立

Flow-3D 软件自带建模模块，可以进行简单的建模。组成数值模型的基本单元可以为球体、圆柱体、圆锥体、长方体及环形，可以通过设置基本单元的各个点的位置坐标将其组合在一起构成模型，也可设置其物理属性(材质)，也可在 AutoCAD 中建模，导出为 STL 格式的文件，再导入 Flow-3D 中。但是需要注意的是，在 AutoCAD 中模型的尺寸单位会自动默认为 Flow-3D 的尺寸单位。在数值模拟中建立的模型是对实际物理模型的简化，只要能正确反映出物理模型的特性即可。所以，可以根据需要对物理模型进行适当的简化。例如，水槽模型，在 Flow-3D 中，计算区域内的各个网格体只要没有被固体模型占据就会默认为流体进行填充。所以，在建立水槽时只要内腔符合规格尺寸即可，侧壁与底部较厚，以防水体填充，出现水槽浮于水中的现象。

2. 网格划分

网格划分就是把计算区域进行剖分，划分成众多个单元，并确定每个单元中的节点。网格主要分为结构化网格和非结构化网格两大类。结构化网格是指计算区域内每一节点都具有相同的毗邻单元，每一节点与其邻点之间的连接关系固定不变，且此关系隐含在所生成的网格中，因而不必专门设置数据结构去确认节

点与其邻点之间的这种关系。网格中的每个单元可以是二维的四边形或者三维六面体。在结构化网格中，每一个节点及控制容积的几何信息必须加以存储，但该节点的邻点关系则是可以依据网格编号的规律而自动得出的，因而不必专门存储这一类信息，可节约大量内存，这是结构化网格的一大优点，但也存在着对复杂几何外形生成比较困难，以及耗费大量人工，自动化程度不高等缺点。非结构化网格是指计算区域内的内部点不具有相同的毗邻单元。在每个单元之间没有隐含的连通性。网格中的每个单元都可以是二维多边形或者三维多面体，其中最常见的是二维三角形或三维四面体。非结构化网格节点的分布是随意的，因此具有灵活性，适应复杂的不规则几何外形，但是计算时需要较大的内存。将结构化网格和非结构化网格结合起来，对某些几何外形采用混合网格也是一种发展方向[87]。

此次计算采用结构化网格。在网格划分时，只需定义在 x、y、z 方向上的单元体网格的尺寸。Flow-3D 软件本身可进行结构化网格划分，在自带的 Flow-UV 中完成。网格分为嵌套网格和衔接网格。相邻网格的单元尺寸不能相差太大，要尽量过渡平滑，如果网格尺寸大小不一样还要加点进行连接。在流动梯度较大的重点区域(如高剪应力区、体型巨变区或误差较大区)应进行局部网格加密，加密区的边界要离开梯度较大区域。

Flow-3D 的网格处理方法为自由网格法(网格和几何体相互独立)，这种方法结合了矩形网格的优点和扭曲的、适体网格的灵活性的优点。矩形网格简单容易生成，数值计算精度较高，对于内存的需求也较小。扭曲的、适体网格更加逼近所建立的模型体型，节省网格数量，灵活性较高。自由网格法是建立在结构化网格系统之上的，它通过裁剪网格的一部分来定义光滑的曲面。而 Flow-3D 软件使用独有的 FAVOR 方法在网格内部定义障碍物的几何模型，通过计算障碍物在每个网格体所占据的体积及所阻挡的面积来确定模型表面。这就使 Flow-3D 可以利用简单的矩形网格来表示任意复杂的几何形状，从而大大提高了求解的精度。

3. 边界条件

在进行流体数值模拟时常用的边界条件有如下几个。

固壁条件(wall)：没有通量通过边界、可设定温度或功率的热边界、具有黏性效应。

指定流速条件(velocity)：流速可随时间变化，也可以设一定值，但随时间是线性变化的，是跨越整个边界统一的设定。

指定流量条件(volume flow rate)：实质与指定流速条件一致。

指定压力条件(pressure)：压力可为一常值，也可随时间变化，但随时间是线性变化的，是跨越整个边界统一的设定。

自由出流条件(outflow)：不容许流体进入，不能设定流体高度；应用于平稳流体的波浪；在稳态时降低连续性条件。

对称条件(symmetry)：没有通量通过边界且不存在剪应力，可以减少仿真量。

持续条件(continuative)：在此边界上的梯度为零、流体进入此边界的自由液面高度可以设定。

此次模拟，水槽边界条件的设置为：入口端为指定流速条件、出口端为自由出流条件，其余边界条件为对称条件。

5.5　单位体积水体能耗率及其计算

水槽模拟计算纵剖面如图 5.2(a)所示，选取上游 1 断面和下游 2 断面之间的水体为研究系统，所选研究系统的长度即两断面之间的距离为 Δl。以 1 断面为基准，将整个系统划分为若干个长方体单元，每个单元尺寸为 0.1m(高度)×0.1m(横向)×0.1m(纵向)，系统单元划分如图 5.2(b)所示。

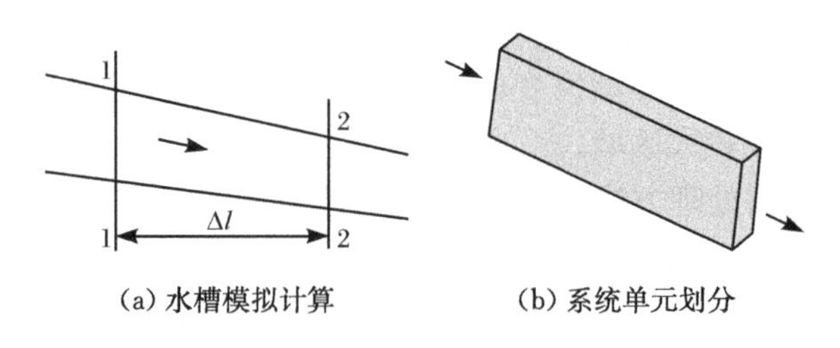

(a) 水槽模拟计算　　(b) 系统单元划分

图 5.2　水槽模拟计算及单元划分示意图

能耗是由于水流存在黏性，克服黏性力及边壁摩擦力做功而消耗的机械能，这部分机械能不可逆地转化为热量而耗散掉。以图 5.2 所示研究系统为例，对于恒定流，系统内部水体的能量不随时间变化，假如没有能量损失，那么上游断面输入的能量应该等于下游断面输出的能量；如果有能耗，则下游断面输出的能量将小于上游断面输入的能量，两者之差即所选研究系统的能耗。但对于非恒定流，系统内水体体积随时间不断变化，中间水面会出现微小波动，系统内能量随时间不断变化，因此上下两个断面能量之差并非系统的能耗。两者之差一部分转化为热量耗散掉，即能耗，另一部分存储在系统内部。通过对恒定流→非恒定流→恒定流整个变化过程的模拟，计算单位体积水流的能耗率来判断整个变化过程水流运动是否遵循最小能耗率原理。所谓单位体积水体能耗率就是单位体积水体单位时间内的能量损失。

对图 5.2(a)所示的系统，分别计算其为恒定流和非恒定流时的单位体积流体的能耗率 Φ_V。设系统在 t 时刻的能量为 E_t，水体体积为 V_t。经历 Δt 时间后，因有能量损失，系统的实际能量变为 $E_{t+\Delta t}$，水体体积变为 $V_{t+\Delta t}$。在 Δt 时间内，上游

1断面输入的能量为E_u,下游2断面输出的能量为E_d。假如没有能量损失,$t+\Delta t$时刻系统的能量为$E'_{t+\Delta t}=E_t+E_u-E_d$。所以,在$\Delta t$时间内系统的能耗率为$(E'_{t+\Delta t}-E_{t+\Delta t})/\Delta t$。

设每个单元体的流量为Q_i,流速为v_i,单元体内的水体体积为V_i,网格中心点对应水位为z_i。选取水流从第一次恒定流过渡到第二次恒定流所经历的全部时间为整个计算时段,计算每个Δt时间内系统的单位体积水体能耗率为

$$\Phi_V=\frac{(E_t+E_u-E_d)-E_{t+\Delta t}}{\frac{1}{2}(V_t+V_{t+\Delta t})\Delta t}\quad (\mathrm{W/m^3}) \tag{5.9}$$

其中

$$V_t=V_{t+\Delta t}=\sum V_i,\quad E_t=E_{t+\Delta t}=\sum E_i,\quad E_i=\left(z_i+\frac{v_i^2}{2g}\right)\rho g V_i$$

$$E_u=E_d=\sum E_j,\quad E_j=\left(z_i+\frac{v_i^2}{2g}\right)\rho g Q_i \Delta t$$

5.6 计算工况

选择了3种不同的计算工况,模拟水槽中水流在恒定非均匀流→非恒定流→恒定非均匀流的整个变化过程中的单位体积能耗率的变化。

(1) 计算工况一。水槽倾斜放置,底坡为0.01,以恒定流速从进口端注水,待水流形成恒定非均匀流后,给出口端施加一旋转角速度,使水槽向下旋转,底坡变为0.011,然后固定出口端,这时水流变为非恒定流,经过一段时间后水流再次成为恒定非均匀流。

计算边界条件:①入流边界条件为进口流速$v=5.5\mathrm{m/s}$,水深$h=0.5\mathrm{m}$;②出流边界条件为自由出流;③边壁条件为壁面糙率$n=0.009\mathrm{s/m^{1/3}}$。

计算初始条件:水体充满整个水槽,且静止,上游水深$h=0.4\mathrm{m}$,下游水深$h=0.5\mathrm{m}$。

(2) 计算工况二。相对于计算工况一,只是改变了上游断面来流流速,其他条件均相同。

计算边界条件:①入流边界条件为进口流速$v=5.06\mathrm{m/s}$,水深$h=0.5\mathrm{m}$;②出流边界条件为自由出流;③边壁条件为壁面糙率$n=0.009\mathrm{s/m^{1/3}}$。

计算初始条件:水体充满整个水槽,且静止,上游水深$h=0.4\mathrm{m}$,下游水深$h=0.5\mathrm{m}$。

(3) 计算工况三。以计算工况二的末状态(底坡变为0.011时的恒定状态)为初始状态,水槽底坡由0.011变为0.01,其余条件均与工况一中的相同。

调整水槽底坡时,3个计算工况出口端施加的旋转角速度按线性加速到最大,

然后再线性减速到零，如图 5.3 所示。只不过是计算工况一、计算工况二施加的旋转角速度方向与计算工况三的相反。

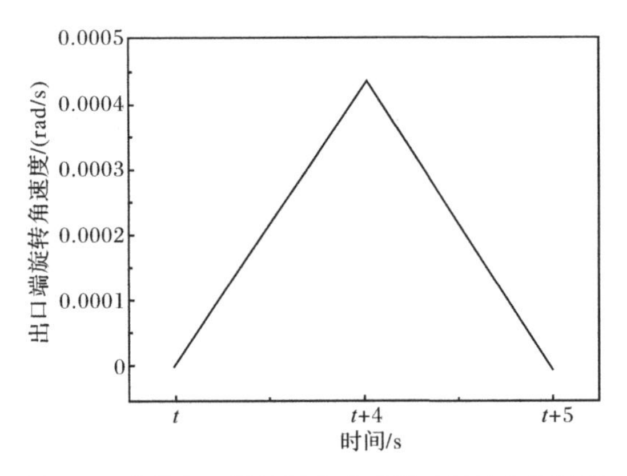

图 5.3 水槽出口端旋转角速度随时间的变化过程

5.7 计算结果与分析

应用式(5.9)计算了 3 种不同工况下水槽中 5 个系统的水流单位体积能耗率 Φ_V 随时间的变化，如图 5.4～图 5.8 所示。其中图 5.4、图 5.5 分别为计算工况一，以距水槽进口端 2m 与 2.5m 断面之间的水体为研究系统一，以及距水槽进口端 2m 与 3m 断面之间的水体为研究系统二的计算结果；图 5.6、图 5.7 分别为计算工况二，以距水槽进口端 2m 与 2.5m 断面之间的水体为研究系统三，以及距水

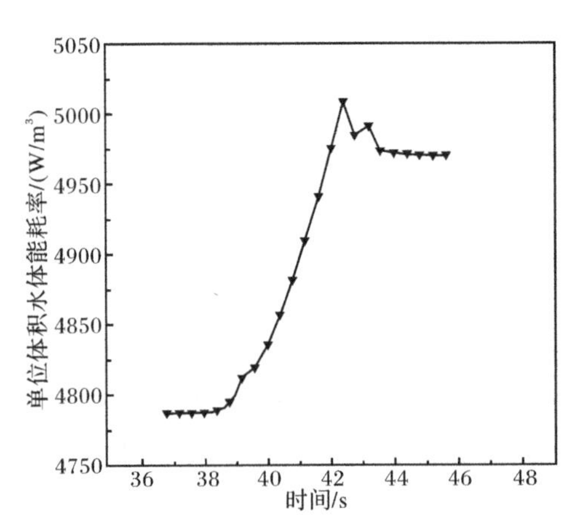

图 5.4 系统一水体单位体积水体能耗率随时间变化

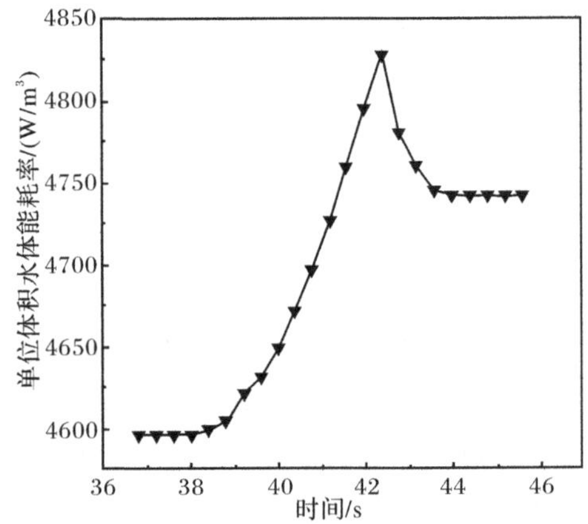

图 5.5 系统二水体单位体积水体能耗率随时间变化

槽进口端 2m 与 3m 断面之间的水体为研究系统四的计算结果；图 5.8 为计算工况三，以距水槽进口端 2m 与 2.5m 断面之间的水体为研究系统五的计算结果。

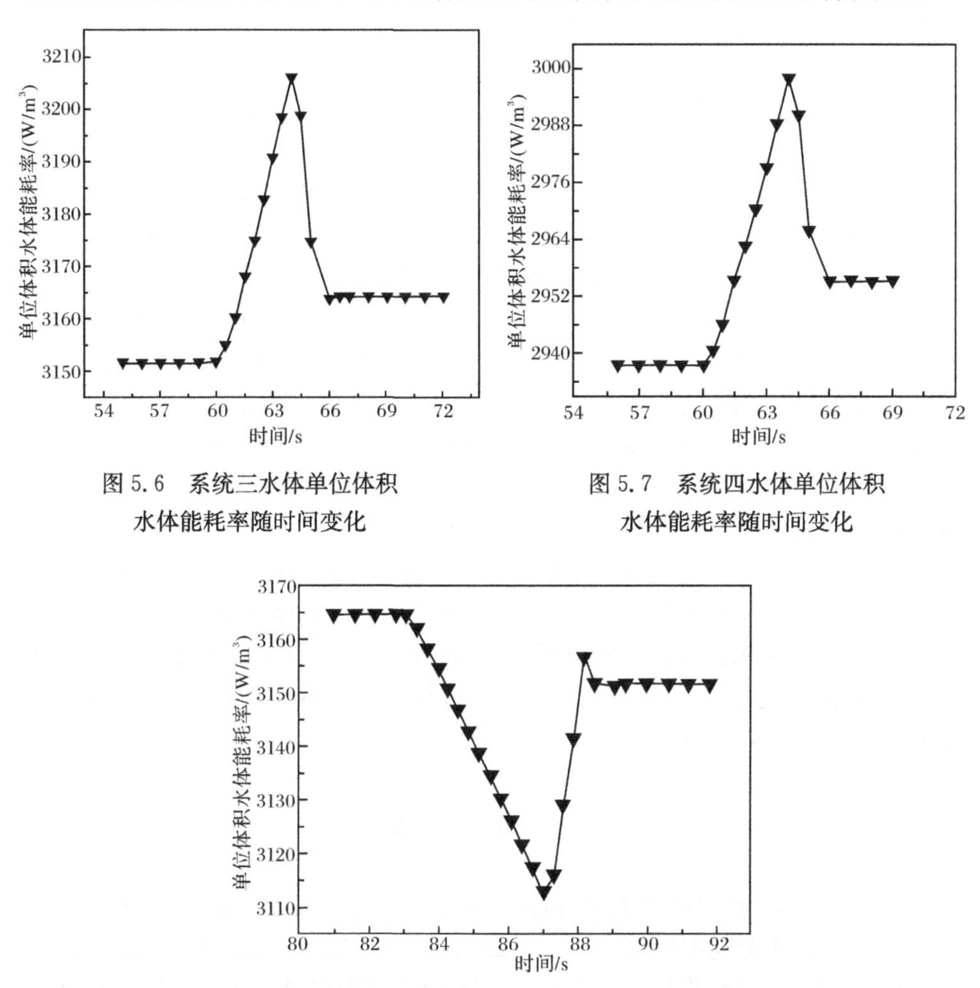

图 5.6　系统三水体单位体积水体能耗率随时间变化

图 5.7　系统四水体单位体积水体能耗率随时间变化

图 5.8　系统五水体单位体积水体能耗率随时间变化

由图 5.4～图 5.8 可以看出，水槽内水流初次达到恒定流时单位体积水体能耗率为一常值，不随时间变化。当在水槽出口端施加一旋转角速度，调整水槽底坡时，水槽内水流开始偏离原来的恒定流状态，变为非恒定流，能耗率也开始随时间变化。当水槽出口端停止转动后，水槽内的水流会自动调节各水力要素，使其逐渐达到恒定流状态，此时单位体积水体能耗率又恢复为常值。由于施加在前后两次恒定流上的约束条件不同，因此两次恒定流的单位体积水体能耗率常值是不相等的。由单位体积水体能耗率的表达式 $\Phi_V=\gamma vJ$ 可知，当流速 v 为定值时，能坡 J 越大，则单位体积水体能耗率 Φ_V 就越大。由于系统一至系统四水槽底坡均为由缓变陡，所以图 5.4～图 5.7 单位体积水体能耗率在初次恒定流时的常值均小于二次恒定流时的常值；系统五水槽底坡由陡变缓，所以图 5.8 中单位体积水体能耗率在初次恒定流时的常值大于二次恒定流时的常值。由图 5.6 和图 5.8 还可以看出，系统五与系统三在调整底坡后的两次恒定流的能耗率常值对应相等，但中间的过渡过程不同，这是因为两个系统是基于不同的恒定流状态下的变化过程。

通过对比不同计算工况相同长度的研究系统的单位体积水体能耗率，发现流速越大，单位体积水体能耗率越大，这与单位体积水体能耗率计算公式 $\Phi_V=\gamma vJ$ 结果一致。由图 5.4 和图 5.5 可知，水槽边界条件沿程相同，图 5.4 所选研究系统 Δl 长为 0.5m，图 5.5 所选研究系统 Δl 长为 1m，对比两个系统的单位体积水体能耗率，若能耗率沿程均匀分布，则两系统单位体积水体能耗率的值应大小相等，但系统一的能耗率大于系统二的，系统一的能耗率约为系统二的 1.04 倍。再对比图 5.6和图 5.7 两个系统的单位体积水体能耗率，图 5.6 所选研究系统的 Δl 长为 0.5m，图 5.7 所选研究系统的 Δl 长为 1m，系统三的能耗率大于系统四的，后者为前者的 1.07 倍。因为能耗率与沿程各断面流速分布有关，而同一时刻，若不是绝对的均匀流，各断面流速分布与水深并非沿程不变，所以能耗率并非沿程均匀分布，不同长度的系统的单位体积水体能耗率大小不同。水体的流动实际上是状态的传递，对于处在相同位置的两个断面，流速越大，两断面的流速分布越相似，两者能耗率的值也越接近。因此系统能耗分布与流速大小有关，流速越大，水体能耗率越趋于沿程均匀分布。

5.8 小　　结

数值水槽仿真模拟结果表明：恒定流的水流能耗率最小，且有一个稳定的常值，这一点与最小能耗率原理结论是一致的。非恒定流的水流能耗率没有定值，能耗率变化较为复杂，并非单调减小或增大，而是有增有减。这一点与美国 Halls 水文站在 1965～1982 年测得的田纳西州 South Fork Forked Deer 河某河段的单位水流功率随时间变化是一致的[66,73]。当系统的外界约束条件发生较大变化时，水流偏离原来的恒定流状态，经过非恒定流过渡过程，达到与新的外界约束条件相适应的恒定流状态。尽管过渡过程前后两个恒定流的水流的能耗率都具有最小值，但两个恒定流的能耗率最小值并不相同，因为这两个恒定流都是适应各自外界约束条件下的恒定流，约束条件不同，能耗率的最小值也不同。此外，水流的流速越大，能耗率就越大，且流速大小对能耗率的分布有影响，流速越大，能耗率越呈现沿程均匀分布的趋势。

第6章 基于能耗率与耗散结构和混沌理论的河床演变分析

自然界的河流总是处在不断冲淤变化之中，如河弯的发展、汊道的兴衰和浅滩的移动等。当在河流上修建各种各样的工程设施后，河床的冲淤变化也将会受到影响。所谓河床演变是指在自然情况下，以及在修建工程后河流形态与河床边界所发生的演变过程。河床演变过程是一种极为复杂的现象，影响因素极其复杂。本章基于最小能耗率原理与耗散结构和混沌理论分析冲积河流自动调整；基于信息熵和相关系数两种方法，分别求出影响河床演变的各个因素的权重；基于最小能耗率原理推求河相关系；计算不同河型的能耗率，分析不同河型的形成原因，指出不同河型的形成或转化也是河流自动调整的结果，河型转化可以用耗散结构和混沌理论来解释[88~90]。

6.1 冲积河流自动调整

6.1.1 河流的自动调整功能

流经冲积扇或冲积平原的河流称为冲积河流。冲积河流具有一定的自动调整功能。所谓自动调整功能，通常是指对于不同的来水来沙条件和河床边界条件，河流有关的物理量将会做出相应的调整，力图恢复输沙平衡。河流的自动调整具有平衡倾向性和调整过程的随机性双重特性。

冲积河流的河床边界组成物质为松散沉积物，具有可冲刷性，在水流作用下会发生冲淤变形，它的河床几何形态是水流和河床相互作用的结果。一方面水流作用于河床，改变了河床的几何形态；另一方面河床几何形态的变化又反过来影响水流运动，进而又对河床变化过程产生新的影响。这是一个动力反馈的过程，即河床演变的结果又会影响河床演变过程本身。水流和河床的这种相互作用，是通过泥沙运动表现出来的。河流中的泥沙来源于地表和组成河床边界的物质。在一定的水流和河床边界条件下，水流所携带的泥沙数量恰好等于水流挟沙力，此时河床就会不冲不淤。如果水流的实际含沙量大于水流挟沙力，就会有泥沙淤积，使河床升高或束窄。如果水流的实际含沙量小于水流挟沙力，就会产生冲刷，使河床下降或展宽。由此可见，河床冲淤变形的根本原因在于河流输沙不平衡。

河流自动调整，在近平衡态线性区遵循最小能耗率原理或最小熵产生原理，其调整演变过程表现为逐渐趋向于与外界约束条件相适应的相对平衡状态。河流的相对平衡是指在一个较长时期内，来沙量与水流挟沙力基本适应，河床没有显著的单向变形，这种平衡也是一种动态平衡。在相对平衡状态河流的能耗率或熵产生为最小值。当作用在河流上的外界约束条件发生变化后，河流就会离开原来的相对平衡状态，寻求与新的外界约束条件相适应的相对平衡状态，直到新的相对平衡状态，河流的能耗率或熵产生一定是与新的外界约束条件相适应的最小值。河流处于远离平衡态非线性区时，其演变过程可以经受突变，导致河型转化发生。河型转化是在外界约束条件变化超过某一临界值后，原有的河型失稳而突变到一个新的河型现象，这种突变相当于热力学中的非平衡相变。不同河型的形成或转化也是河流自动调整演变的结果。

处于非平衡态的河流有许多变化着的因素影响着其调整演变方向，正是河道水流内部的能耗率或熵产生和约束河流的各种外界条件共同作用的结果决定了河床调整演变方向和河流所处的状态。河流系统的熵变包括：河道水流内部引起的熵变——熵产生项和外界约束条件引起的熵变——熵流项。外界约束条件引起的熵流项经过物质和能量的交换而对河道水流内部引起的能耗率或熵产生项进行约束，影响着河流能耗率或熵产生的大小。外界约束条件对河流能耗率或熵产生影响的程度，在河床调整演变的不同阶段会有所不同。

河流在自动调整过程中，可以调整的物理量有两大类：①与边界条件有关的量，如河道断面形状、糙率、纵剖面（坡降、浅滩、深槽等）和河型等；②与流动特性有关的量，如水深、流速分布、含沙量分布和紊动特性。这些物理量的调整强度和幅度是逐渐衰减的，越接近相对平衡，调整的强度和幅度就越小，直到相对平衡状态，河流的能耗率或熵产生达到最小值。同时，由外界约束条件引起的熵流项也达到最小值，且与熵产生项符号相反，两者相互抵消。

6.1.2 河流的短期调整与长期调整

河流趋向于相对平衡的自动调整不是一蹴而就的，而是需要一个演变过程。河道中的水沙运动因时而异，因此河床冲淤变形每时每刻都在进行，即使是在相对平衡的状态，河床变形也不会停止，只不过是变形幅度相对小一些而已。河床变形过程是一个十分复杂的现象。一方面，河床变形随水沙条件变化而变化，当来水来沙条件发生变化时，河床变形也会随之发生；另一方面，由于惯性，河床变形往往滞后于水沙条件的改变，这样就会造成旧一轮河床变形还没有结束，新一轮河床变形又开始发生。因而，河床变形呈往复性，时而冲刷、时而淤积。河流的自动调整总是企图减小河床变形的幅度，朝着相对平衡状态方向发展，这种调整是一个持续不断的过程。河流调整从时间上讲，有短期调整和长期调整之分。短期调整伴随着来水来沙变化总是在不断进行之中，即使河流处在相对平衡状态下也不会停止。长期调整的目标是寻求河流相对平衡状态，长期调整往往是一个漫长的时间过程。

6.1.3　河流处于相对平衡状态时能耗率最小

河流在长期调整演变过程中，其能耗率或熵产生也处在变化之中，并不一定是最小值。但河流可以通过自动调整，使能耗率或熵产生减少到最小值，而重建相对平衡状态。当河流处于相对平衡状态时，其能耗率或熵产生一定为最小值。由于河流的相对平衡是动态平衡，因此能耗率或熵产生即使是最小值，也仍围绕着最小值的均值存在波动。

最小能耗率原理或最小熵产生原理保证了河流在相对平衡状态的稳定性。这里所说的稳定性是指河流的相对平衡状态不会因水沙运动的微小变化而发生变化。河道水沙运动变化具有偶然性和随机性，相当于热力学系统中的涨落。如果河流处于相对平衡状态，由河道水沙运动不恒定性所引起的这种涨落不会导致河流离开原来的相对平衡状态，也就是说河流相对平衡状态具有一定的稳定性。

当作用在河流上的外界约束条件改变后，河流从一个相对平衡状态调整到另一个相对平衡状态时，所经历的中间过程是非常复杂的，能耗率或熵产生并不是单调减少，而是有增有减，但在新的相对平衡状态，能耗率或熵产生一定为最小值。这一点可由图 6.1 看出。

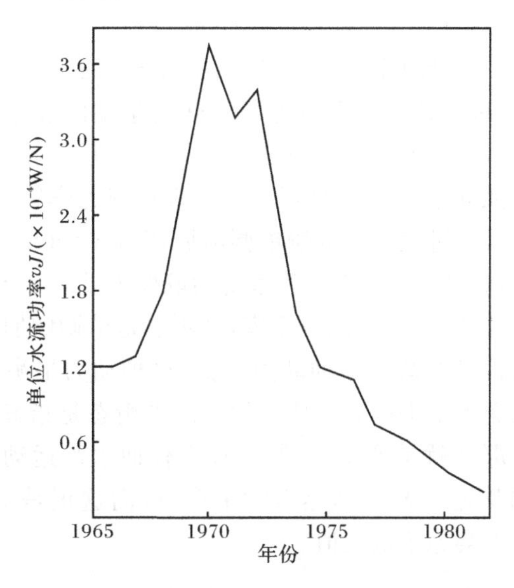

图 6.1　美国田纳西州 South Fork Forked Deer 河 Halls 水文站单位水流功率与时间的关系曲线

图 6.1 是杨志达给出的美国田纳西州 South Fork Forked Deer 河某河段单位

水流功率(与能耗率或熵产生等价)与时间的关系曲线[66,73]。在1964～1966年期间,对该河段进行了人工治理。从图中可以看出,该河段在治理前(1965年)单位水流功率保持一个最小值,表明该河段处于相对平衡状态。河道治理后,原有的外界约束条件发生了变化,相对平衡状态被破坏,河流开始调整。河流在调整过程中,单位水流功率离开最小值,寻求与治理后外界约束条件相适应的单位水流功率最小值。河流在调整的初期,由于河床冲淤变形幅度较大,河床边界变化较大,即外界约束条件不再保持恒定。在这种情况下,单位水流功率不一定减小,而是有可能增加,这取决于河床边界的冲淤变化幅度。在调整的后期(1970年以后),随着河床冲淤变形幅度减小,河床边界变化也逐渐趋于稳定,即外界约束条件开始保持恒定,这时,河流的调整开始朝着减小单位水流功率方向进行。当河流调整到相对平衡状态时(1982年),单位水流功率又达到与治理后外界约束条件相适应的最小值。这个最小值与治理前的单位水流功率最小值是不相等的,这是因为河道治理后,约束水流的边界条件发生了变化,那么与边界条件有关的单位水流功率最小值也就不可能相等。

这里还需要特别指出,不能把经典热力学中有关孤立系统的熵变化规律简单地移植应用到河流系统。例如,利奥波德(L. B. Leopold)[91]等于1962年根据热力学最大熵原理,认为冲积河流在调整过程中力求使熵S达到最大值,当熵达到最大值时,河流就处于相对平衡状态。但是这种概念是不正确的[92],因为他们至少混淆了如下两点。

第一点,河流是一个开放系统,而不是孤立系统。在开放系统中,最大熵原理并不成立。最大熵原理只适用于孤立系统。热力学中的孤立系统是指那些完全不受外界影响的系统,也就是说该系统与外界既无物质交换,又无能量交换。严格来说,在自然界中孤立系统并不真正存在。根据热力学第二定律,对于孤立系统,系统内部由于不可逆过程产生的熵单调增加,即$dS=d_iS>0$,直到热力学平衡态时,熵达到最大值,即$dS=0$。而开放系统的熵变为$dS=d_eS+d_iS$,随着熵流项d_eS的变化,dS可大于零、小于零或等于零,并不总是单调增加。

第二点,河流的相对平衡是一种动力平衡,这种动力平衡相当于热力学开放系统的非平衡定态,而不是平衡态。热力学中的平衡态是指静态平衡。如果河流处于静态平衡状态,那么就是死水一潭,不存在任何水沙运动。河流的熵趋于最大值,就是说河流调整迟早要达到热力学平衡态,而这正是不可能发生的事情。所以,河流的熵永远不会趋于最大值。

6.2 影响河床演变因素的权重分析

影响河床演变的因素十分复杂。对于一条具体河段,影响河床演变的主要因素有：①上游来水量及其变化过程；②上游来沙量、来沙组成及其变化过程；③地质、地貌条件，如河谷坡降、宽度、河床基岩强度等；④河床边界组成物质特性条件，如易侵蚀性、床沙粒径分布、糙率等。在这4个主要因素中，第①、②个因素是水沙条件，第③、④个因素是河床边界条件。来水来沙条件和河床边界条件都是影响冲积河流河床演变的外界约束条件。然而，来水来沙条件和河床边界条件对河床演变影响的程度或权重不同。为了定量分析来水来沙条件和河床边界条件对河床演变影响的权重，下面基于信息熵和相关系数两种方法[93~95]，利用我国一些冲积河流实测资料，分别求出影响河床演变的各个因素的权重。

6.2.1　基于信息熵的权重分析

基于信息熵理论，引入河床演变的指标信息熵和年份信息熵的概念，计算影响河床演变的各个因素对河床演变影响的权重。

1. 信息熵的基本概念

熵是热力学中的一个基本概念，用来表示系统的一个状态函数。1948年美国数学家、信息论的创始人Shannon首次将熵的概念引入信息论，将其称为信息熵，用以表示系统的有序度及其效用。信息是系统有序程度的一个度量，信息熵是系统无序程度的一个度量，两者绝对值相等，符号相反。对于一个不确定性系统，若用随机变量 X 表示其状态特征，对于离散型随机变量，设 x 的取值为 $X=\{x_1,x_2,\cdots,x_n\}(n\geqslant 2)$，每一取值对应的概率 $P=\{p_1,p_2,\cdots,p_n\}(0\leqslant p_i\leqslant 1,i=1,2,\cdots,n)$，且有 $\sum\limits_{i=1}^{n} p_i=1$。

2. 确定影响因素的信息熵权重

应用信息熵确定来水来沙条件和河床边界条件对河床演变影响的权重，其计算步骤如下。

(1) 构建 n 年 m 个影响因素的初始矩阵 $X_{ij}=[x_{ij}](i=1,2,\cdots,n;j=1,2,\cdots,m)$。

(2) 对影响因素进行归一化处理。由于各个影响因素所表征对象的量纲和数量级大小都不相同，因此为了排除由于量纲及数量级大小不同造成的影响，需要对原始数据进行归一化处理。将河段的影响因素记为 $X_{ij}=[x_{ij}](i=1,2,\cdots,n;j=1,2,\cdots,m)$，对 X_{ij} 进行归一化，归一化计算公式为

$$x_{ij}^{*}=\begin{cases}\dfrac{(x_{ij}-x_{j,\min})\times 0.996}{x_{j,\max}-x_{j,\min}}+0.002, & \text{正效应}\\[2ex] \dfrac{(x_{j,\max}-x_{ij})\times 0.996}{x_{j,\max}-x_{j,\min}}+0.002, & \text{负效应}\end{cases} \tag{6.1}$$

式中，x_{ij}^* 为经过归一化后的值；x_{ij} 为第 i 年第 j 项因素的实测值；$x_{j,\max}$和 $x_{j,\min}$分别为第 j 个影响因素所有年中的最大值和最小值。

(3) 计算各影响因素的信息熵，其公式为

$$S_j = -\frac{1}{\ln n}\sum_{i=1}^{n}\frac{x_{ij}^*}{x_j}\ln\left(\frac{x_{ij}^*}{x_j}\right) \tag{6.2}$$

式中，S_j 为第 j 个影响因素的信息熵；x_{ij}^* 为第 i 年第 j 个影响因素的归一化值；x_j 为第 j 个影响因素所有年之和，$x_j = \sum_{i=1}^{n} x_{ij}^*$ $(i=1,2,\cdots,n;j=1,2,\cdots,m)$。

(4) 计算各影响因素的信息熵权重，其公式为

$$w_j = \frac{1-S_j}{m-\sum_{j=1}^{m}S_j} \tag{6.3}$$

3. 计算实例

根据黄河下游花园口、夹河滩、高村、孙口、艾山、泺口和利津 7 个水文站的 1972 年、1973 年、1975 年、1976 年、1978 年、1979 年、1980 年、1982 年、1985 年、1987 年、1988 年、1991～1996 年和 1998～2000 年水文年鉴及黄河水利委员会实测资料[96]，选取流量、含沙量、沉速、坡降、糙率和反映组成河岸与河床物质的相对可动性的宽深比 6 个影响因素表示河流的状态特征，见表 6.1～表 6.6，用来计算各影响因素对河床演变影响的信息熵权重。

用信息熵计算各影响因素对河床演变影响的权重，根据式(6.1)和式(6.2)计算了表 6.1～表 6.6 所示 6 个河段实测的流量、含沙量、沉速、坡降、糙率和宽深比，得出各影响因素的信息熵 $S_j=(0.970, 0.977, 0.959, 0.960, 0.987, 0.928)$。信息熵的大小代表了一个影响因素在若干年内对系统的效用值，信息熵越小，影响因素效用值越高，则其重要性越大；反之，信息熵越大，影响因素效用值越低，则其重要性越小。根据式(6.3)计算得出各影响因素的信息熵权重 $w_j=(0.135, 0.104, 0.188, 0.184, 0.060, 0.329)$。由权重 w_j 的值可以得出，代表来水来沙条件的前 3 个因素流量、含沙量和沉速的权重之和为 0.427；代表河床边界条件的后 3 个因素坡降、糙率和宽深比的权重之和为 0.573。可见，影响河床演变的河床边界条件信息熵权重大于来水来沙条件信息熵权重。

表 6.1　花园口—夹河滩河段影响因素的实测值

年份	流量 /(m^3/s)	含沙量 /(kg/m^3)	沉速 /(mm/s)	坡降 /($\times10^{-4}$)	糙率 /(s/$m^{1/3}$)	宽深比 $\sqrt{B}/h$
1972	923.17	17.85	0.985	1.796	0.012	24.56
1973	1117.33	30.96	1.160	1.797	0.014	23.76

续表

年份	流量 /(m^3/s)	含沙量 /(kg/m^3)	沉速 /(mm/s)	坡降 /($\times 10^{-4}$)	糙率 /(s/$m^{1/3}$)	宽深比 $\sqrt{B}/h$
1975	1697.92	18.41	1.225	1.749	0.014	20.22
1976	1634.50	11.93	1.352	1.771	0.014	15.52
1978	1073.50	22.02	1.540	1.699	0.015	16.80
1979	1148.92	16.81	1.493	1.736	0.013	17.16
1980	868.08	15.39	1.003	1.768	0.013	22.58
1982	1325.42	10.29	0.827	1.753	0.015	18.14
1985	1455.33	11.76	0.771	1.768	0.014	14.87
1987	683.92	8.47	0.743	1.758	0.014	13.87
1988	1081.67	17.34	0.732	1.774	0.013	12.79
1991	722.08	17.59	0.898	1.758	0.014	13.38
1992	813.50	17.13	0.728	1.769	0.025	16.45
1993	934.00	14.23	0.733	1.770	0.014	12.25
1994	940.33	12.95	0.871	1.669	0.013	13.58
1995	723.08	19.03	0.781	1.588	0.012	15.77
1996	839.17	9.23	0.782	1.583	0.012	15.80
1998	660.83	14.47	0.586	1.605	0.013	13.33
1999	647.25	18.07	0.756	1.606	0.012	12.62
2000	508.58	5.98	1.277	1.575	0.015	10.78

表 6.2　夹河滩—高村河段影响因素的实测值

年份	流量 /(m^3/s)	含沙量 /(kg/m^3)	沉速 /(mm/s)	坡降 /($\times 10^{-4}$)	糙率 /(s/$m^{1/3}$)	宽深比 $\sqrt{B}/h$
1972	903.00	18.01	0.970	1.530	0.012	20.85
1973	1110.50	28.13	1.008	1.518	0.012	20.29
1975	1641.58	19.01	1.086	1.535	0.012	14.83
1976	1588.58	13.06	1.187	1.513	0.012	14.23
1978	1015.83	22.37	1.247	1.581	0.013	19.36
1979	1112.25	17.65	1.138	1.525	0.012	14.70
1980	819.92	15.19	0.645	1.500	0.013	20.93
1982	1277.08	10.74	0.645	1.468	0.013	18.70
1985	1426.00	12.01	0.622	1.474	0.014	12.62

续表

年份	流量 /(m^3/s)	含沙量 /(kg/m^3)	沉速 /(mm/s)	坡降 /(×10^{-4})	糙率 /(s/$m^{1/3}$)	宽深比 $\sqrt{B}/h$
1987	616.25	8.03	0.619	1.495	0.014	11.41
1988	995.00	16.36	0.560	1.495	0.014	11.61
1991	657.00	15.55	0.450	1.482	0.013	15.93
1992	758.83	18.07	0.532	1.496	0.012	14.95
1993	894.33	14.07	0.641	1.538	0.012	12.88
1994	902.08	21.45	0.624	1.642	0.012	13.40
1995	665.42	20.13	0.530	1.739	0.012	16.67
1996	776.08	17.65	0.592	1.723	0.013	22.61
1998	605.25	15.64	0.504	1.682	0.012	16.22
1999	563.92	15.48	0.523	1.547	0.011	17.20
2000	463.67	7.37	0.808	1.649	0.013	16.30

表 6.3　高村—孙口河段影响因素的实测值

年份	流量 /(m^3/s)	含沙量 /(kg/m^3)	沉速 /(mm/s)	坡降 /(×10^{-4})	糙率 /(s/$m^{1/3}$)	宽深比 $\sqrt{B}/h$
1972	866.42	17.40	1.084	1.145	0.012	14.57
1973	1077.83	26.09	0.986	1.143	0.014	16.56
1975	1605.00	18.40	1.077	1.137	0.011	12.28
1976	1568.08	13.21	1.207	1.127	0.011	12.78
1978	964.33	22.73	0.926	1.163	0.011	14.25
1979	1078.00	17.73	0.957	1.160	0.011	12.77
1980	769.08	14.77	0.521	1.153	0.012	14.72
1982	1216.50	10.96	0.559	1.168	0.011	14.32
1985	1376.00	12.03	0.614	1.153	0.016	9.86
1987	570.92	7.68	0.522	1.160	0.014	12.41
1988	949.58	15.59	0.480	1.206	0.013	12.29
1991	617.33	14.31	0.382	1.160	0.015	13.72
1992	702.83	14.49	0.467	1.162	0.013	13.69
1993	867.33	14.98	0.574	1.102	0.014	11.60
1994	872.25	28.67	0.518	1.126	0.010	15.03
1995	626.50	20.13	0.589	1.126	0.011	16.81

续表

年份	流量 /(m^3/s)	含沙量 /(kg/m^3)	沉速 /(mm/s)	坡降 /($\times10^{-4}$)	糙率 /(s/$m^{1/3}$)	宽深比 $\sqrt{B}/h$
1996	700.00	16.36	0.566	1.144	0.015	15.64
1998	557.50	14.93	0.441	1.178	0.014	13.49
1999	510.08	15.21	0.432	1.165	0.015	13.64
2000	383.92	6.64	0.549	1.165	0.015	15.40

表 6.4　孙口—艾山河段影响因素的实测值

年份	流量 /(m^3/s)	含沙量 /(kg/m^3)	沉速 /(mm/s)	坡降 /($\times10^{-4}$)	糙率 /(s/$m^{1/3}$)	宽深比 $\sqrt{B}/h$
1972	831.75	16.83	1.212	1.200	0.015	10.83
1973	1031.92	25.23	1.007	1.196	0.018	11.87
1975	1595.00	17.90	1.151	1.228	0.017	8.13
1976	1616.92	12.96	1.223	1.163	0.016	8.55
1978	932.75	21.70	0.984	1.199	0.019	9.11
1979	1040.58	16.92	0.956	1.182	0.016	9.51
1980	731.00	14.34	0.581	1.177	0.019	9.05
1982	1157.75	11.11	0.564	1.176	0.016	9.58
1985	1307.17	12.29	0.607	1.155	0.016	8.14
1987	520.75	7.57	0.457	1.216	0.029	7.22
1988	865.92	15.47	0.420	1.218	0.021	8.58
1991	587.33	13.96	0.406	1.194	0.022	8.82
1992	647.75	15.98	0.467	1.111	0.025	7.84
1993	811.33	15.22	0.622	1.169	0.021	8.79
1994	849.92	21.04	0.531	1.218	0.017	10.20
1995	600.83	21.53	0.530	1.172	0.023	9.57
1996	648.42	11.72	0.504	1.207	0.023	8.97
1998	523.17	16.32	0.488	1.224	0.023	7.50
1999	448.25	16.02	0.424	1.245	0.025	7.57
2000	361.92	6.82	0.563	1.235	0.027	8.08

表 6.5 艾山—泺口河段影响因素的实测值

年份	流量 /(m³/s)	含沙量 /(kg/m³)	沉速 /(mm/s)	坡降 /(×10⁻⁴)	糙率 /(s/m^{1/3})	宽深比 $\sqrt{B}/h$
1972	792.50	15.85	1.058	1.007	0.019	6.73
1973	977.75	24.14	0.681	1.002	0.017	6.51
1975	1579.42	17.99	1.158	0.983	0.018	5.04
1976	1499.50	12.50	1.163	0.994	0.020	4.97
1978	904.33	20.28	0.827	1.017	0.021	8.20
1979	998.25	16.35	0.879	1.076	0.019	5.69
1980	697.75	13.72	0.560	0.997	0.021	5.88
1982	1085.42	10.57	0.560	1.002	0.020	8.14
1985	1296.08	12.17	0.619	0.992	0.020	5.39
1987	449.33	7.17	0.382	1.028	0.026	4.97
1988	774.00	14.98	0.375	1.027	0.021	5.07
1991	536.25	13.46	0.340	0.999	0.025	5.18
1992	575.58	16.39	0.426	1.013	0.025	5.16
1993	722.67	15.13	0.581	1.002	0.019	5.67
1994	800.50	19.81	0.491	0.998	0.022	5.89
1995	551.42	20.68	0.435	1.212	0.027	5.83
1996	601.17	14.85	0.462	1.000	0.025	6.30
1998	471.42	16.14	0.465	1.016	0.022	5.08
1999	371.33	15.41	0.341	1.012	0.024	5.88
2000	299.58	6.95	0.491	1.004	0.023	6.06

表 6.6 泺口—利津河段影响因素的实测值

年份	流量 /(m³/s)	含沙量 /(kg/m³)	沉速 /(mm/s)	坡降 /(×10⁻⁴)	糙率 /(s/m^{1/3})	宽深比 $\sqrt{B}/h$
1972	734.17	14.56	0.919	0.902	0.019	8.75
1973	915.92	23.26	0.681	0.907	0.017	6.37
1975	1529.75	18.13	1.071	0.917	0.017	5.41
1976	1445.25	11.88	0.945	0.912	0.021	5.54
1978	832.75	19.74	0.699	0.927	0.020	5.63
1979	910.75	16.13	0.724	0.908	0.019	5.94
1980	630.08	12.87	0.469	0.924	0.018	7.18

续表

年份	流量 /(m^3/s)	含沙量 /(kg/m^3)	沉速 /(mm/s)	坡降 /($\times 10^{-4}$)	糙率 /($s/m^{1/3}$)	宽深比 $\sqrt{B}/h$
1982	982.75	10.02	0.522	0.955	0.018	6.59
1985	1268.25	11.69	0.550	0.925	0.022	6.25
1987	377.92	6.06	0.336	0.934	0.022	6.41
1988	671.08	13.99	0.289	0.939	0.019	6.80
1991	442.58	13.20	0.267	0.936	0.025	5.79
1992	474.83	15.53	0.305	0.987	0.023	5.87
1993	632.83	13.86	0.484	0.940	0.019	6.57
1994	721.25	18.79	0.407	0.983	0.016	6.30
1995	471.58	19.63	0.348	0.802	0.023	7.41
1996	526.83	13.23	0.350	0.992	0.031	6.03
1998	438.50	14.35	0.365	0.957	0.022	7.38
1999	273.33	13.64	0.239	0.956	0.018	8.78
2000	209.33	4.84	0.376	0.975	0.018	9.46

6.2.2　基于相关系数法的权重分析

在确定影响河床演变的各因素权重时，引入统计学中的相关关系理论，通过计算影响因素与河型的相关系数来确定各影响因素在河床演变中所占的权重。

1. 确定河型的影响因素

影响河型形成的外界约束条件包括河流来水来沙条件和河床边界条件。对于来水条件，可以选用洪峰变差系数 C_V 作为影响因素；对于来沙条件，可以选用悬移质含沙量 s 和床沙质与冲泻质含量的比值 N 来反映河流的来沙情况。对于河床边界条件，采用河岸与河床的相对可动性 Π、河岸中粉砂和黏土的含量 M、反映组成河岸与河床物质的相对可动性的宽深比 $\sqrt{B}/h$ 和弯曲系数 C_w 作为影响因素，其中 Π 的计算公式为

$$\Pi=\frac{100d_{50}}{M} \tag{6.4}$$

式中，d_{50} 为床沙中值粒径，mm；M 为河岸中粉砂和黏土的含量，%。

2. 河型多元线性回归分析及相关系数权重确定

钱宁等在《河床演变学》[97]一书中收集了一些我国冲积河流河型形成的影响

因素，现摘录资料中较为完整的河段进行分析，见表 6.7。在表 6.7 中按河型稳定递减程度对河段进行排序编码，弯曲型河段编码为 1，限制性弯曲河段编码为 2，游荡弯曲型河段编码为 3，顺直型河段编码为 4，分汊型河段编码为 5，游荡型河段编码为 6。

表 6.7　我国一些冲积河流的河型及其影响因素和河型编码

河流	断面	Π	M /%	$\sqrt{B}/h$	C_w	s /(kg/m³)	N	C_V	河型	编码
长江中下游	上荆江	0.20	92.00	3.13	1.70	1.16	0.16	0.20	弯曲	1
	下荆江	0.18	76.00	2.55	2.83	0.96	0.12	0.26	弯曲	1
	簰州湾	0.21	60.70	2.04	2.43	0.60	0.12	0.16	弯曲	1
	汉口段	0.47	36.20	3.96	1.18	0.62	0.12	0.17	分汊	5
	马鞍山段	0.66	22.60	3.60	1.16	0.54	0.10	0.24	分汊	5
	石桥埠段	0.18	80.00	2.05	1.09	0.65	0.10	0.15	顺直	4
黄河下游	花园口	0.96	15.10	30.00	1.10	37.50	0.82	0.48	游荡	6
	孙口	0.34	34.30	10.00	1.31	26.00	0.67	0.32	游荡弯曲	3
	洛口	0.42	21.20	6.00	1.19	25.00	0.82	0.15	限制弯曲	2
潮白河	牛栏山	3.22	4.50	19.80	1.13	4.30	1.00	1.20	游荡	6
汉水	钟祥—河口	0.14	91.00	2.15	1.74	1.90	0.11	0.19	弯曲	1
渭河	咸阳	1.28	52.40	10.40	1.10	26.80	1.22	0.44	游荡	6

根据表 6.7 中 12 个河段的实测资料，采用多元线性回归分析方法，对 Π、M、$\sqrt{B}/h$、C_w、s、N 和 C_V 7 个影响因素与河型编码进行回归分析，分析得到河型及其影响因素的相关系数 $R=(R_\Pi,R_M,R_{\sqrt{B}/h},R_{C_w},R_s,R_N,R_{C_V})=(0.654,-0.674,0.642,-0.751,0.371,0.556,0.559)$。相关系数绝对值越大表示该因素与河型越密切，相关系数为正值表示该因素的定量指标越大，河型越稳定，反之亦然，相关系数为负值表示该因素的定量指标越大，河型越不稳定。因此，可以采用相关系数来确定各个因素对河型成型的贡献权重 w_j，其计算公式为

$$w_j=\frac{|R_j|}{\sum_{j=1}^{m}|R_j|},\quad j=1,2,\cdots,m \tag{6.5}$$

式中，w_j 为因素 j 的权重；R_j 为因素 j 与河型编码的相关系数；m 为因素个数。

根据式(6.5)，计算得出 Π、M、$\sqrt{B}/h$、C_w、s、N 和 C_V 7 个影响因素依次对河型的贡献权重 $w_j=(0.155,0.161,0.153,0.178,0.088,0.132,0.133)$，其中代表河床边界条件的 4 个因素 Π、M、$\sqrt{B}/h$ 和 C_w 对河型的贡献权重之和为 0.647，代表来水来沙条件的 3 个因素 s、N 和 C_V 对河型的贡献权重之和为 0.353，由于前者权

重大于后者权重，因此可以得出对河型影响最大的外界因素为河床边界条件，其次是来水来沙条件。

综上所述，无论是用信息熵方法还是相关系数方法求得的权重，均得出对河床演变影响权重最大的外界约束条件是河床边界条件，其次是来水来沙条件。

6.3　基于最小能耗率原理的河相关系

冲积河流在水流长期作用下，通过自动调整，有可能形成相对平衡状态。这种相对平衡状态下的河床几何形态与流域水沙条件和河床边界条件之间存在着某种函数关系，称为河相关系，写成数学表达式为

$$\begin{cases} B=f_1(Q,G,D) \\ h=f_2(Q,G,D) \\ J=f_3(Q,G,D) \end{cases} \tag{6.6}$$

式中，B 为河宽；h 为水深；J 为水力坡降；Q 为来自上游的水量及其过程，常用造床流量代替；G 为来自上游的泥沙量及其过程；D 为河床边界条件。

为了求得式(6.6)具体函数关系式，引进下列方程。

水流连续方程

$$Q=Av \tag{6.7}$$

水流运动方程

$$J=\frac{n^2v^2}{R^{4/3}} \tag{6.8}$$

输沙方程

$$s=K\left(\frac{v^3}{gR\omega}\right)^m \tag{6.9}$$

式中，Q 为造床流量；A 为过水断面面积；v 为断面平均流速；R 为断面水力半径，对于宽浅河床可用水深 h 代替；n 为糙率；s 为处于饱和状态的临界含沙量，即水流挟沙力；ω 为泥沙沉速；g 为重力加速度；K 和 m 分别为系数和指数，由当地实测资料确定。

需注意，式(6.9)为悬移质挟沙力公式，只适用于以悬移质为主的造床运动。若造床运动以推移质为主，则应选用推移质输沙率公式代替悬移质挟沙力公式。

式(6.7)～式(6.9)3 个方程中含有 4 个待求的未知变量——河宽 B、水深 h、坡降 J 和流速 v，多于方程的个数，因而方程组是不封闭的，还需要补充一个独立方程才能求解。寻求这个独立方程是国内外众多学者长期以来致力于研究的重要课题，并取得了许多研究成果，这些成果归纳起来不外乎经验型和理论型方程两大类。

下面以单位长度河流最小能耗率原理数学表达式(4.85)作为一个独立方程与式(6.7)～式(6.9)联解，求得河相关系，如下所示：

$$\Phi_l=\gamma QJ=\text{最小值}$$

式中，Φ_l 为单位长度河流能耗率，W/m；γ 为水容重，N/m^3；Q 为造床流量，m^3/s；J 为水力坡降。

张海燕[79,98]于 1980 年以水流运动方程、推移质输沙率公式作为约束方程(水流连续方程包含在这两个方程中)，编制了一个计算程序，直接利用计算机试算求解，求出水力坡降 J 为最小值时的河床几何形态值。这是因为对于已知流量 Q，能耗率 $\Phi_l=\gamma QJ$ 最小意味着坡降 J 最小。该计算程序的框图如图 6.2所示。该计算方法也可用来设计稳定渠道。在计算中，水流运动方程采用恩格隆(Engelund)和汉森(Hansen)方程。推移质输沙率公式采用 DuBoys 输沙率公式。当然，也可采用其他形式的水流运动方程和推移质输沙率公式。

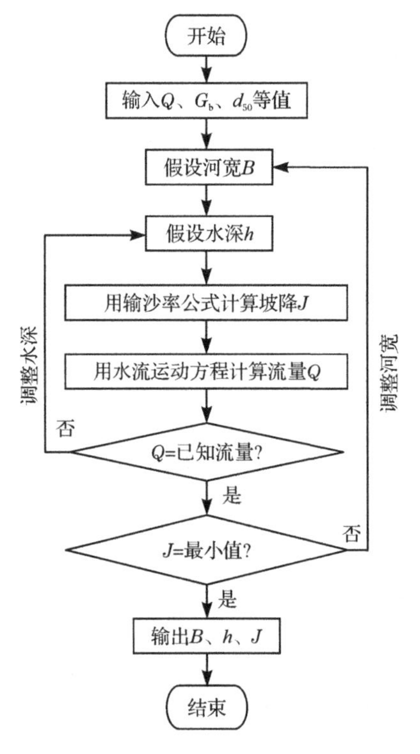

图 6.2 计算程序框图

杨志达[68]于 1981 年将水流运动方程代入式(4.85)表示的单位长度河流最小能耗率表达式中，消掉坡降 J，得到一个目标函数。以无量纲单位水流功率表示的含沙量公式作为约束方程，构成一个拉格朗日函数。然后求其极值，得到经验性河相关系式(6.10)的理论指数，这些理论指数非常接近天然河流的实测值。

$$\begin{cases} B=\alpha_1 Q^{\beta_1} \\ h=\alpha_2 Q^{\beta_2} \\ v=\alpha_3 Q^{\beta_3} \end{cases} \tag{6.10}$$

徐国宾[99]于 1993 年根据最小能耗率原理，以单位长度河流能耗率 $\Phi_l=\gamma QJ$ 最小化作为目标函数，以水流连续方程、运动方程和悬移质挟沙力公式或推移质输沙率公式作为约束条件，通过对目标函数求条件极值，分别推导出以悬移质造床为主的河相关系式和以推移质造床为主的河相关系式。

设河床断面为矩形，将水流运动方程

$$J=\frac{Q^2 n^2 (B+2h)^{4/3}}{(Bh)^{10/3}} \tag{6.11}$$

代入河流能耗率表达式 $\Phi_l=\gamma QJ$ 中，得

$$\Phi_l=\frac{Q^3 n^2 \gamma (B+2h)^{4/3}}{(Bh)^{10/3}} \tag{6.12}$$

式中，B 和 h 分别为河宽和水深。

式(6.12)中的 Φ_l 在式(6.7)和式(6.9)约束下取得最小值。如果把河宽 B 看成水深 h 的函数，即 $B=f(h)$，则式(6.12)取得最小值的必要条件是

$$\frac{\mathrm{d}\Phi_l}{\mathrm{d}h}=0 \tag{6.13}$$

式(6.12)对 h 求导，并代入式(6.13)稍加整理，得

$$5B+6h+3h\frac{\mathrm{d}B}{\mathrm{d}h}+10\frac{h^2}{B}\frac{\mathrm{d}B}{\mathrm{d}h}=0 \tag{6.14}$$

对于悬移质造床为主的河道，将悬移质挟沙力公式(6.9)改写成如下形式：

$$B=\frac{QK^{1/(3m)}}{g^{1/3}\omega^{1/3}s^{1/(3m)}h^{4/3}} \tag{6.15}$$

式(6.15)对 h 求导，得

$$\frac{\mathrm{d}B}{\mathrm{d}h}=-\frac{4QK^{1/(3m)}}{3g^{1/3}\omega^{1/3}s^{1/(3m)}h^{7/3}} \tag{6.16}$$

将式(6.15)和式(6.16)代入式(6.14)，求出用已知变量确定的函数 h，再将 h 的表达式代入式(6.15)解出函数 B，然后将 B、h 分别代入式(6.7)和式(6.8)解出函数 v、J。最后得到以悬移质造床为主的河相关系式为

$$\begin{cases} B=3.120\dfrac{K^{1/(7m)}Q^{3/7}}{g^{1/7}s^{1/(7m)}\omega^{1/7}} \\ h=0.426\dfrac{K^{1/(7m)}Q^{3/7}}{g^{1/7}s^{1/(7m)}\omega^{1/7}} \\ J=2.437\dfrac{g^{16/21}n^2s^{16/(21m)}\omega^{16/21}}{K^{16/(21m)}Q^{2/7}} \\ v=0.752\dfrac{g^{2/7}s^{2/(7m)}\omega^{2/7}Q^{1/7}}{K^{2/(7m)}} \end{cases} \tag{6.17}$$

对于以沙质推移质造床为主的河道，选用如下张瑞瑾推移质输沙率公式[100]取代悬移质挟沙力公式(6.9)。

$$G_b=0.00124\frac{\alpha\rho_s'v^4B}{g^{3/2}h^{1/4}d_{50}^{1/4}} \tag{6.18}$$

式中，G_b 为断面推移质输沙率；ρ_s'为泥沙干密度；d_{50} 为床沙中值粒径；α 为沙波体形系数，$\alpha=0.52\sim0.53$。式中单位以 m、kg、s 计。

按推导悬移质河相关系式方法，得到以沙质推移质造床为主的河相关系式如下：

$$\begin{cases} B=1.634\dfrac{\alpha^{4/29}\rho_s'^{4/29}Q^{16/29}}{g^{6/29}d_{50}^{1/29}G_b^{4/29}} \\ h=0.146\dfrac{\alpha^{4/29}\rho_s'^{4/29}Q^{16/29}}{g^{6/29}d_{50}^{1/29}G_b^{4/29}} \\ J=284.572\dfrac{g^{32/29}n^2d_{50}^{16/87}G_b^{64/87}}{\alpha^{64/87}\rho_s'^{64/87}Q^{82/87}} \\ v=4.192\dfrac{g^{12/29}d_{50}^{2/29}G_b^{8/29}}{\alpha^{8/29}\rho_s'^{8/29}Q^{3/29}} \end{cases} \tag{6.19}$$

在这里需要指出，不是任何结构形式的悬移质挟沙力公式或推移质输沙率公式都可以作为约束条件，因为有些公式的结构形式不宜用来作为约束条件，如果利用这些公式作为约束条件，往往会寻找不到极值，或得不到显式河相关系表达式。

赵丽娜[101]于 2014 年根据单位体积河流能耗率公式 $\Phi_V=\gamma vJ$，将水流连续方程

$$v=\frac{Q}{Bh} \tag{6.20}$$

和运动方程(设宽浅河床，方程中 $R\approx h$)

$$J=\frac{Q^2n^2}{B^2h^{10/3}} \tag{6.21}$$

代入其中，得

$$\Phi_V=\frac{\gamma Q^3n^2}{B^3h^{13/3}} \tag{6.22}$$

式(6.22)对时间 t 求导，得

$$\frac{\mathrm{d}\Phi_V}{\mathrm{d}t}=\frac{\mathrm{d}(\gamma vJ)}{\mathrm{d}t}=\frac{\partial(\gamma vJ)}{\partial B}\frac{\mathrm{d}B}{\mathrm{d}t}+\frac{\partial(\gamma vJ)}{\partial H}\frac{\mathrm{d}h}{\mathrm{d}t}+\frac{\partial(\gamma vJ)}{\partial n}\frac{\mathrm{d}n}{\mathrm{d}t}$$
$$=-\frac{3\gamma Q^3n^2}{B^4h^{13/3}}\frac{\mathrm{d}B}{\mathrm{d}t}-\frac{13\gamma Q^3n^2}{3B^3h^{16/3}}\frac{\mathrm{d}h}{\mathrm{d}t}+\frac{2\gamma Q^3n}{B^3h^{13/3}}\frac{\mathrm{d}n}{\mathrm{d}t}\tag{6.23}$$

当河流调整到相对平衡状态时，有 $\frac{\mathrm{d}\Phi_V}{\mathrm{d}t}=0$。设糙率为常数，即 $\frac{\mathrm{d}n}{\mathrm{d}t}=0$。由式(6.23)得

$$-\frac{3\gamma Q^3n^2}{B^4h^{13/3}}\frac{\mathrm{d}B}{\mathrm{d}t}=\frac{13\gamma Q^3n^2}{3B^3h^{16/3}}\frac{\mathrm{d}h}{\mathrm{d}t}\tag{6.24}$$

简化式(6.24)得

$$\frac{\mathrm{d}B}{B}=-\frac{13\mathrm{d}h}{9h}\tag{6.25}$$

对式(6.25)两端积分并整理可得

$$\frac{B^{\frac{9}{13}}}{h}=\zeta\tag{6.26}$$

式中，河相指数 $m=\frac{9}{13}=0.6923$；ζ 为河相系数。

该河相指数介于阿尔图宁(C. T. Алтунин)利用苏联中亚细亚地区河流资料得出的横断面河相关系式(6.27)中的河相指数之间。

$$\frac{B^m}{h}=\zeta\tag{6.27}$$

式中，m 为河相指数，平原河段的取值为 0.5～0.8；ζ 为河相系数。

经验性河相关系式尽管形式多样，河相系数和指数也不同，但基于最小能耗率原理一般可推导出这些河相指数，而且基于最小能耗率原理推导的河相关系，计算结果也都非常接近天然河流的实测值。这些从另一个侧面说明河流在相对平衡状态时遵循最小能耗率原理。相对平衡状态下的河床几何形态可根据最小能耗率原理确定。

6.4　稳定弯道曲率分析

弯曲型河流是自然界中分布较广的一种河型，也是较为稳定的河型，在河道整治中常选择一些弯曲适度的稳定河段作为整治的模范河段。鉴于弯曲型河流的重要性，吸引了众多学者对其进行研究。尽管弯曲型河流是最为稳定的河型，但在自然界常常会看到一些弯曲河段从微弯河段发展演变为环形河段，最后在河环狭颈处发生自然裁弯现象。这是因为弯道内水流及泥沙运动规律有着与顺直河段不同的特殊规律。当水流流过弯道时，受离心力影响，表层水流流向凹岸，然

后潜入河底流向凸岸，再翻至表层流向凹岸，形成封闭的横向环流。在横向环流作用下，弯道凹岸崩退和凸岸淤长，使河流弯曲程度不断加剧，当河弯发展到一定程度时，河环狭颈变得很窄，则在洪水时容易被冲开，使河流自然裁弯取直发展成新河。新河又会重新发展成弯曲河流，如此周而复始地演变，这是弯曲河段演变的基本规律之一。在自然界中也有许多弯曲河段长期保持某种平面形态不变，具有相当的稳定性，这种平面形态的弯道常具有适度的弯道曲率。弯道曲率是指弯道中心曲率半径 R_c 与河宽 B 之比，即 R_c/B。不同的弯道曲率，其水流能耗率也不同。也就是说，弯道的水流能耗率与弯道曲率密切相关。

巴格诺尔德(R. A. Bagnold)[102]通过分析弯曲管道的试验资料，认为弯管的水流总阻力 F_f 等于横向环流产生的惯性阻力 F_a 和管壁的摩擦阻力 F_b 之和，用公式表示为

$$F_f=F_a+F_b=A\rho v^2\left(\beta\frac{D}{R_c}+4C_s\varphi\frac{R_c}{D}\right) \tag{6.28}$$

其中阻力系数 f 为

$$f=\beta\frac{D}{R_c}+4C_s\varphi\frac{R_c}{D} \tag{6.29}$$

式中，D 为管径；A 为管道断面面积；R_c 为弯管的曲率半径；φ 为弯管的中心角；ρ 为水密度；v 为断面平均流速；β 为比例系数；C_s 为管壁摩擦系数。

式(6.29)表达的阻力系数由两项组成：一项与管道曲率 R_c/D 成正比，另一项与 R_c/D 成反比。因而，一定存在着某一临界 R_c/D 值，使阻力系数 f 为最小值。通过点绘 90°弯管阻力系数 f 与 R_c/D 的关系，发现 R_c/D 在 2～3 范围内，阻力系数 f 最小(图 6.3)。阻力系数最小也就是弯管中的水流能耗率达到最小。虽然这一结果是通过分析弯管试验资料得出的，但对弯道水流也同样适用，即弯道也存在着某一临界 R_c/D 值，使水流阻力系数为最小，能耗率达到最小。

Leopold 等[98,103]通过对自然界不同地域和不同大小的弯曲型河流形态分析研究，发现 2/3 河流的弯道曲率 R_c/B 为 1.5～4.3，平均值为 2.7。他们认为这绝不是偶然的巧合，而是因为弯曲河流的弯道曲率在这个范围内，水流的能耗率最小。

张海燕[81,98]认为弯曲河流单位河长的能耗率由两项组成：一项是顺流向的沿程阻力；另一项是横向环流引起的阻力，即

$$\Phi_l=\gamma QJ=\gamma Q(J_l+J_r) \tag{6.30}$$

或

$$J=J_l+J_r \tag{6.31}$$

式中，J 为总坡降；J_l 为纵向坡降；J_r 为横向坡降。

张海燕利用式(6.31)，再通过联立求解水流连续方程、运动方程、输沙公式及

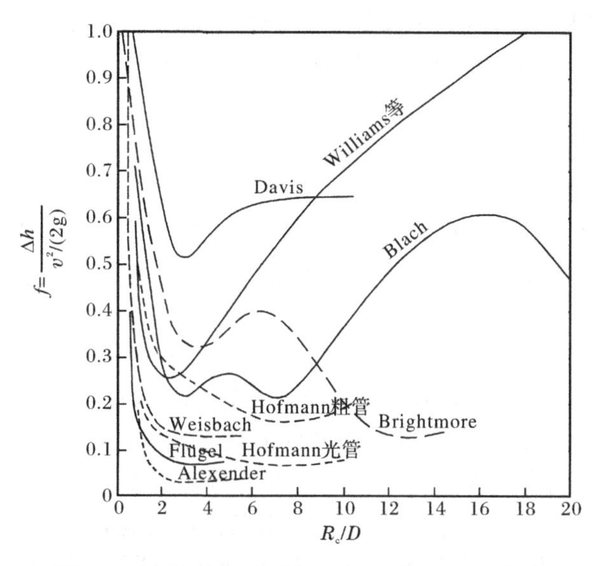

图 6.3　90°弯管阻力系数 f 与 R_c/D 的关系曲线

与弯曲河流有关的物理条件，对图 6.4 中弯曲河流上的 a、b、c 三个断面分别进行了计算。最后对计算结果进行分析得出在 c 断面（弯道曲率最大断面），当 R_c/B 为 3.2 时，水流的能耗率最小，该理论值与 Leopold 等从天然河流实测资料得出的平均值 2.7 非常接近。这表明，弯曲河流的弯道曲率 R_c/B 约为 3 时，弯道水流的能耗率最小，此时的河弯也最为稳定。这实质上也反映了河流的动力反馈调整的内在机理，通过调整弯道曲率，力图建立河流能耗率最小的河型。

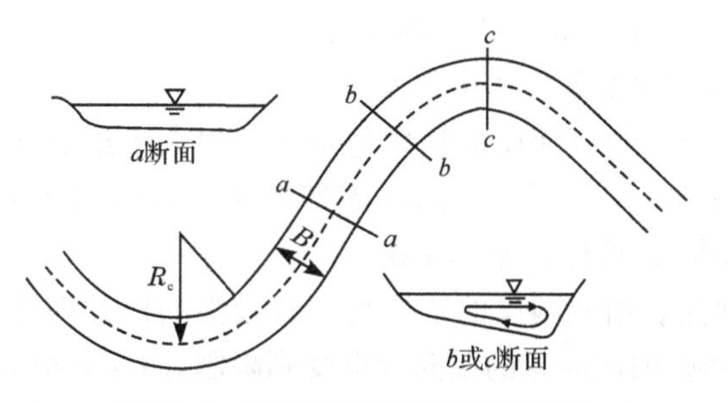

图 6.4　弯曲河流几何形态示意图

6.5　河型成因分析

冲积河流由于河段所在位置的差异，来水来沙条件以及河床边界条件各不相同，因此河床演变的过程也错综复杂、多种多样。对于同一条河流，不同的河段其河床形态和演变规律也各有不同，会形成各种不同的河型。冲积河流一般划分为4种基本类型：①蜿蜒或弯曲型；②顺直或顺直微弯型；③分汊或江心洲型；④游荡或散乱型。

关于河型成因，目前众说纷纭，归纳起来主要有地貌界限假说[104,105]、河岸和河底组成物质的相对可动性假说[106]、稳定型理论[107]、随机理论[108]和统计分析理论[109]等。这些河型成因观点大多强调外界影响因素，如地形地貌、河岸河底的相对可动性及来水来沙条件等对河型形成的作用，而忽视了河流本身内部影响因素[110]。

河流是一个开放系统，其演变过程必然同时受到内部因素和外界因素影响。河流之所以会形成不同的河型，正是河流内部的能耗率或熵产生和约束河流的各种外界条件共同作用的结果。河流内部的能耗率或熵产生是形成不同河型的根本原因，各种外界约束条件是形成不同河型的重要因素。在自然界，经常看到同一条河流从河源到河口，由于沿程外界约束条件的变化，会呈现出不同的河型。这是因为河流为了适应外界约束条件变化，只能通过调整河型达到减小能耗率或熵产生的目的。河流在调整河型过程中，以外界约束条件允许的各种途径，如增加河宽、减小坡降等方式减小能耗率或熵产生，朝着河流相对平衡状态方向发展演变，当到达相对平衡状态时，河流能耗率或熵产生为最小值。如果河流以减小坡降方式减小能耗率或熵产生，则河流就可能发展成为弯曲型河流。如果河流以增加河宽方式减小能耗率或熵产生，则河流可能发展成为分汊型或游荡型河流。但河流究竟以何种方式减小能耗率或熵产生，这取决于外界约束条件。外界约束条件包括河流来水来沙条件和河床边界条件，如前所述，对河型影响最大的外界因素为河床边界条件，其次是来水来沙条件。

形成不同河型的主要外界约束条件如下。

(1) 弯曲型河流。组成河岸的物质稳定性一般大于组成河底的物质稳定性，且两岸抗冲性能存在一定差异。河道径流量年内变幅小，中长期长。水流含沙量较小，在较长时间内，河段输沙基本平衡。

(2) 顺直型河流。组成两岸的物质均具有较强的抗冲性能，如黏土及粉沙黏土等，河岸甚难冲刷，因而河床的横向变形受到限制，而河底组成物质为中、细沙。

(3) 分汊型河流。组成河岸和河底的物质不均匀，在河段上下游往往有较稳定的节点。河道年内径流变幅小，水流含沙量也不大，河段基本上处于输沙平衡状态。

(4) 游荡型河流。组成河岸和河底的物质均为较细颗粒的泥沙，黏土含量小，抗冲性能较差，易冲易淤，河岸和河底的可动性均较大。河道年径流较小且变幅大，洪枯悬殊，洪水暴涨暴落，来沙量及含沙量偏大。

总之，冲积河流不同河型形成的原因就是河流为了使其能耗率或熵产生趋于最小值,在所处外界约束条件的限制和要求下,进行自动调整的结果。

6.6　不同河型的能耗率及其变化

不同河型的能耗率或熵产生是不同的。下面以黄河下游河道为例,计算分析不同河型的能耗率及其变化过程[111]。黄河下游是典型的冲积河流,在小浪底水库运用前,黄河下游已经形成了游荡型、过渡型和弯曲型 3 种典型河型。孟津白鹤—高村为游荡型河段,高村—陶城铺为过渡型河段,陶城铺以下为弯曲型河段,其中利津以下为河口段,如图 6.5 所示。修建河道整治工程以及小浪底水库以后,黄河下游河型逐渐发生变化。河型变化将直接影响河道整治、防洪工程建设、水利枢纽调度运用等重大治河实践的决策,因此必须进行深入研究,才能做出可靠估计。

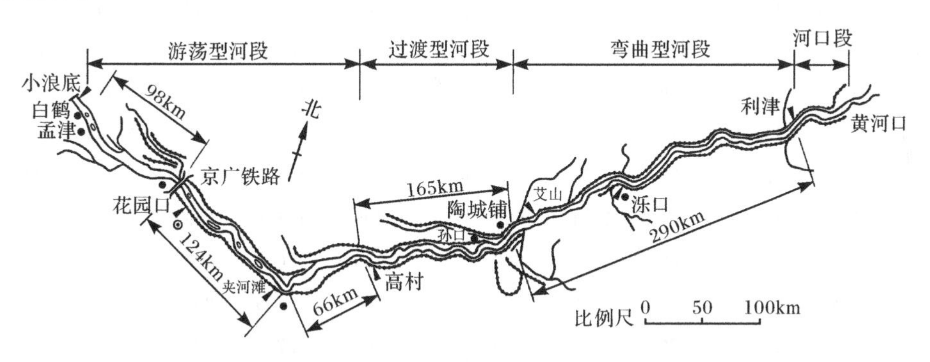

图 6.5　黄河下游 7 个水文站的位置及各河段实际形成的河型

1. 黄河下游 6 个河段实测资料

根据系统理论,可以把任何一条河流系统按河段分为数个相对独立的河段子系统。选择两个水文站之间的河段为研究对象,把每一个河段看成一个相对独立的河段子系统。据此,将黄河下游花园口、夹河滩、高村、孙口、艾山、泺口和利津 7 个水文站(图 6.5)之间的 6 个河段看成 6 个子系统。利用这 7 个水文站 1972 年、1973 年、1975～1980 年、1982 年、1985 年、1987 年、1988 年和 1991～2000 年共计 21 年的水文年鉴中所列的月平均水文资料及黄河水利委员会实测资料,分别计算了 6 个河段各年平均水文要素值(表 6.8),依据这些实测水文要素值研究了每一河段单位水流功率随时间的变化特征。

表 6.8　黄河下游 6 个河段 21 年的实测水文要素值

河段	年份	坡降 /($\times10^{-4}$)	河宽 /m	水深 /m	流量 /(m^3/s)	河段	年份	坡降 /($\times10^{-4}$)	河宽 /m	水深 /m	流量 /(m^3/s)
花园口—夹河滩	1972	1.796	697	1.08	923	夹河滩—高村	1972	1.530	605	1.18	903
	1973	1.797	758	1.16	1117		1973	1.518	614	1.22	1111
	1975	1.749	827	1.42	1698		1975	1.535	585	1.63	1642
	1976	1.771	649	1.64	1635		1976	1.513	549	1.65	1589
	1978	1.699	562	1.41	1074		1978	1.581	595	1.26	1016
	1979	1.736	577	1.40	1149		1979	1.525	491	1.51	1112
	1980	1.768	648	1.13	868		1980	1.500	616	1.19	820
	1982	1.753	700	1.46	1325		1982	1.468	691	1.41	1277
	1985	1.768	614	1.67	1455		1985	1.474	549	1.86	1426
	1987	1.758	385	1.42	684		1987	1.495	327	1.59	616
	1988	1.774	429	1.62	1082		1988	1.495	380	1.68	995
	1991	1.758	374	1.45	722		1991	1.482	396	1.25	657
	1992	1.769	679	1.58	814		1992	1.496	401	1.34	759
	1993	1.770	401	1.64	934		1993	1.538	389	1.53	894
	1994	1.669	439	1.54	940		1994	1.642	400	1.49	902
	1995	1.588	387	1.25	723		1995	1.739	368	1.15	665
	1996	1.583	429	1.31	839		1996	1.723	504	0.99	776
	1997	1.587	330	1.03	419		1997	1.718	323	0.95	357
	1998	1.605	353	1.41	661		1998	1.682	370	1.19	605
	1999	1.606	311	1.40	647		1999	1.547	370	1.12	564
	2000	1.575	280	1.55	509		2000	1.649	356	1.16	464
高村—孙口	1972	1.145	464	1.48	866	孙口—艾山	1972	1.200	383	1.81	832
	1973	1.143	603	1.48	1078		1973	1.196	496	1.88	1032
	1975	1.137	510	1.84	1605		1975	1.228	410	2.49	1595
	1976	1.127	494	1.74	1568		1976	1.163	423	2.40	1617
	1978	1.163	426	1.45	964		1978	1.199	346	2.04	933
	1979	1.160	414	1.59	1078		1979	1.182	368	2.02	1041
	1980	1.153	426	1.40	769		1980	1.177	342	2.04	731
	1982	1.168	513	1.58	1217		1982	1.176	397	2.08	1158
	1985	1.153	449	2.15	1376		1985	1.155	380	2.39	1307
	1987	1.160	363	1.54	571		1987	1.216	292	2.37	521

续表

河段	年份	坡降 /(×10⁻⁴)	河宽 /m	水深 /m	流量 /(m³/s)	河段	年份	坡降 /(×10⁻⁴)	河宽 /m	水深 /m	流量 /(m³/s)
高村—孙口	1988	1.206	390	1.61	950	孙口—艾山	1988	1.218	329	2.12	866
	1991	1.160	388	1.44	617		1991	1.194	311	2.00	587
	1992	1.162	376	1.42	703		1992	1.111	276	2.12	648
	1993	1.102	410	1.75	867		1993	1.169	329	2.06	811
	1994	1.126	423	1.37	872		1994	1.218	361	1.86	850
	1995	1.126	392	1.18	627		1995	1.172	319	1.87	601
	1996	1.144	463	1.38	700		1996	1.207	300	1.93	648
	1997	1.155	279	1.21	300		1997	1.259	189	1.90	245
	1998	1.178	341	1.37	558		1998	1.224	242	2.08	523
	1999	1.165	340	1.35	510		1999	1.245	237	2.04	448
	2000	1.165	362	1.24	384		2000	1.235	259	1.99	362
艾山—泺口	1972	1.007	287	2.52	793	泺口—利津	1972	0.902	495	2.54	734
	1973	1.002	266	2.50	978		1973	0.907	245	2.46	916
	1975	0.983	285	3.35	1579		1975	0.917	284	3.11	1530
	1976	0.994	285	3.40	1500		1976	0.912	301	3.13	1445
	1978	1.017	496	2.72	904		1978	0.927	234	2.72	833
	1979	1.076	258	2.82	998		1979	0.908	254	2.68	911
	1980	0.997	245	2.66	698		1980	0.924	259	2.24	630
	1982	1.002	529	2.82	1085		1982	0.955	276	2.52	983
	1985	0.992	294	3.19	1296		1985	0.925	345	2.97	1268
	1987	1.028	196	2.82	449		1987	0.934	169	2.03	378
	1988	1.027	200	2.79	774		1988	0.939	220	2.18	671
	1991	0.999	204	2.75	536		1991	0.936	188	2.37	443
	1992	1.013	180	2.60	576		1992	0.987	163	2.17	475
	1993	1.002	225	2.65	723		1993	0.940	225	2.28	633
	1994	0.998	240	2.63	801		1994	0.983	223	2.37	721
	1995	1.212	201	2.44	551		1995	0.802	188	1.85	472
	1996	1.000	200	2.25	601		1996	0.992	183	2.24	527
	1997	1.442	127	1.96	178		1997	0.930	132	1.17	99
	1998	1.016	164	2.52	471		1998	0.957	182	1.83	439
	1999	1.012	170	2.22	371		1999	0.956	198	1.60	273
	2000	1.004	175	2.18	300		2000	0.975	185	1.44	209

2. 黄河下游 6 个河段单位水流功率计算

根据表 6.8 的实测资料，利用单位水流功率计算公式 $\Phi_N = vJ$ 计算了黄河下游 6 个河段 21 年的单位水流功率，并研究其随时间变化趋势，如图 6.6 所示。从图 6.6 中可以看出，6 个河段的单位水流功率的大小依次是花园口—夹河滩河段、夹河滩—高村河段、高村—孙口河段、孙口—艾山河段、艾山—泺口河段和泺口—利津河段。花园口—夹河滩河段和夹河滩—高村河段是典型的游荡型河段，该类河型的单位水流功率最大；艾山—泺口河段和泺口—利津河段属于弯曲河段，该类河型的单位水流功率最小；高村—孙口河段和孙口—艾山河段为过渡型河段，该类河型的单位水流功率介于游荡河型和弯曲河型的单位水流功率之间。因此，过渡型河段的特点是具有游荡型与弯曲型河段的双重特点。

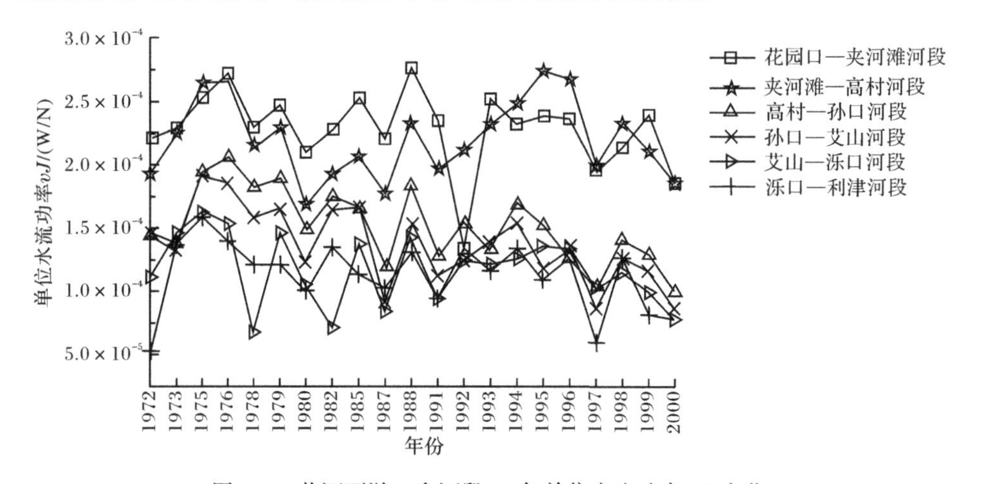

图 6.6　黄河下游 6 个河段 21 年单位水流功率 vJ 变化

不同河型都是来水来沙与河床边界相互作用的结果，因此上游来水来沙条件变化与河槽两岸兴建控导工程（改变河床边界）对黄河下游河型转化必定会产生影响。如前所述，对河型影响最大的外界约束条件是河床边界条件，其次是来水来沙条件。来水来沙条件对河型影响相对较小，而且在自然条件下改变难度也较大，而通过修建河道整治工程来改变河床边界条件促使河道向稳定河型发展相对容易实施。

从 20 世纪 50 年代初，开始在黄河下游有计划地开展河道整治。当对河道进行整治而改变河床边界后，河流开始调整演变，在调整过程中单位水流功率变化不是单调递减或递增，而是时大时小，变化过程较为复杂（图 6.6），但变化幅度越来越小并趋于最小值。当河流调整到相对平衡状态时，单位水流功率为与新的河床边界条件相适应的最小值。但由于河流的相对平衡是动态平衡，所以单位水流功率即使是最小值，也仍围绕着最小值的平均值存在波动。

图6.6还表明，花园口—夹河滩和夹河滩—高村游荡型河段21年的单位水流功率变化幅度一直较大，表明游荡型河段在调整过程中还没有达到相对平衡状态，这是因为大量控导工程的兴建对黄河下游游荡型河段的河势变化起到了一定程度的控制，但因为工程密度、工程长度有限，对主流的约束较差，致使主流摆幅虽有减小但仍然很大；高村—孙口和孙口—艾山过渡型河段的单位水流功率越来越接近艾山—泺口和泺口—利津弯曲型河段的单位水流功率，并且变化幅度也越来越小，表明此段河型越来越趋向弯曲型河道且逐渐趋于相对平衡状态，过渡型河段以1949～1960年为整治前，以1979～1990年为整治后，整治前后主流线最大摆动范围由5400m减少到1850m，平均摆动范围由1802m减小到753m，减少58%，平均摆动强度由425m/a减小到160m/a，减少62%，过渡型河段经过整治，其游荡特性已逐渐消失，越来越接近弯曲形态的特征[112]；艾山—泺口和泺口—利津弯曲型河段的21年单位水流功率变化幅度越来越小，说明该河段已经接近相对平衡状态。需要特别说明：由于1997年10月28日小浪底截流，泺口—利津河段出现断流，使其在1997年的单位水流功率变化幅度突然增大，1997年之后，该河段的单位水流功率又恢复到原来的变化幅度，趋于相对平衡状态。

综上所述，可得到以下几点结论。

(1) 通过实测数据计算了黄河下游6个河段21年的单位水流功率，对比6个河段3种河型的单位水流功率可知，游荡型河段的单位水流功率最大，弯曲型河段的单位水流功率最小，过渡型河段的单位水流功率介于游荡型和弯曲型河段的单位水流功率之间。这也说明，单位水流功率越大的河型越不稳定，单位水流功率越小的河型越稳定，弯曲型河段的单位水流功率最小，所以也是最为稳定的河型。

(2) 研究表明黄河下游花园口—夹河滩和夹河滩—高村游荡型河段21年的单位水流功率变化幅度较大，说明这两个河段的游荡特性至今没有得到改善，远离相对平衡状态。高村—孙口和孙口—艾山过渡型河段的单位水流功率逐渐下降且自20世纪90年代中期以来变化幅度不大，其游荡特性已逐渐消失，越来越趋近相对平衡状态。艾山—泺口和泺口—利津弯曲型河段21年的单位水流功率围绕着其平均值变化幅度越来越小，接近于相对平衡状态。

(3) 当河流处于相对平衡状态时，河流的单位水流功率为相应外界约束条件下的最小值。但由于河流的相对平衡是动态平衡，所以单位水流功率即使是最小值，也仍围绕着最小值的平均值存在波动。

6.7 河型转化中的耗散结构和混沌

在自然界，由于气候的变迁、地壳构造变化和人类活动，最后都有可能导致河型转化发生，这种转化是相互的。众多资料表明，河型转化是河流在远离相对平衡态后外界约束条件超过某一临界值而发生的突变[110]。这种突变相当于热力学中的非平衡相变，是由外界约束条件的渐变引起的从量变到质变的一个过程。

河型转化可以用耗散结构和混沌理论来解释。河流是一个开放系统，在发展演变过程中，既可以从外界获得负熵流，也可以获得正熵流，这取决于外界约束条件的变化。河流的状态有有序的一面，也有混沌的一面。负熵流促使河流朝有序化方向发展，正熵流促使河流朝无序化方向发展。如前所述，开放系统在远离平衡定态后存在着发展演变的多种可能性，而其表现就是系统存在着分岔或分支点现象。通过分岔突变，可能达到两种不同的状态：一种是耗散结构；一种是混沌态。耗散结构意味着有序；混沌态意味着无序。在自然界中，绝大部分现象不是有序的，而是无序的。所以，混沌态是自然界普遍存在的一种现象，而耗散结构只不过是混沌态的一种特例。耗散结构与混沌态在河型转化过程中交替出现，就可能会形成不同的河型[113,114]。

冲积河流在发展演变过程中总是试图建立水流能耗率或熵产生最小的河型，在建立这种河型过程中，又受到外界约束条件的限制。在顺直型、游荡型、分汊型和弯曲型几种河型中，弯曲型河流水流能耗率或熵产生最小，也是较为稳定的河型，所以也更加有序化。这就是为什么冲积河流无论其初始河型如何，如果外界约束条件允许河流向弯曲型河流发展演变，那么河流会首先选择弯曲型河流作为其发展演变的目标。河流在发展演变过程中总是倾向于弯曲型河流，将导致形成有序化的耗散结构。弯曲型河流也有可能向分汊型、游荡型河流转化，但这种转化导致形成无序化的混沌态。可见，河流在试图建立弯曲型河流过程中，同时仍伴随有无序化过程。有序化和无序化两个过程是伴生的，没有无序化的过程，也就没有有序化的过程。无序化是熵增过程，有序化是熵减过程。河流演变由近平衡态区域进入远离平衡态区域后，通过涨落使原有的河型失稳而突变形成新的河型，是有其发展演变历史的。判断转化后的河型属于耗散结构还是混沌态，必须考查河流的发展演变历史。如果河型转化后，新河型较原有的河型更加稳定，则新河型属于耗散结构。如果转化后，新河型的稳定性较原有的河型更差，则新河型就处于混沌态。

河流可能以两种不同的状态存在，即近平衡态和远离平衡态。河流处于近平衡态或相对平衡状态时，最小能耗率原理或最小熵产生原理保证了河流的稳定性，在这种状态下，河流具有一定的抗干扰能力，河型转化不会发生。河流处于远离平衡态时，在外界约束条件变化超过某一临界值后，由于河流水沙运动所引起的随机涨落通过相干效应不断地被放大，一个微小涨落就有可能使原有的河型失稳而突变到一个新的河型。在这种状态下，河型转化就有可能发生。

河型转化是否会发生，可根据河流的熵变判断。河流的熵变 dS 由两项组成，即

$$dS=d_eS+d_iS$$

式中，d_eS 为河流与外界交换能量和物质所引起的熵变，称为熵流，其值可正、可负或为零，一般说来没有确定的符号；d_iS 为河流发生不可逆过程所产生的熵变，称为熵产生，根据热力学第二定律，熵产生 d_iS 永远是正值。

根据 d_eS 与 d_iS 之间的关系可简单判断河流所处的状态。

(1) 当 $dS=d_eS+d_iS=0$ 时，即 $d_eS=-d_iS$，河流处于相对平衡状态，河型转化绝不会发生。

(2) 当 $dS=d_eS+d_iS>0$ 时，即 $d_eS>-d_iS$；或 $dS=d_eS+d_iS<0$ 时，即 $d_eS<-d_iS$，河流偏离相对平衡状态，但仍位于近平衡态区域。在这种情况下，河流通过自动调整，最终有可能会重新恢复相对平衡状态，河型转化仍不会发生。

(3) 当 $dS=d_eS+d_iS\ll 0$ 时，即 $d_eS\ll -d_iS$，河流处于远离平衡态区域，河流外界约束条件变化强烈，河型转化就有可能发生。

河型转化经历了这样一个过程：旧河型失稳→突变→新河型形成。在新河型形成之后，河流通过自动调整，重建相对平衡状态，水流的能耗率或熵产生又降至最小值，河流重新恢复稳定性。新河型的形成和维持，需要有适合它的外界约束条件，否则，即便形成后也不会维持，可能还会向其他河型转化。

关于河型转化是否可能发生的定量判断标准详见第 8 章基于超熵产生的河型稳定判别。

6.8　小　　结

河流自动调整，在近平衡态线性区遵循最小能耗率原理或最小熵产生原理，其调整演变过程表现为逐渐趋向于与外界约束条件相适应的相对平衡状态。在相对平衡状态河流的能耗率或熵产生为最小值。当作用在河流上的外界约束条件发生变化后，河流就会离开原来的相对平衡状态，寻求与新的外界约束条件相适应的相对平衡状态。在这个调整过程中，河流的能耗率或熵产生并不是单调减少，而是有增有减，直到新的相对平衡状态，能耗率或熵产生一定是与新的外界约束条件相适应的最小值。由于河流的相对平衡是动态平衡，所以能耗率或熵产生即使是最小值，也仍围绕着最小值的平均值存在波动。河流处于远离平衡态非线性区时，其演变过程可以经受突变，导致河型发生转化。河型转化是在外界约束

条件变化超过某一临界值后，原有的河型失稳而突变到一个新的河型现象，这种突变相当于热力学中的非平衡相变。

影响河床演变的外界约束条件包括来水来沙条件和河床边界条件。然而，来水来沙条件和河床边界条件对河床演变影响的权重不同。基于信息熵和相关系数两种方法，利用我国一些冲积河流实测资料，分别求出影响河床演变的各个因素的权重。在外界约束条件中，河床边界条件对河床演变影响权重最大，其次是来水来沙条件。

冲积河流在水流长期作用下，通过自动调整，有可能形成与相对平衡状态相对应的河相关系。基于最小能耗率原理从理论上所寻求的河相关系，具有明确的物理意义，所得到的相对平衡状态下的河床几何形态也与实测资料相吻合。弯道的水流能耗率与弯道曲率密切相关，当弯曲河流的弯道曲率约为 3 时，弯道水流的能耗率最小，此时的河弯也最为稳定。这实质上也是反映了河流的动力反馈调整的内在机理，通过调整弯道曲率，力图建立河流能耗率最小的河型。

冲积河流的河床演变受外界约束条件的限制，会形成不同河型。不同河型的形成或转化也是河流自动调整的结果。河流之所以会形成不同的河型，正是河流内部的能耗率或熵产生和约束河流的各种外界条件共同作用的结果。河流在调整河型过程中，以外界约束条件允许的各种途径，如增加河宽、减小坡降等方式减小能耗率或熵产生，朝着河流相对平衡状态方向发展演变，但河流究竟以何种方式减小能耗率或熵产生，这取决于外界约束条件。如果河流以减小坡降方式减小能耗率或熵产生，则河流就可能发展成为弯曲型河流。如果河流以增加河宽方式减小能耗率或熵产生，则河流可能发展成为分汊型或游荡型河流。河型转化可以用耗散结构和混沌理论来解释。耗散结构与混沌态在河型转化过程中交替出现，就可能会形成不同的河型。判断转化后的河型属于耗散结构还是混沌态，必须考查河流的发展演变历史。如果河型转化后，新河型较原有的河型更加稳定，则新河型属于耗散结构。如果转化后，新河型的稳定性较原有的河型更差，则新河型就处于混沌态。

不同河型的能耗率或熵产生是不同的。通过分析计算黄河下游 3 种不同河型 21 年的单位水流功率逐年变化可知，游荡型河段的能耗率或熵产生最大，弯曲型河段的能耗率或熵产生最小，过渡型河段的能耗率或熵产生介于游荡型和弯曲型河段的能耗率之间。这也说明，能耗率或熵产生越大的河型越不稳定，能耗率或熵产生越小的河型越稳定。弯曲型河段的能耗率或熵产生最小，所以也是最为稳定的河型。

第7章 基于多元时间序列的不同河型混沌特性分析

河流系统是一个具有自动调整功能的复杂开放系统，具有产生混沌的基本条件，即对初始条件的敏感性和内在随机性。因而，河流具有混沌特性是可能的[115]。本章以混沌理论为基础，对黄河下游6个河段3种不同的河型，分别进行混沌特性分析。分析结果表明，河流具有明显的混沌特性，但不同河型表现出的混沌特性不同。

7.1 河流混沌特性分析方法

目前混沌理论在水科学领域中的应用研究主要集中在降水[116~121]、径流[122~125]、洪水[126~128]和含沙量[129~131]等方面的混沌特性分析。这些研究都只是针对系统中的某一变量时间序列进行混沌特性分析，通过对这个时间序列进行重构，对系统的混沌特性做出识别。

河流是含有多元变量时间序列的复杂非线性动力系统，其动态特性通常包含在多元变量的演变轨迹中。因此，不能只对系统中的某一变量时间序列进行混沌分析，这样得出来的系统演变信息往往是片面的和不全面的，而是需要对多元变量时间序列逐一进行混沌特性分析，在此基础上，对这些多元变量时间序列的混沌特性进行加权平均，这样才能对含有多元变量时间序列的复杂非线性动力系统的混沌特性做出全面而正确的识别。

影响河床演变的外界条件包括河床边界条件和来水来沙条件，不同的外界条件所形成的河型也不同。所以，河床演变所表现出的混沌特性，完全取决于这些外界条件。通过分析这些外界条件的混沌特性，可以揭示出河流系统的混沌特性。其中河床边界条件主要包括宽深比、糙率和坡降等；来水来沙条件主要包括流量、含沙量和沉速等。经过混沌特性识别，发现糙率、坡降和沉速这些时间序列不存在混沌特性，只有宽深比、径流量和含沙量时间序列存在混沌特性。因此，在对河流系统进行混沌特性识别时，只对宽深比、径流量和含沙量时间序列进行混沌特性分析。

7.2 河流混沌特性分析实例

7.2.1 黄河下游6个河段月宽深比、月径流量和月含沙量实测资料

根据黄河下游花园口、夹河滩、高村、孙口、艾山、泺口和利津7个水文站之间的6个河段，即花园口—夹河滩河段、夹河滩—高村河段、高村—孙口河段、孙口—艾山河段、艾山—泺口河段和泺口－利津河段，1991～2000年共计10年的月宽深比、月径流量和月含沙量实测水文资料(时间序列长度共计120月，见表7.1～表7.6)进行了不同河型混沌特性分析研究。其中花园口—夹河滩河段和夹河滩—高村河段为游荡型河段，高村—孙口河段和孙口—艾山河段为游荡型向弯曲型过渡型河段，艾山—泺口河段和泺口—利津河段为弯曲型河段。

表7.1 花园口—夹河滩河段实测水文资料

年份	月份	坡降 /($\times10^{-4}$)	糙率 /($s/m^{1/3}$)	流量 /(m^3/s)	含沙量 /(kg/m^3)	沉速 /(mm/s)	宽深比 B/h
1991	1	1.724	0.013	548	7.12	0.559	216.78
	2	1.731	0.013	794	8.85	0.671	222.78
	3	1.736	0.012	1055	8.12	0.833	203.91
	4	1.738	0.011	1021	6.51	1.110	311.72
	5	1.750	0.012	794	4.95	1.135	318.52
	6	1.743	0.012	1510	38.25	1.135	327.33
	7	1.754	0.018	408	44.30	1.135	318.03
	8	1.771	0.010	608	42.30	1.135	373.39
	9	1.783	0.015	682	22.30	1.135	390.70
	10	1.805	0.013	328	10.71	0.606	223.68
	11	1.775	0.018	309	6.41	0.753	126.28
	12	1.783	0.015	608	11.29	0.572	153.18
1992	1	1.789	0.034	250	6.13	0.728	94.15
	2	1.798	0.033	388	8.92	0.732	159.49
	3	1.766	0.020	900	11.20	0.784	429.41
	4	1.764	0.026	740	7.86	1.021	335.26
	5	1.752	0.024	465	6.60	1.231	291.28
	6	1.771	0.019	348	9.17	0.548	426.42
	7	1.762	0.024	422	22.90	0.355	664.15
	8	1.774	0.027	2130	63.45	0.830	1004.05
	9	1.790	0.029	1615	37.65	0.419	601.04
	10	1.750	0.019	1015	14.00	0.517	554.17
	11	1.737	0.019	770	9.04	0.874	375.17
	12	1.775	0.021	719	8.65	0.701	362.34

续表

年份	月份	坡降/(×10^{-4})	糙率/(s/m$^{1/3}$)	流量/(m^3/s)	含沙量/(kg/m^3)	沉速/(mm/s)	宽深比B/h
1993	1	1.776	0.017	479	7.64	0.427	111.17
	2	1.772	0.013	713	9.46	0.666	153.67
	3	1.772	0.012	1085	10.05	0.894	281.76
	4	1.764	0.011	1018	7.83	0.895	289.33
	5	1.769	0.017	739	4.88	1.126	317.45
	6	1.780	0.017	352	4.38	0.761	172.92
	7	1.739	0.016	1040	36.40	0.405	325.75
	8	1.771	0.016	2100	41.90	0.556	423.21
	9	1.787	0.011	1385	17.20	0.520	252.02
	10	1.775	0.010	832	12.10	0.763	246.15
	11	1.763	0.013	740	9.13	1.006	197.55
	12	1.769	0.014	725	9.74	0.781	195.83
1994	1	1.779	0.015	624	8.12	0.797	169.59
	2	1.742	0.013	672	8.32	0.840	148.59
	3	1.725	0.013	989	9.11	0.981	208.29
	4	1.715	0.014	1125	8.81	0.917	264.77
	5	1.743	0.013	627	5.89	1.449	294.66
	6	1.804	0.017	289	4.68	0.633	300.93
	7	1.584	0.015	1520	47.40	0.440	508.70
	8	1.601	0.013	1900	92.90	0.809	443.02
	9	1.607	0.011	1280	49.45	0.520	236.67
	10	1.582	0.012	511	9.22	0.849	293.44
	11	1.587	0.011	794	13.10	0.751	271.43
	12	1.558	0.010	953	15.80	0.649	290.34
1995	1	1.544	0.011	505	7.27	0.532	263.41
	2	1.558	0.012	623	7.39	1.098	248.55
	3	1.561	0.012	789	8.10	0.700	301.42
	4	1.570	0.010	844	7.58	1.050	327.82
	5	1.623	0.011	335	3.97	1.341	326.60
	6	1.628	0.018	103	0.94	1.207	279.75
	7	1.598	0.013	563	68.05	0.678	304.72
	8	1.586	0.009	1505	65.55	0.480	494.74
	9	1.595	0.008	1715	57.60	0.466	404.73
	10	1.593	0.011	594	11.61	0.451	253.49
	11	1.592	0.010	575	8.57	0.683	219.55
	12	1.590	0.010	526	9.35	0.573	270.34

续表

年份	月份	坡降 /(×10^{-4})	糙率 /(s/m$^{1/3}$)	流量 /(m^3/s)	含沙量 /(kg/m^3)	沉速 /(mm/s)	宽深比 B/h
1996	1	1.575	0.017	277	3.93	0.949	140.56
	2	1.603	0.018	274	5.59	0.732	198.46
	3	1.601	0.011	734	9.68	1.052	282.48
	4	1.678	0.010	846	9.02	0.814	391.06
	5	1.616	0.008	526	5.02	1.103	356.12
	6	1.610	0.010	423	8.12	0.725	362.89
	7	1.610	0.011	809	90.10	0.691	414.05
	8	1.559	0.014	2690	65.00	0.480	503.59
	9	1.557	0.008	1500	23.65	0.675	416.43
	10	1.561	0.009	722	9.54	0.628	359.83
	11	1.547	0.010	823	10.14	0.582	230.41
	12	1.528	0.016	446	7.61	0.618	192.00
1997	1	1.537	0.016	310	5.21	0.684	182.96
	2	1.562	0.012	441	7.70	0.635	221.26
	3	1.549	0.012	849	10.27	0.833	313.89
	4	1.602	0.009	755	7.58	0.774	458.88
	5	1.597	0.010	433	4.90	1.049	446.74
	6	1.615	0.020	105	2.19	1.047	335.06
	7	1.608	0.040	85	4.61	0.440	2072.73
	8	1.622	0.013	888	100.65	0.684	266.46
	9	1.587	0.010	457	12.75	0.717	380.00
	10	1.581	0.011	258	7.33	0.792	327.27
	11	1.593	0.017	157	3.89	0.743	265.93
	12	1.587	0.013	291	4.87	0.797	238.18
1998	1	1.571	0.018	211	5.17	0.573	121.43
	2	1.607	0.013	317	8.44	0.650	108.55
	3	1.635	0.014	683	10.79	0.758	132.46
	4	1.620	0.013	683	9.64	0.613	214.74
	5	1.599	0.014	441	9.24	0.499	188.03
	6	1.595	0.011	831	10.48	0.707	259.59
	7	1.576	0.016	1350	64.95	0.477	487.58
	8	1.601	0.011	1450	36.00	0.427	304.14
	9	1.616	0.009	754	17.15	0.466	366.09
	10	1.650	0.009	395	7.47	0.591	356.52
	11	1.637	0.013	258	5.05	0.757	249.02
	12	1.612	0.012	557	10.75	0.573	290.32

续表

年份	月份	坡降 /(×10⁻⁴)	糙率 /(s/m$^{1/3}$)	流量 /(m^3/s)	含沙量 /(kg/m^3)	沉速 /(mm/s)	宽深比 B/h
1999	1	1.617	0.012	437	6.14	0.774	239.67
	2	1.617	0.012	418	7.76	0.520	216.67
	3	1.516	0.009	995	9.05	0.647	272.22
	4	1.606	0.011	759	6.32	0.992	280.88
	5	1.605	0.012	458	3.42	1.402	225.40
	6	1.709	0.011	436	4.12	1.022	235.90
	7	1.592	0.010	1400	110.14	0.376	282.42
	8	1.600	0.010	870	19.09	0.374	220.53
	9	1.611	0.011	894	16.15	0.518	187.28
	10	1.600	0.012	506	11.03	0.646	191.43
	11	1.590	0.015	305	5.52	0.746	167.91
	12	1.583	0.017	289	5.20	0.821	150.35
2000	1	1.578	0.022	266	4.07	0.618	76.14
	2	1.575	0.017	415	7.39	0.837	110.81
	3	1.574	0.013	712	10.62	1.108	166.47
	4	1.566	0.013	851	8.45	1.179	172.97
	5	1.605	0.013	479	6.00	1.474	185.92
	6	1.504	0.011	382	4.26	1.489	225.86
	7	1.585	0.018	520	6.19	0.775	153.63
	8	1.613	0.018	323	4.04	1.530	202.92
	9	1.592	0.012	393	4.36	1.641	212.10
	10	1.579	0.012	578	5.52	1.991	271.97
	11	1.590	0.012	625	6.08	1.437	279.39
	12	1.557	0.016	559	4.76	1.494	203.70

表 7.2　夹河滩—高村河段实测水文资料

年份	月份	坡降 /(×10⁻⁴)	糙率 /(s/m$^{1/3}$)	流量 /(m^3/s)	含沙量 /(kg/m^3)	沉速 /(mm/s)	宽深比 B/h
1991	1	1.494	0.016	505	7.31	0.519	196.82
	2	1.487	0.012	716	10.35	0.463	210.76
	3	1.478	0.010	1005	10.95	0.683	240.63
	4	1.488	0.009	957	8.40	0.720	1403.13
	5	1.469	0.011	704	5.84	0.836	315.50
	6	1.455	0.010	1405	36.50	0.318	398.00
	7	1.473	0.020	307	31.20	0.198	396.36
	8	1.480	0.011	566	36.50	0.231	444.76
	9	1.487	0.012	642	18.75	0.268	395.83
	10	1.490	0.014	257	7.85	0.297	338.54
	11	1.502	0.020	271	4.45	0.392	183.45
	12	1.478	0.013	549	8.49	0.479	218.88

续表

年份	月份	坡降 /($\times 10^{-4}$)	糙率 /($s/m^{1/3}$)	流量 /(m^3/s)	含沙量 /(kg/m^3)	沉速 /(mm/s)	宽深比 B/h
1992	1	1.449	0.019	244	4.40	0.523	114.65
	2	1.498	0.018	294	7.94	0.539	103.51
	3	1.484	0.010	836	12.10	0.547	240.67
	4	1.490	0.009	696	8.44	0.647	313.11
	5	1.513	0.011	415	7.12	0.792	353.40
	6	1.547	0.012	232	8.59	0.364	455.26
	7	1.516	0.013	331	15.95	0.407	638.75
	8	1.451	0.009	1930	78.65	0.507	499.34
	9	1.469	0.010	1605	37.85	0.352	293.68
	10	1.523	0.010	1015	14.90	0.482	355.15
	11	1.535	0.011	797	10.65	0.670	266.20
	12	1.481	0.012	711	10.26	0.558	252.74
1993	1	1.465	0.015	479	6.80	0.379	189.47
	2	1.571	0.012	653	11.15	0.608	165.06
	3	1.623	0.010	1020	12.15	0.771	228.75
	4	1.628	0.010	917	9.05	0.639	264.34
	5	1.607	0.012	738	6.13	0.895	412.40
	6	1.511	0.014	300	3.70	0.855	310.68
	7	1.528	0.013	985	30.35	0.327	352.00
	8	1.496	0.010	2030	37.25	0.518	319.23
	9	1.502	0.009	1345	19.30	0.574	234.71
	10	1.528	0.011	817	12.75	0.670	236.18
	11	1.505	0.013	747	9.76	0.775	227.67
	12	1.495	0.014	701	10.44	0.679	173.03
1994	1	1.496	0.013	616	9.55	0.662	179.50
	2	1.512	0.012	632	9.52	0.666	2101.99
	3	1.551	0.011	941	11.25	0.721	208.24
	4	1.548	0.011	1100	11.80	0.737	196.72
	5	1.543	0.010	608	7.07	0.980	282.79
	6	1.588	0.017	189	3.56	0.669	242.16
	7	1.698	0.014	1450	39.55	0.373	381.76
	8	1.706	0.012	1825	77.45	0.486	409.52
	9	1.748	0.011	1220	45.65	0.487	280.12
	10	1.783	0.013	493	9.05	0.585	274.19
	11	1.775	0.010	787	14.30	0.514	267.67
	12	1.751	0.010	964	18.60	0.602	277.93

续表

年份	月份	坡降 /(×10^{-4})	糙率 /(s/$m^{1/3}$)	流量 /(m^3/s)	含沙量 /(kg/m^3)	沉速 /(mm/s)	宽深比 B/h
1995	1	1.745	0.015	479	7.52	0.532	328.33
	2	1.760	0.013	537	8.55	0.635	270.00
	3	1.765	0.011	693	9.97	0.719	231.43
	4	1.745	0.010	725	8.68	0.778	290.48
	5	1.713	0.007	254	4.86	0.990	289.47
	6	1.742	0.022	42	0.60	1.096	221.54
	7	1.728	0.010	493	59.10	0.497	360.00
	8	1.733	0.009	1435	58.90	0.578	399.28
	9	1.749	0.008	1645	54.20	0.434	402.11
	10	1.752	0.010	587	11.20	0.373	372.90
	11	1.736	0.011	562	9.05	0.576	297.46
	12	1.699	0.012	533	8.93	0.515	324.58
1996	1	1.727	0.022	231	2.87	0.661	277.88
	2	1.778	0.019	205	5.26	0.527	175.41
	3	1.713	0.012	605	11.55	0.738	340.83
	4	1.607	0.009	739	10.02	0.681	387.39
	5	1.706	0.007	476	6.36	0.768	393.02
	6	1.712	0.010	297	7.80	0.664	314.44
	7	1.708	0.010	721	68.80	0.479	430.00
	8	1.706	0.023	2630	46.10	0.446	2103.66
	9	1.751	0.008	1475	24.05	0.568	2300.00
	10	1.753	0.009	702	10.85	0.564	441.18
	11	1.76	0.010	826	11.80	0.465	365.83
	12	1.753	0.014	406	6.36	0.537	341.28
1997	1	1.733	0.020	272	3.93	0.456	301.77
	2	1.780	0.014	303	6.17	0.575	300.00
	3	1.736	0.011	797	11.80	0.796	344.62
	4	1.699	0.008	717	9.76	0.735	480.61
	5	1.700	0.011	388	5.13	0.910	456.32
	6	1.710	0.057	52	1.73	0.680	326.56
	7	1.733	0.075	28	2.95	0.559	350.00
	8	1.696	0.010	718	83.40	0.538	355.08
	9	1.711	0.010	407	13.85	0.481	437.50
	10	1.746	0.012	196	7.86	0.426	302.44
	11	1.688	0.019	132	3.96	0.486	216.67
	12	1.688	0.016	269	4.99	0.595	233.63

续表

年份	月份	坡降 /(×10⁻⁴)	糙率 /(s/m^{1/3})	流量 /(m³/s)	含沙量 /(kg/m³)	沉速 /(mm/s)	宽深比 B/h
1998	1	1.712	0.022	185	5.06	0.517	124.29
	2	1.765	0.015	212	8.17	0.527	135.48
	3	1.708	0.010	610	14.20	0.611	287.50
	4	1.675	0.010	630	12.15	0.56	397.17
	5	1.669	0.011	427	8.30	0.463	368.69
	6	1.689	0.011	746	13.55	0.538	383.33
	7	1.716	0.010	1225	53.25	0.477	402.86
	8	1.667	0.009	1405	34.50	0.359	340.67
	9	1.663	0.009	721	17.90	0.500	437.14
	10	1.637	0.011	337	6.74	0.465	328.42
	11	1.635	0.015	259	3.92	0.564	248.62
	12	1.645	0.014	506	9.94	0.464	341.32
1999	1	1.640	0.016	362	6.21	0.529	239.68
	2	1.689	0.015	269	5.45	0.472	264.15
	3	1.661	0.008	897	14.25	0.631	345.83
	4	1.639	0.009	712	8.32	0.663	397.22
	5	1.555	0.010	393	5.69	0.929	364.89
	6	1.520	0.012	355	4.80	0.770	342.86
	7	1.666	0.008	1140	75.65	0.293	382.31
	8	1.663	0.010	695	21.80	0.230	337.19
	9	1.660	0.006	838	17.90	0.378	339.02
	10	0.600	0.010	549	14.30	0.499	374.53
	11	1.636	0.016	264	6.51	0.393	319.61
	12	1.636	0.017	293	4.91	0.490	273.91
2000	1	1.688	0.026	219	3.04	0.417	135.90
	2	1.647	0.021	353	7.65	0.559	188.82
	3	1.677	0.011	612	12.80	0.669	307.50
	4	1.664	0.010	749	11.85	0.647	337.10
	5	1.612	0.010	425	7.11	0.799	413.83
	6	1.758	0.012	301	4.78	0.792	336.56
	7	1.634	0.011	555	8.26	0.628	360.00
	8	1.639	0.013	289	4.62	1.102	354.35
	9	1.651	0.011	355	5.68	0.842	278.85
	10	1.620	0.010	575	8.04	1.105	416.19
	11	1.582	0.012	606	8.57	1.048	367.80
	12	1.614	0.013	525	6.04	1.089	330.00

表 7.3　高村—孙口河段实测水文资料

年份	月份	坡降 /(×10^{-4})	糙率 /(s/$m^{1/3}$)	流量 /(m^3/s)	含沙量 /(kg/m^3)	沉速 /(mm/s)	宽深比 B/h
1991	1	1.158	0.016	485	7.02	0.427	228.39
	2	1.165	0.014	694	10.07	0.476	198.28
	3	1.174	0.011	953	12.30	0.628	234.68
	4	1.162	0.008	918	10.50	0.627	337.59
	5	1.164	0.010	620	6.27	0.768	364.17
	6	1.145	0.009	1350	37.20	0.303	318.87
	7	1.16	0.031	268	21.00	0.143	255.26
	8	1.133	0.013	574	32.90	0.205	367.46
	9	1.155	0.010	631	18.00	0.268	324.60
	10	1.172	0.022	209	5.76	0.196	205.30
	11	1.175	0.018	228	3.36	0.235	221.95
	12	1.156	0.016	478	7.39	0.310	236.00
1992	1	1.172	0.021	227	2.84	0.358	184.78
	2	1.188	0.020	206	4.78	0.343	92.94
	3	1.159	0.010	765	13.10	0.547	267.36
	4	1.165	0.009	627	9.12	0.593	330.83
	5	1.168	0.010	367	5.33	0.684	386.17
	6	1.190	0.014	136	6.00	0.398	344.87
	7	1.184	0.023	258	13.90	0.407	240.88
	8	1.182	0.008	1755	72.40	0.392	297.67
	9	1.136	0.008	1550	10.40	0.338	308.48
	10	1.131	0.009	1035	14.90	0.423	338.73
	11	1.134	0.013	813	10.45	0.577	275.63
	12	1.133	0.016	695	10.60	0.543	226.82
1993	1	1.129	0.022	490	7.09	0.334	183.60
	2	1.088	0.019	608	11.35	0.503	120.26
	3	1.057	0.019	913	14.40	0.578	125.86
	4	1.058	0.021	820	9.40	0.529	131.78
	5	1.066	0.011	724	7.48	0.819	304.29
	6	1.132	0.019	253	2.78	0.777	387.62
	7	1.110	0.009	975	29.60	0.310	326.39
	8	1.105	0.008	2050	37.00	0.498	269.27
	9	1.112	0.007	1355	19.50	0.555	327.52
	10	1.120	0.009	803	18.60	0.608	332.06
	11	1.126	0.012	741	13.55	0.698	319.58
	12	1.119	0.013	676	8.96	0.679	285.23

续表

年份	月份	坡降 /(×10⁻⁴)	糙率 /(s/m^{1/3})	流量 /(m³/s)	含沙量 /(kg/m³)	沉速 /(mm/s)	宽深比 B/h
1994	1	1.112	0.013	592	8.81	0.551	285.92
	2	1.122	0.012	604	8.41	0.548	308.21
	3	1.128	0.009	923	11.00	0.594	317.14
	4	1.132	0.008	1070	12.60	0.627	309.79
	5	1.128	0.008	586	6.29	0.834	369.52
	6	1.165	0.015	117	2.28	0.387	327.63
	7	1.125	0.009	1395	35.80	0.323	295.27
	8	1.121	0.008	1780	72.80	0.392	291.06
	9	1.113	0.008	1195	44.50	0.383	301.32
	10	1.112	0.012	462	59.73	0.359	318.03
	11	1.128	0.009	778	64.08	0.627	320.77
	12	1.131	0.010	965	17.75	0.587	298.00
1995	1	1.112	0.016	487	9.48	0.532	339.85
	2	1.122	0.013	491	8.58	0.578	340.00
	3	1.128	0.010	581	10.20	0.669	308.13
	4	1.132	0.009	585	8.25	0.611	369.91
	5	1.128	0.008	200	5.31	0.885	394.20
	6	1.165	0.019	16	0.19	0.658	304.88
	7	1.125	0.012	447	58.10	0.516	340.68
	8	1.121	0.008	1415	60.50	0.578	316.77
	9	1.113	0.007	1640	55.40	0.383	293.37
	10	1.112	0.010	613	9.32	0.592	337.19
	11	1.128	0.011	544	8.46	0.576	337.40
	12	1.131	0.014	499	7.80	0.487	340.16
1996	1	1.148	0.028	199	1.99	0.415	212.95
	2	1.185	0.026	108	3.32	0.321	105.04
	3	1.165	0.016	431	11.00	0.645	227.03
	4	1.145	0.010	625	11.80	0.663	328.80
	5	1.143	0.010	391	9.30	0.727	280.73
	6	1.152	0.018	204	5.53	0.392	155.97
	7	1.108	0.010	667	71.10	0.373	305.38
	8	1.133	0.019	2495	31.20	0.446	949.72
	9	1.133	0.007	1410	23.00	0.399	342.57
	10	1.133	0.009	682	10.10	0.487	342.74
	11	1.142	0.009	821	12.30	1.512	337.12
	12	1.142	0.020	367	5.70	0.410	264.58

续表

年份	月份	坡降 /(×10^{-4})	糙率 /(s/$m^{1/3}$)	流量 /(m^3/s)	含沙量 /(kg/m^3)	沉速 /(mm/s)	宽深比 B/h
1997	1	1.078	0.034	252	2.09	0.356	244.59
	2	1.205	0.020	159	2.98	0.454	153.54
	3	1.062	0.010	726	11.40	0.646	291.97
	4	1.155	0.008	707	10.30	0.735	400.00
	5	1.152	0.015	361	4.39	0.725	223.53
	6	1.180	0.047	23	1.02	0.228	213.33
	7	1.164	0.013	6	1.38	0.492	195.65
	8	1.168	0.010	554	73.90	0.368	326.27
	9	1.188	0.012	332	14.50	0.282	278.38
	10	1.166	0.024	127	10.10	0.218	172.50
	11	1.174	0.027	115	3.89	0.252	171.31
	12	1.166	0.020	242	4.43	0.348	170.23
1998	1	1.162	0.021	185	2.87	0.386	122.67
	2	1.168	0.021	132	9.00	0.285	137.30
	3	1.166	0.011	509	13.70	0.501	261.24
	4	1.163	0.010	549	12.50	0.529	320.83
	5	1.162	0.012	389	6.97	0.651	264.46
	6	1.172	0.008	691	16.40	0.558	311.38
	7	1.145	0.008	1090	48.00	0.477	343.26
	8	1.420	0.008	1480	35.90	0.376	308.18
	9	1.137	0.009	722	18.20	0.419	390.52
	10	1.147	0.018	259	4.92	0.339	202.27
	11	1.151	0.024	252	2.58	0.422	156.44
	12	1.146	0.020	432	8.13	0.351	221.60
1999	1	1.157	0.019	306	6.00	0.409	233.33
	2	1.197	0.024	138	3.76	0.279	141.67
	3	1.152	0.009	832	14.30	0.545	257.82
	4	1.155	0.007	704	7.79	0.597	385.32
	5	1.218	0.015	311	5.63	0.609	217.05
	6	1.175	0.021	291	3.95	0.746	141.92
	7	1.145	0.008	1045	70.60	0.358	315.83
	8	1.158	0.009	633	25.00	0.218	399.09
	9	1.165	0.007	805	20.30	0.268	373.68
	10	1.146	0.011	545	15.70	0.35	336.07
	11	1.158	0.023	234	5.36	0.332	205.04
	12	1.158	0.025	277	4.10	0.474	142.86

续表

年份	月份	坡降 /(×10⁻⁴)	糙率 /(s/m^{1/3})	流量 /(m³/s)	含沙量 /(kg/m³)	沉速 /(mm/s)	宽深比 B/h
2000	1	1.163	0.027	187	2.11	0.314	121.08
	2	1.150	0.020	298	10.05	0.387	223.57
	3	1.164	0.016	455	9.94	0.458	233.11
	4	1.175	0.013	604	11.40	0.456	264.83
	5	1.165	0.019	335	6.26	0.534	258.39
	6	1.177	0.012	236	3.15	0.745	410.59
	7	1.173	0.009	560	8.38	0.538	413.59
	8	1.168	0.012	268	3.34	0.819	401.11
	9	1.165	0.013	338	5.02	0.633	311.93
	10	1.172	0.009	562	7.37	0.703	409.43
	11	1.161	0.011	286	7.46	0.560	350.00
	12	1.149	0.014	478	5.14	0.441	313.08

表 7.4　孙口—艾山河段实测水文资料

年份	月份	坡降 /($\times10^{-4}$)	糙率 /($s/m^{1/3}$)	流量 /(m^3/s)	含沙量 /(kg/m^3)	沉速 /(mm/s)	宽深比 B/h
1991	1	1.208	0.028	472	5.95	0.427	129.31
	2	1.178	0.023	673	10.52	0.533	118.65
	3	1.190	0.018	839	14.05	0.628	144.21
	4	1.208	0.014	850	12.08	0.645	196.79
	5	1.203	0.014	533	7.34	0.835	239.19
	6	1.202	0.012	1355	40.45	0.332	197.67
	7	1.173	0.034	278	14.55	0.212	165.78
	8	1.137	0.018	651	30.65	0.245	213.59
	9	1.190	0.014	632	17.25	0.281	186.29
	10	1.203	0.034	164	4.66	0.196	87.05
	11	1.224	0.028	183	2.65	0.235	104.00
	12	1.213	0.027	418	7.37	0.298	125.00
1992	1	1.102	0.036	223	1.68	0.396	97.22
	2	1.200	0.027	150	2.27	0.229	55.88
	3	1.225	0.018	620	9.99	0.547	126.48
	4	1.186	0.018	511	9.29	0.593	148.44
	5	1.211	0.027	291	4.06	0.589	122.68
	6	1.246	0.062	66	3.93	0.343	82.86
	7	1.210	0.036	193	11.03	0.508	80.65
	8	1.060	0.012	1670	69.65	0.426	137.08
	9	0.389	0.013	1525	42.50	0.354	168.07
	10	1.175	0.012	1035	17.05	0.440	203.13
	11	1.157	0.016	814	10.50	0.663	178.26
	12	1.168	0.022	675	9.86	0.515	154.67

续表

年份	月份	坡降 /(×10^{-4})	糙率 /(s/$m^{1/3}$)	流量 /(m^3/s)	含沙量 /(kg/m^3)	沉速 /(mm/s)	宽深比 B/h
1993	1	1.168	0.032	467	6.84	0.301	107.72
	2	1.192	0.029	494	11.70	0.489	72.05
	3	1.208	0.026	719	18.05	0.628	664.71
	4	1.157	0.025	655	11.35	0.610	81.94
	5	1.171	0.015	635	9.21	0.950	181.42
	6	1.210	0.043	184	3.00	0.819	150.56
	7	1.170	0.014	957	31.75	0.339	190.55
	8	1.159	0.011	2105	39.05	0.517	165.91
	9	1.137	0.011	1360	20.10	0.637	206.90
	10	1.170	0.013	766	12.35	0.721	217.65
	11	1.143	0.016	732	8.63	0.755	215.30
	12	1.146	0.020	662	10.58	0.695	184.80
1994	1	1.170	0.023	545	9.97	0.506	188.32
	2	1.125	0.021	609	9.45	0.504	195.45
	3	1.149	0.013	876	12.80	0.561	215.76
	4	1.162	0.012	964	16.50	0.610	208.90
	5	1.184	0.012	519	7.77	0.857	260.29
	6	1.171	0.029	68	2.12	0.488	184.85
	7	1.127	0.013	1430	35.55	0.391	181.90
	8	1.321	0.011	1870	73.00	0.426	174.90
	9	1.650	0.010	1185	44.50	0.352	190.72
	10	1.243	0.032	404	6.96	0.458	198.77
	11	1.167	0.014	766	14.85	0.649	171.79
	12	1.148	0.014	963	19.05	0.572	180.58
1995	1	1.157	0.025	494	12.65	0.504	173.27
	2	1.148	0.023	489	9.51	0.578	167.00
	3	1.225	0.029	425	10.40	0.561	113.08
	4	1.179	0.021	499	8.69	0.611	168.06
	5	1.271	0.027	116	5.01	0.790	189.66
	6	1.040	0.047	4	0.05	0.137	61.59
	7	1.171	0.031	411	65.85	0.516	165.24
	8	1.149	0.011	1455	63.10	0.480	193.90
	9	1.157	0.010	1755	56.70	0.399	183.63
	10	1.203	0.013	597	9.25	0.688	209.38
	11	1.202	0.019	509	8.90	0.576	217.26
	12	1.165	0.020	456	8.27	0.515	220.61

续表

年份	月份	坡降 /($\times 10^{-4}$)	糙率 /($s/m^{1/3}$)	流量 /(m^3/s)	含沙量 /(kg/m^3)	沉速 /(mm/s)	宽深比 B/h
1996	1	1.244	0.030	180	2.02	0.465	100.00
	2	1.298	0.038	54	1.33	0.298	62.84
	3	1.273	0.027	257	12.85	0.681	109.42
	4	1.235	0.018	492	13.15	0.663	186.63
	5	1.189	0.023	286	11.30	0.819	146.75
	6	1.273	0.038	110	5.20	0.235	70.43
	7	1.206	0.015	622	10.45	0.373	158.82
	8	1.132	0.020	2540	29.45	0.498	224.60
	9	1.173	0.010	1400	25.70	0.399	198.54
	10	1.194	0.014	655	9.37	0.517	191.48
	11	1.130	0.014	819	12.75	0.647	194.15
	12	1.140	0.029	366	7.10	0.449	152.48
1997	1	1.433	0.068	214	1.58	0.567	93.51
	2	1.297	0.053	91	1.58	0.484	33.59
	3	1.479	0.021	630	14.10	0.646	110.17
	4	1.184	0.013	669	10.50	0.794	228.93
	5	1.210	0.024	299	4.98	0.769	96.60
	6	1.208	0.025	8	0.27	0.151	136.67
	7	1.119	0.020	0	0.00	0.162	79.73
	8	1.254	0.016	389	63.55	0.35	188.74
	9	1.254	0.024	237	15.00	0.327	101.09
	10	1.225	0.071	81	12.15	0.230	63.93
	11	1.194	0.052	106	3.59	0.213	86.08
	12	1.246	0.022	220	3.72	0.310	68.00
1998	1	1.289	0.023	146	2.18	0.281	102.01
	2	1.270	0.029	89	13.20	0.262	96.38
	3	1.227	0.020	418	13.90	0.454	116.83
	4	1.216	0.020	482	12.65	0.480	126.57
	5	1.213	0.022	342	6.86	0.835	100.00
	6	1.203	0.015	617	18.85	0.704	124.51
	7	1.144	0.015	1013	52.75	0.536	147.84
	8	1.163	0.013	1580	36.65	0.444	152.16
	9	1.197	0.015	754	20.95	0.323	172.08
	10	1.278	0.032	205	4.59	0.39	88.12
	11	1.233	0.034	239	3.00	0.77	66.53
	12	1.259	0.033	393	10.29	0.376	99.21

续表

年份	月份	坡降 /(×10⁻⁴)	糙率 /(s/m^{1/3})	流量 /(m³/s)	含沙量 /(kg/m³)	沉速 /(mm/s)	宽深比 B/h
1999	1	1.276	0.038	278	6.65	0.466	103.06
	2	1.402	0.055	49	1.82	0.146	44.32
	3	1.244	0.016	727	16.05	0.561	125.00
	4	1.217	0.011	640	9.23	0.527	219.21
	5	1.249	0.022	251	5.21	0.684	103.89
	6	1.210	0.033	230	3.59	0.815	60.24
	7	1.227	0.013	989	71.40	0.317	167.94
	8	1.241	0.014	494	29.10	0.218	196.77
	9	1.208	0.013	695	22.65	0.295	158.29
	10	1.195	0.020	532	18.35	0.291	161.73
	11	1.208	0.029	230	4.44	0.256	89.32
	12	1.262	0.031	264	3.74	0.509	48.36
2000	1	1.302	0.034	167	2.24	0.442	50.85
	2	1.275	0.032	268	11.30	0.364	110.73
	3	1.262	0.038	330	8.74	0.370	80.60
	4	1.210	0.022	489	10.91	0.380	123.04
	5	1.248	0.028	284	5.76	0.479	118.97
	6	1.254	0.027	175	1.98	0.681	185.40
	7	1.216	0.016	541	9.35	0.639	168.72
	8	1.222	0.030	253	3.50	0.918	151.70
	9	1.224	0.028	329	4.95	0.787	121.95
	10	1.211	0.017	544	7.95	0.682	167.39
	11	1.175	0.022	531	8.60	0.576	164.18
	12	1.219	0.025	432	6.61	0.441	179.37

表7.5　艾山—泺口河段实测水文资料

年份	月份	坡降 /(×10⁻⁴)	糙率 /(s/m^{1/3})	流量 /(m³/s)	含沙量 /(kg/m³)	沉速 /(mm/s)	宽深比 B/h
1991	1	0.981	0.035	462	4.96	0.363	42.13
	2	1.012	0.023	618	9.61	0.411	51.16
	3	1.014	0.017	674	13.85	0.478	73.76
	4	0.992	0.014	727	13.40	0.535	81.99
	5	1.021	0.020	422	7.28	0.616	79.92
	6	0.964	0.013	1310	42.00	0.290	108.51
	7	1.075	0.023	281	14.10	0.225	126.37
	8	0.924	0.018	703	28.35	0.270	124.90
	9	0.955	0.018	614	16.05	0.222	84.53
	10	1.055	0.046	154	4.23	0.177	48.34
	11	0.989	0.037	154	2.46	0.225	45.56
	12	1.006	0.032	316	5.25	0.264	62.54

续表

年份	月份	坡降 /($\times10^{-4}$)	糙率 /($s/m^{1/3}$)	流量 /(m^3/s)	含沙量 /(kg/m^3)	沉速 /(mm/s)	宽深比 B/h
1992	1	0.996	0.033	220	1.58	0.406	55.51
	2	1.057	0.029	120	1.65	0.240	48.31
	3	1.071	0.021	418	9.89	0.491	53.93
	4	1.061	0.019	357	9.02	0.512	68.83
	5	1.046	0.024	191	3.59	0.463	61.43
	6	1.047	0.060	29	3.56	0.235	43.11
	7	1.019	0.029	133	10.08	0.436	67.71
	8	1.027	0.013	1590	70.65	0.393	71.59
	9	0.864	0.012	1465	44.15	0.383	94.72
	10	0.997	0.016	975	19.05	0.516	85.37
	11	0.976	0.023	797	12.05	0.553	68.21
	12	0.996	0.022	612	11.36	0.487	88.77
1993	1	1.005	0.022	432	5.20	0.346	71.76
	2	1.009	0.022	385	9.17	0.393	68.09
	3	1.045	0.017	516	17.20	0.564	78.28
	4	1.026	0.017	479	11.35	0.610	99.54
	5	1.008	0.014	498	10.12	0.836	111.73
	6	1.029	0.030	11	3.99	0.746	75.29
	7	0.952	0.017	911	32.95	0.356	90.69
	8	0.965	0.011	2100	37.80	0.537	102.45
	9	1.009	0.013	1275	20.80	0.675	96.93
	10	0.990	0.020	689	12.80	0.664	73.67
	11	0.991	0.024	723	8.64	0.639	77.19
	12	0.993	0.022	653	11.50	0.605	77.93
1994	1	1.001	0.022	511	8.11	0.437	89.23
	2	1.000	0.022	592	10.05	0.491	98.10
	3	0.971	0.019	799	12.75	0.529	89.66
	4	1.070	0.014	767	18.00	0.593	94.74
	5	1.025	0.015	433	9.21	0.835	101.51
	6	0.973	0.073	40	2.31	0.351	71.35
	7	0.966	0.015	1455	32.95	0.407	95.65
	8	0.978	0.011	1960	67.85	0.378	107.89
	9	0.984	0.014	1125	41.80	0.384	103.97
	10	1.046	0.023	315	6.45	0.502	100.97
	11	0.973	0.018	692	11.73	0.477	67.00
	12	0.984	0.018	917	16.50	0.504	75.71

续表

年份	月份	坡降 /(×10⁻⁴)	糙率 /(s/m^{1/3})	流量 /(m³/s)	含沙量 /(kg/m³)	沉速 /(mm/s)	宽深比 B/h
1995	1	1.024	0.022	464	9.44	0.466	84.19
	2	1.015	0.021	459	9.25	0.503	86.99
	3	1.105	0.026	224	7.53	0.487	53.97
	4	0.992	0.020	432	9.34	0.611	84.39
	5	0.986	0.056	42	3.07	0.395	94.33
	6	3.576	0.056	2	0.00	0.000	26.67
	7	0.977	0.036	380	68.30	0.462	77.29
	8	0.971	0.015	1460	59.90	0.443	78.90
	9	0.970	0.013	1730	55.70	0.340	89.58
	10	0.969	0.017	540	8.74	0.454	92.44
	11	0.968	0.021	481	8.02	0.483	98.34
	12	0.995	0.021	403	8.91	0.573	107.87
1996	1	0.982	0.025	165	1.97	0.417	83.61
	2	1.035	0.030	31	0.78	0.288	66.96
	3	1.045	0.022	130	9.15	0.518	81.65
	4	1.016	0.017	338	9.67	0.593	111.89
	5	0.999	0.025	193	10.52	0.819	110.40
	6	1.000	0.069	32	6.19	0.199	100.75
	7	0.981	0.015	547	60.00	0.405	93.01
	8	0.963	0.013	2645	28.90	0.479	77.54
	9	0.981	0.012	1415	26.20	0.415	108.21
	10	0.975	0.018	591	8.35	0.418	79.62
	11	0.986	0.019	787	10.76	0.585	78.03
	12	1.033	0.029	340	5.70	0.402	87.85
1997	1	0.978	0.034	186	1.44	0.058	38.95
	2	1.080	0.067	40	0.88	0.420	23.67
	3	1.070	0.017	449	15.05	0.579	62.15
	4	0.991	0.017	519	9.33	0.690	102.23
	5	1.047	0.022	205	4.95	0.939	76.96
	6	3.487	0.019	4	0.02	0.000	31.82
	7	3.539	0.095	0	0.00	0.000	71.72
	8	0.989	0.023	265	50.25	0.350	100.00
	9	1.030	0.027	134	12.27	0.315	67.20
	10	1.009	0.069	56	10.45	0.305	59.70
	11	1.049	0.042	92	3.25	0.279	75.82
	12	1.031	0.019	188	3.37	0.268	79.55

续表

年份	月份	坡降 /(×10⁻⁴)	糙率 /(s/m^1/3)	流量 /(m³/s)	含沙量 /(kg/m³)	沉速 /(mm/s)	宽深比 B/h
1998	1	1.033	0.023	98	2.14	0.291	76.51
	2	1.022	0.024	56	9.65	0.279	67.97
	3	1.059	0.017	296	11.96	0.440	71.36
	4	1.044	0.016	365	13.00	0.480	77.57
	5	1.032	0.021	231	7.89	0.733	83.51
	6	0.981	0.015	504	20.70	0.768	82.02
	7	0.979	0.022	953	53.95	0.449	66.48
	8	0.971	0.016	1635	34.90	0.411	64.41
	9	0.990	0.019	773	24.65	0.295	68.03
	10	1.013	0.033	180	3.57	0.379	48.83
	11	1.007	0.029	231	2.84	0.697	46.15
	12	1.062	0.025	335	8.46	0.355	46.26
1999	1	1.013	0.030	235	4.98	0.368	40.83
	2	1.032	0.064	20	0.78	0.080	49.30
	3	1.044	0.015	564	16.65	0.436	72.62
	4	1.028	0.014	442	9.38	0.419	131.25
	5	1.016	0.018	193	4.58	0.554	109.03
	6	0.999	0.024	210	3.64	0.707	79.40
	7	0.981	0.015	938	68.35	0.225	77.67
	8	1.018	0.017	365	31.00	0.195	86.12
	9	1.003	0.014	528	19.85	0.227	85.20
	10	1.001	0.017	511	18.35	0.344	91.49
	11	0.989	0.026	226	4.49	0.256	81.04
	12	1.023	0.029	224	2.81	0.284	45.22
2000	1	0.993	0.033	134	2.14	0.330	45.73
	2	1.008	0.032	216	7.79	0.270	64.46
	3	1.014	0.030	239	9.02	0.321	55.00
	4	1.018	0.021	345	10.68	0.355	93.02
	5	1.009	0.021	240	6.16	0.379	110.73
	6	1.005	0.025	128	1.87	0.522	91.88
	7	1.010	0.014	462	10.10	0.618	91.79
	8	0.978	0.023	214	4.15	0.870	81.46
	9	1.006	0.022	268	4.72	0.710	73.85
	10	0.989	0.016	490	8.91	0.628	91.11
	11	1.018	0.021	478	10.26	0.443	88.21
	12	1.003	0.023	381	7.62	0.441	92.64

表 7.6　泺口—利津河段实测水文资料

年份	月份	坡降 /(×10^{-4})	糙率 /(s/$m^{1/3}$)	流量 /(m^3/s)	含沙量 /(kg/m^3)	沉速 /(mm/s)	宽深比 B/h
1991	1	0.926	0.034	456	3.74	0.303	58.96
	2	0.925	0.021	551	6.94	0.290	74.13
	3	0.953	0.017	450	11.20	0.357	95.02
	4	0.971	0.013	509	14.40	0.393	87.38
	5	0.921	0.025	274	9.05	0.382	78.70
	6	0.974	0.011	1190	42.95	0.290	11.37
	7	0.891	0.019	232	16.75	0.313	131.48
	8	0.954	0.016	661	29.30	0.285	133.48
	9	0.933	0.017	551	14.60	0.185	106.49
	10	0.906	0.045	139	3.51	0.138	74.45
	11	0.921	0.042	121	1.90	0.138	69.63
	12	0.951	0.035	177	4.03	0.126	66.67
1992	1	0.927	0.032	200	1.32	0.240	85.25
	2	0.912	0.031	81	1.16	0.224	37.68
	3	0.964	0.020	174	8.22	0.289	41.26
	4	0.957	0.017	165	6.36	0.339	61.45
	5	0.945	0.026	76	2.84	0.412	74.48
	6	1.489	0.030	6	1.58	0.124	114.29
	7	0.910	0.033	70	8.66	0.212	100.00
	8	0.976	0.010	1460	72.40	0.376	81.82
	9	0.955	0.011	1355	44.85	0.324	98.55
	10	0.935	0.014	897	18.35	0.379	84.95
	11	0.933	0.025	714	11.73	0.355	63.46
	12	0.944	0.021	500	8.92	0.381	87.26
1993	1	0.920	0.022	381	3.82	0.290	96.48
	2	0.960	0.018	283	5.52	0.216	89.06
	3	0.961	0.018	249	11.97	0.401	101.14
	4	0.963	0.015	296	8.78	0.500	105.75
	5	0.944	0.015	309	9.64	0.508	144.23
	6	0.908	0.040	44	5.97	0.839	193.88
	7	0.959	0.015	870	33.45	0.388	101.53
	8	0.950	0.010	2035	38.30	0.537	102.26
	9	0.932	0.011	1185	21.20	0.557	93.73
	10	0.942	0.018	601	12.55	0.551	78.97
	11	0.919	0.023	697	7.04	0.546	75.08
	12	0.927	0.019	644	8.10	0.475	84.89

续表

年份	月份	坡降 /(×10^{-4})	糙率 /(s/$m^{1/3}$)	流量 /(m^3/s)	含沙量 /(kg/m^3)	沉速 /(mm/s)	宽深比 B/h
1994	1	0.920	0.018	517	5.11	0.301	91.77
	2	0.929	0.018	545	7.59	0.366	100.00
	3	0.944	0.018	684	11.95	0.469	89.63
	4	0.923	0.012	518	22.40	0.527	102.02
	5	0.908	0.014	330	10.47	0.727	107.43
	6	1.569	0.013	12	1.08	0.000	55.77
	7	0.961	0.012	1380	33.70	0.372	96.27
	8	0.943	0.009	1915	66.65	0.328	102.02
	9	0.944	0.013	1050	39.85	0.37	99.25
	10	0.897	0.020	231	6.46	0.466	112.64
	11	0.922	0.022	618	8.56	0.477	82.01
	12	0.939	0.017	855	11.65	0.475	82.09
1995	1	0.920	0.019	454	4.22	0.328	106.76
	2	0.098	0.015	326	6.31	0.329	118.34
	3	0.960	0.009	58	2.76	0.198	98.72
	4	1.013	0.013	209	7.81	0.543	121.17
	5	0.967	0.048	12	3.67	0.176	141.67
	6	0.967	0.040	175	36.99	0.309	119.83
	7	0.940	0.034	337	70.30	0.442	98.04
	8	0.940	0.031	1405	61.00	0.480	79.08
	9	0.966	0.011	1600	58.70	0.340	86.03
	10	0.931	0.017	508	9.81	0.454	107.21
	11	0.940	0.021	452	5.17	0.355	109.65
	12	0.953	0.020	298	5.85	0.532	103.57
1996	1	0.893	0.050	149	1.09	0.275	80.33
	2	0.849	0.049	19	0.57	0.300	75.00
	3	0.934	0.048	43	2.93	0.220	62.66
	4	0.993	0.028	139	5.80	0.367	75.14
	5	0.980	0.046	75	6.32	0.442	80.92
	6	1.581	0.032	2	2.94	0.088	63.85
	7	0.944	0.017	489	63.50	0.356	95.20
	8	0.922	0.013	2580	30.80	0.518	72.58
	9	0.953	0.011	1365	25.55	0.399	101.79
	10	0.944	0.025	506	8.00	0.505	95.47
	11	0.947	0.022	715	8.18	0.450	82.62
	12	0.964	0.035	240	3.05	0.276	76.52

续表

年份	月份	坡降 /(×10⁻⁴)	糙率 /(s/m^{1/3})	流量 /(m³/s)	含沙量 /(kg/m³)	沉速 /(mm/s)	宽深比 B/h
1997	1	0.928	0.031	156	0.67	0.255	54.11
	2	0.863	0.071	13	0.42	0.186	49.23
	3	0.918	0.016	199	10.07	0.469	86.23
	4	0.970	0.018	335	8.82	0.496	130.34
	5	0.917	0.021	116	3.17	0.370	174.78
	6	0.930	0.028	0	0.00	0.000	0.00
	7	0.930	0.028	0	0.00	0.000	0.00
	8	0.943	0.035	143	39.95	0.256	147.80
	9	0.928	0.034	42	8.36	0.243	137.86
	10	0.948	0.048	26	4.92	0.252	116.35
	11	0.933	0.032	51	3.15	0.190	163.37
	12	0.949	0.018	108	2.34	0.107	129.66
1998	1	0.935	0.027	54	1.48	0.272	118.18
	2	0.910	0.038	2	2.66	0.192	112.37
	3	0.961	0.015	121	6.55	0.275	120.69
	4	0.954	0.015	863	8.62	0.409	119.71
	5	0.980	0.024	74	4.91	0.515	93.75
	6	0.968	0.010	435	22.20	0.661	148.03
	7	0.980	0.020	894	52.75	0.470	90.16
	8	0.971	0.013	1590	34.60	0.343	78.78
	9	0.974	0.016	713	31.20	0.488	96.83
	10	0.937	0.041	107	1.76	0.230	108.82
	11	0.969	0.025	177	1.82	0.234	93.89
	12	0.944	0.020	232	3.66	0.295	74.00
1999	1	0.933	0.028	202	2.28	0.330	74.88
	2	0.906	0.014	7	0.37	0.058	65.09
	3	0.960	0.018	298	8.92	0.182	108.70
	4	0.977	0.017	212	4.74	0.236	165.41
	5	0.975	0.014	106	3.32	0.370	204.49
	6	0.957	0.017	164	2.69	0.530	183.76
	7	0.965	0.014	831	63.90	0.252	101.59
	8	0.957	0.017	280	37.50	0.150	129.09
	9	0.984	0.012	349	13.80	0.118	153.74
	10	0.959	0.013	475	19.70	0.272	141.71
	11	0.966	0.021	202	3.78	0.190	146.36
	12	0.933	0.029	154	2.66	0.182	86.63

续表

年份	月份	坡降 /(×10⁻⁴)	糙率 /(s/m^1/3)	流量 /(m³/s)	含沙量 /(kg/m³)	沉速 /(mm/s)	宽深比 B/h
2000	1	0.936	0.030	119	1.62	0.193	70.27
	2	0.956	0.029	152	3.57	0.149	76.02
	3	0.997	0.018	145	4.72	0.221	91.28
	4	1.016	0.017	167	6.56	0.268	116.67
	5	0.994	0.016	130	4.77	0.232	157.27
	6	0.984	0.017	72	1.40	0.464	144.21
	7	0.987	0.010	282	8.84	0.517	154.03
	8	0.975	0.014	173	3.61	0.607	191.82
	9	0.966	0.015	157	2.85	0.518	170.18
	10	0.968	0.014	349	7.35	0.515	163.33
	11	0.956	0.016	449	8.08	0.460	141.85
	12	0.964	0.018	317	4.72	0.362	136.84

7.2.2 宽深比、径流量和含沙量时间序列的相空间重构

已知某一变量的离散时间序列$\{x_i|i=1,2,\cdots,N\}$，如果嵌入维数为m，延迟时间为τ，则由该时间序列形成的重构相空间如第3章式(3.1)所示，可以写成如下形式：

$$\begin{cases}\boldsymbol{X}_1=\{x_1,x_{1+\tau},\cdots,x_{1+(m-1)\tau}\}\\ \boldsymbol{X}_2=\{x_2,x_{2+\tau},\cdots,x_{2+(m-1)\tau}\}\\ \qquad\vdots\\ \boldsymbol{X}_l=\{x_l,x_{l+\tau},\cdots,x_{l+(m-1)\tau}\}\end{cases}$$

式中，m为相空间嵌入维数；τ为延迟时间；l为总相点数，$l=N-(m-1)\tau$；$\boldsymbol{X}_1$，$\boldsymbol{X}_2$，$\cdots$，$\boldsymbol{X}_l$为相空间序列。

1. 宽深比、径流量和含沙量时间序列嵌入维数的确定

分别采用第3章介绍的饱和关联维数(G-P)法和改进的虚假邻近点法(Cao方法)来确定月宽深比、月径流量和月含沙量时间序列的相空间嵌入维数m值。

1) 饱和关联维数法

根据第3章式(3.2)～式(3.4)，首先假设一系列嵌入维数$m=\{1,2,\cdots,20\}$，然后计算并绘制花园口—夹河滩河段、夹河滩—高村河段、高村—孙口河段、孙口—艾山河段、艾山—泺口河段和泺口—利津河段的月宽深比、月径流量和月含沙量时间序列在不同嵌入维数条件下的$\ln r_0$-$\ln C(r)$关系图，如图7.1(a)～(f)、图7.2(a)～(f)和图7.3(a)～(f)所示。

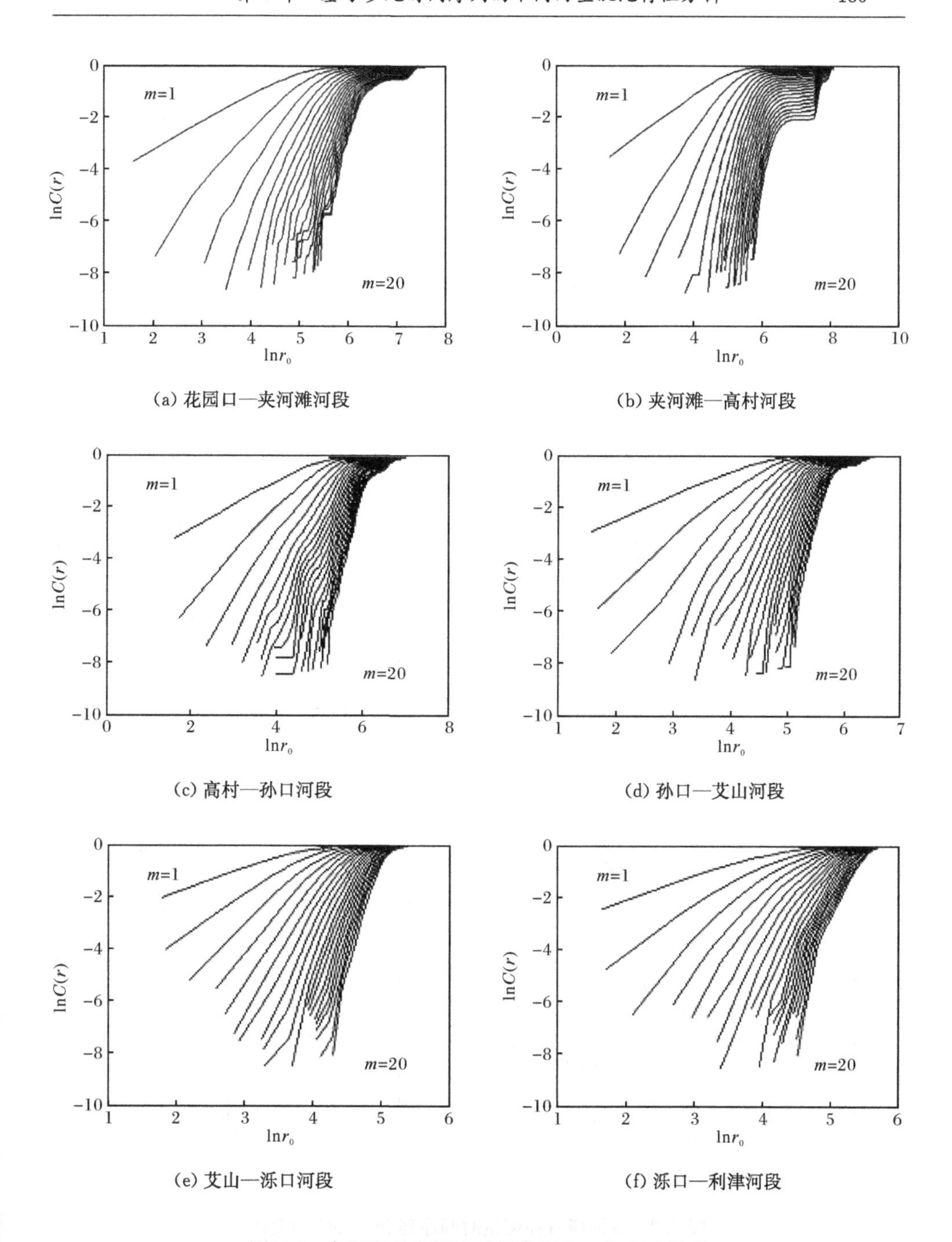

图 7.1　各河段月宽深比时间序列 $\ln r_0$-$\ln C(r)$关系

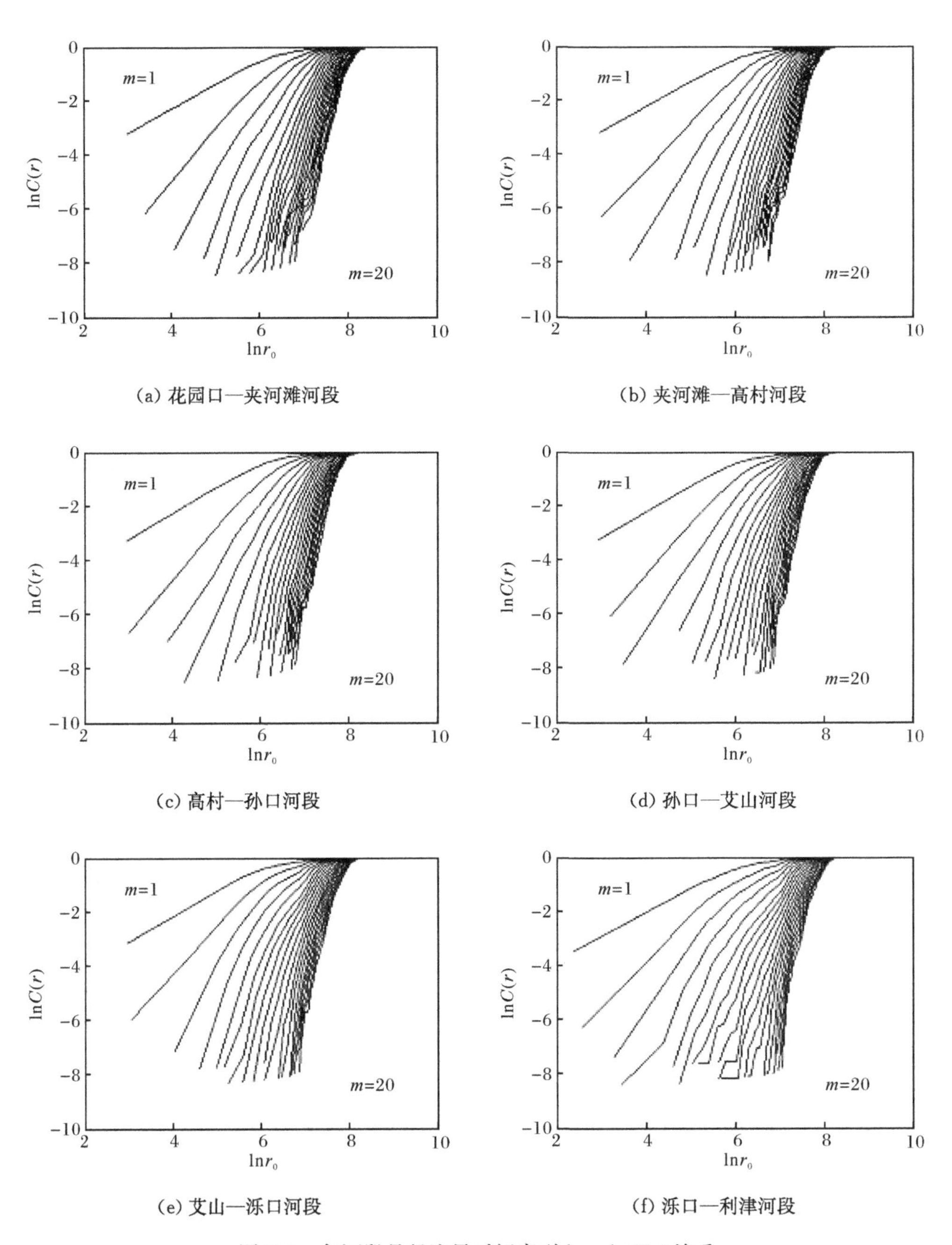

(a) 花园口—夹河滩河段

(b) 夹河滩—高村河段

(c) 高村—孙口河段

(d) 孙口—艾山河段

(e) 艾山—泺口河段

(f) 泺口—利津河段

图 7.2　各河段月径流量时间序列 $\ln r_0$-$\ln C(r)$关系

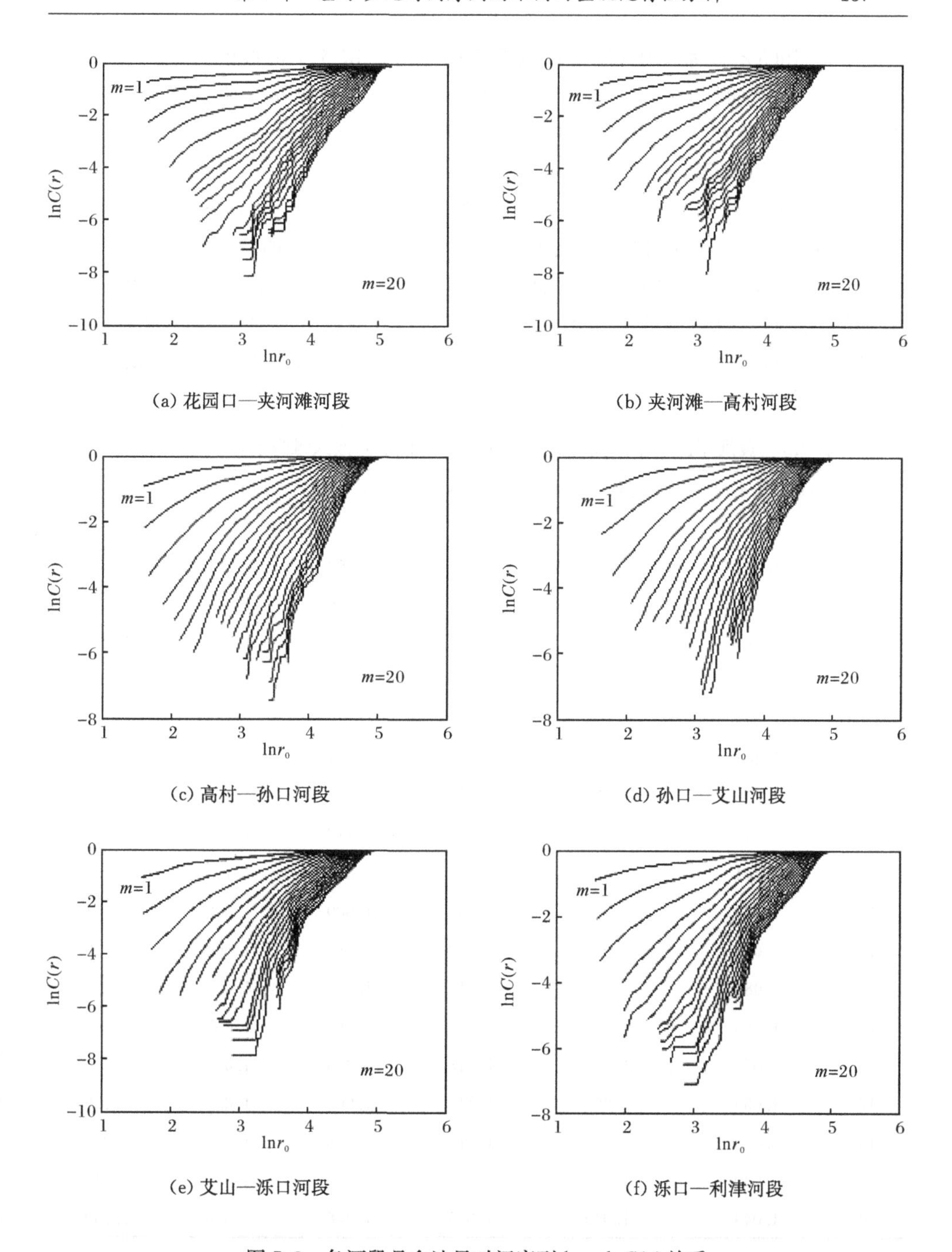

图 7.3 各河段月含沙量时间序列 $\ln r_0$-$\ln C(r)$关系

从图 7.1(a)～(f)、图 7.2(a)～(f)和图 7.3(a)～(f)可以看出，不同嵌入维数

下的 $\ln r_0$-$\ln C(r)$关系图中，存在直线相关的部分。这 6 个河段的月宽深比、月径流量和月含沙量时间序列关联维数 d_m，基本都在嵌入维数 $m=13$ 左右，不再随嵌入维数增大而增大，所以嵌入维数 $m=13$ 即所求的相空间嵌入维数。

2) 改进的虚假邻近点法

根据式(3.5)～式(3.7)，首先假设一系列嵌入维数 $m=\{2,3,\cdots,20\}$，然后计算并绘制花园口—夹河滩河段、夹河滩—高村河段、高村—孙口河段、孙口—艾山河段、艾山—泺口河段和泺口—利津河段的月宽深比、月径流量和月含沙量时间序列在不同嵌入维数条件下的相关维数 $E_1(m)$，计算结果见表 7.7～表 7.9。当 m 大于某个 m_0 时，$E(m)$不再随嵌入维数增大而增大，基本保持一致时，相空间嵌入维数 m 就是 m_0+1。

表 7.7 黄河下游 6 个河段月宽深比时间序列在不同嵌入维数条件下 $E_1(m)$值

维数	花园口—夹河滩	夹河滩—高村	高村—孙口	孙口—艾山	艾山—泺口	泺口—利津
2	3.686	3.647	3.278	3.251	10.835	4.132
3	1.992	2.015	1.976	2.258	2.201	2.260
4	1.656	1.588	1.627	1.446	1.449	1.649
5	1.435	1.407	1.355	1.409	1.399	1.396
6	1.404	1.316	1.327	1.341	1.357	1.361
7	1.294	1.208	1.186	1.180	1.183	1.243
8	1.264	1.169	1.160	1.147	1.147	1.178
9	1.228	1.150	1.137	1.132	1.148	1.168
10	1.220	1.131	1.127	1.117	1.137	1.127
11	1.164	1.100	1.139	1.091	1.104	1.108
12	1.089	1.094	1.103	1.080	1.072	1.081
13	1.078	1.087	1.119	1.080	1.064	1.070
14	1.084	1.084	1.115	1.071	1.059	1.070
15	1.083	1.087	1.116	1.069	1.057	1.069
16	1.075	1.080	1.113	1.065	1.054	1.060
17	1.065	1.068	1.115	1.069	1.054	1.055
18	1.048	1.069	1.071	1.068	1.060	1.050
19	1.050	1.050	1.055	1.050	1.049	1.040
20	1.049	1.049	1.055	1.048	1.046	1.039

表 7.8　黄河下游 6 个河段月径流量时间序列在不同嵌入维数条件下 $E_1(m)$ 值

维数	花园口—夹河滩	夹河滩—高村	高村—孙口	孙口—艾山	艾山—泺口	泺口—利津
2	3.765	7.078	6.649	3.603	6.196	5.544
3	1.924	2.053	1.918	2.095	1.983	2.135
4	1.410	1.454	1.555	1.580	1.482	1.689
5	1.322	1.318	1.331	1.312	1.300	1.326
6	1.281	1.260	1.208	1.232	1.231	1.284
7	1.156	1.151	1.146	1.160	1.199	1.257
8	1.136	1.132	1.123	1.132	1.165	1.249
9	1.130	1.123	1.113	1.119	1.143	1.170
10	1.117	1.107	1.098	1.098	1.114	1.147
11	1.097	1.086	1.082	1.083	1.100	1.135
12	1.070	1.064	1.059	1.063	1.069	1.079
13	1.065	1.060	1.053	1.057	1.063	1.069
14	1.065	1.058	1.053	1.057	1.062	1.065
15	1.059	1.055	1.048	1.050	1.057	1.062
16	1.050	1.047	1.041	1.044	1.049	1.052
17	1.046	1.043	1.041	1.045	1.046	1.047
18	1.046	1.040	1.034	1.036	1.037	1.040
19	1.046	1.043	1.038	1.041	1.045	1.049
20	1.043	1.041	1.038	1.038	1.040	1.045

表 7.9　黄河下游 6 个河段月含沙量时间序列在不同嵌入维数条件下 $E_1(m)$ 值

维数	花园口—夹河滩	夹河滩—高村	高村—孙口	孙口—艾山	艾山—泺口	泺口—利津
2	3.686	3.647	3.278	3.251	10.835	4.132
3	1.992	2.015	1.976	2.258	2.201	2.260
4	1.656	1.588	1.627	1.446	1.449	1.649
5	1.435	1.407	1.355	1.409	1.399	1.396
6	1.404	1.316	1.327	1.341	1.357	1.361
7	1.294	1.208	1.186	1.180	1.183	1.243
8	1.264	1.169	1.160	1.147	1.147	1.178
9	1.228	1.150	1.137	1.132	1.148	1.168

续表

维数	花园口—夹河滩	夹河滩—高村	高村—孙口	孙口—艾山	艾山—泺口	泺口—利津
10	1.220	1.131	1.127	1.117	1.137	1.127
11	1.164	1.100	1.139	1.091	1.104	1.108
12	1.089	1.094	1.103	1.080	1.072	1.081
13	1.078	1.087	1.119	1.080	1.064	1.070
14	1.084	1.084	1.115	1.071	1.059	1.070
15	1.083	1.087	1.116	1.069	1.057	1.069
16	1.075	1.080	1.113	1.065	1.054	1.060
17	1.065	1.068	1.115	1.069	1.054	1.055
18	1.048	1.069	1.071	1.068	1.060	1.050
19	1.050	1.050	1.055	1.050	1.049	1.040
20	1.049	1.049	1.055	1.048	1.046	1.039

由表7.7～表7.9可知，当表7.7中嵌入维数m_0=10～13时、表7.8中嵌入维数m_0=12时、表7.9中嵌入维数m_0=12时，相关维数$E(m)$基本不再随嵌入维数m增大而增大。所以，重构相空间的嵌入维数m：月宽深比时间序列$m_0+1=11$～14；月径流量时间序列$m_0+1=13$；月含沙量时间序列$m_0+1=13$。

综合分析上述饱和关联维数法和改进的虚假邻近点法得到的月宽深比、月径流量和月含沙量时间序列相空间嵌入维数m，两种方法得出的结果基本一致，最终确定的嵌入维数m值见表7.10。

表7.10 黄河下游6个河段月宽深比、月径流量和月含沙量时间序列的嵌入维数m值

序列	花园口—夹河滩	夹河滩—高村	高村—孙口	孙口—艾山	艾山—泺口	泺口—利津
月宽深比	11	11	11	11	14	14
月径流量	13	13	13	13	13	13
月含沙量	13	13	13	13	13	13

2. 宽深比、径流量和含沙量时间序列延迟时间的确定

采用第3章介绍的自相关函数法和改进自相关法确定延迟时间τ值。花园口—夹河滩河段月宽深比时间序列自相关函数$C_l(\tau)$与延迟时间τ的关系曲线如图7.4(a)所示，由图7.4(a)可以看出，当$\tau=4$时，自相关函数首次下降通过0。如果以自相关函数首次下降到初始值的(1－1/e)倍为标准时，所对应的τ为3。采用同样的方法分别绘制出夹河滩—高村河段、高村—孙口河段、孙口—艾山河段、艾山—泺口河段和泺口—利津河段的月宽深比、月径流量和月含沙量时间序列自

相关函数 $C_l(\tau)$ 与延迟时间 τ 的关系如图 7.4(b)～(f)、图 7.5(a)～(f)和图 7.6(a)～(f)所示。根据自相关函数法和改进自相关法，计算的 τ 值见表 7.11～表 7.13，两种方法计算结果相近，基于第二种方法是改进方法，因此，主要采用第二种方法的计算结果。

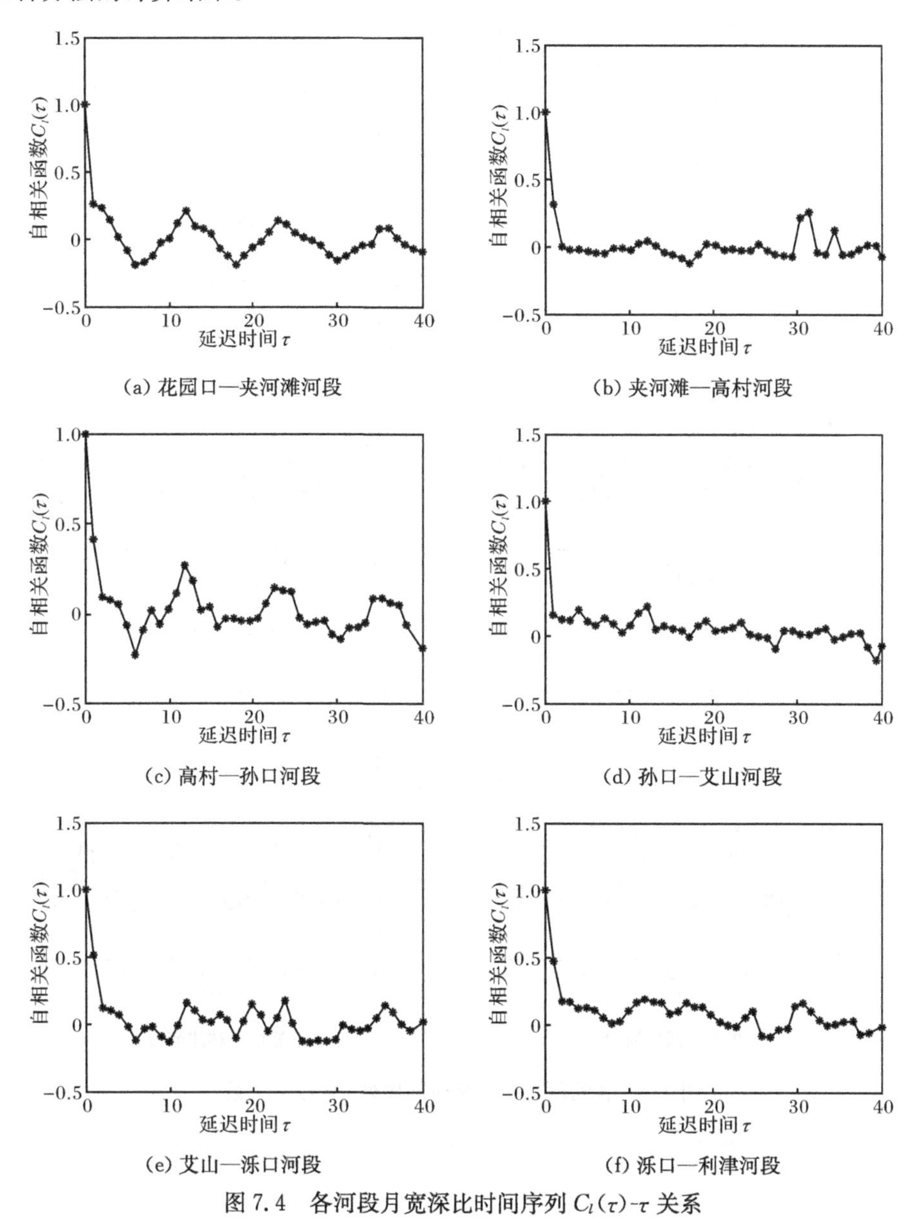

(a) 花园口—夹河滩河段　(b) 夹河滩—高村河段

(c) 高村—孙口河段　(d) 孙口—艾山河段

(e) 艾山—泺口河段　(f) 泺口—利津河段

图 7.4　各河段月宽深比时间序列 $C_l(\tau)$-τ 关系

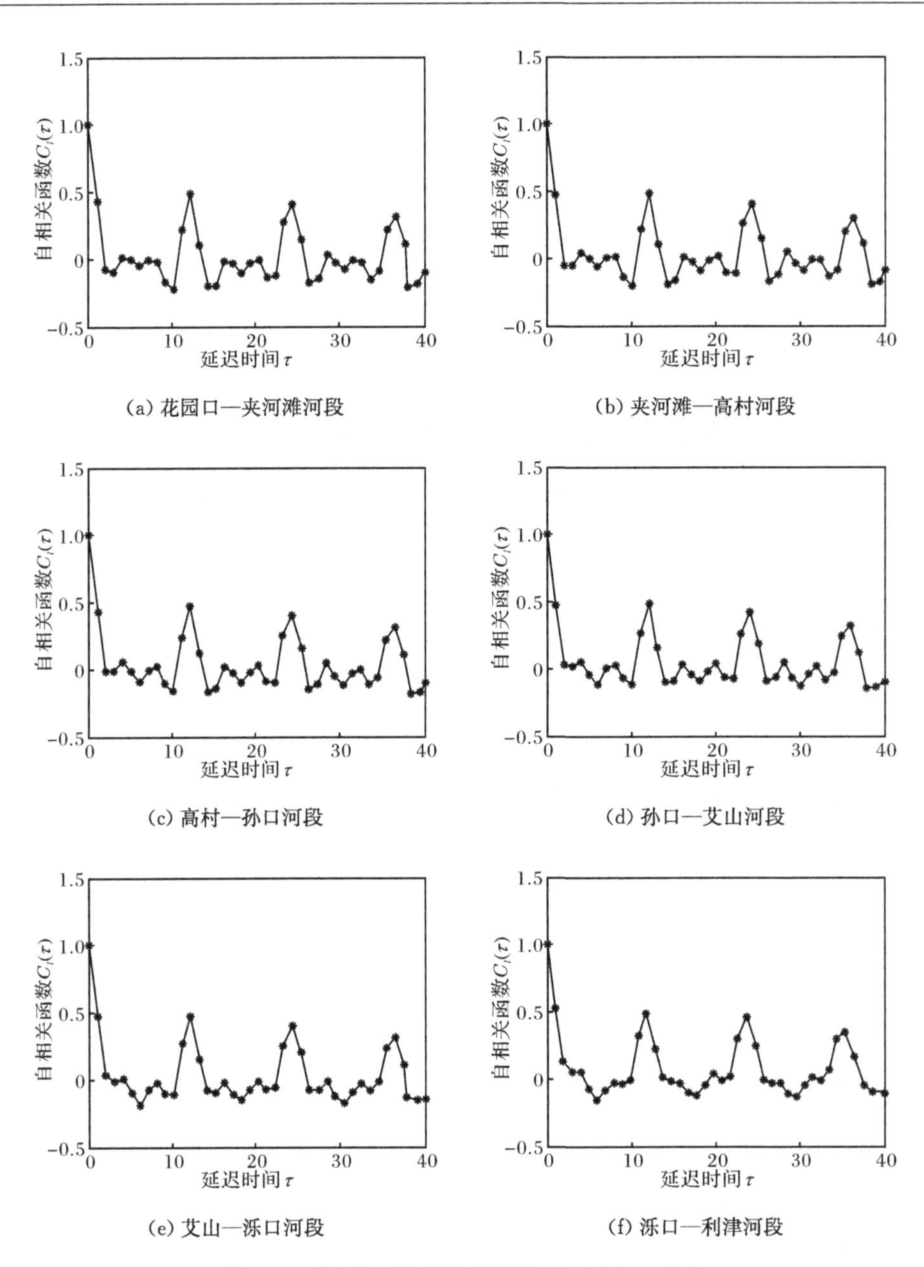

(a) 花园口—夹河滩河段

(b) 夹河滩—高村河段

(c) 高村—孙口河段

(d) 孙口—艾山河段

(e) 艾山—泺口河段

(f) 泺口—利津河段

图 7.5 各河段月径流量时间序列 $C_l(\tau)$-τ 关系

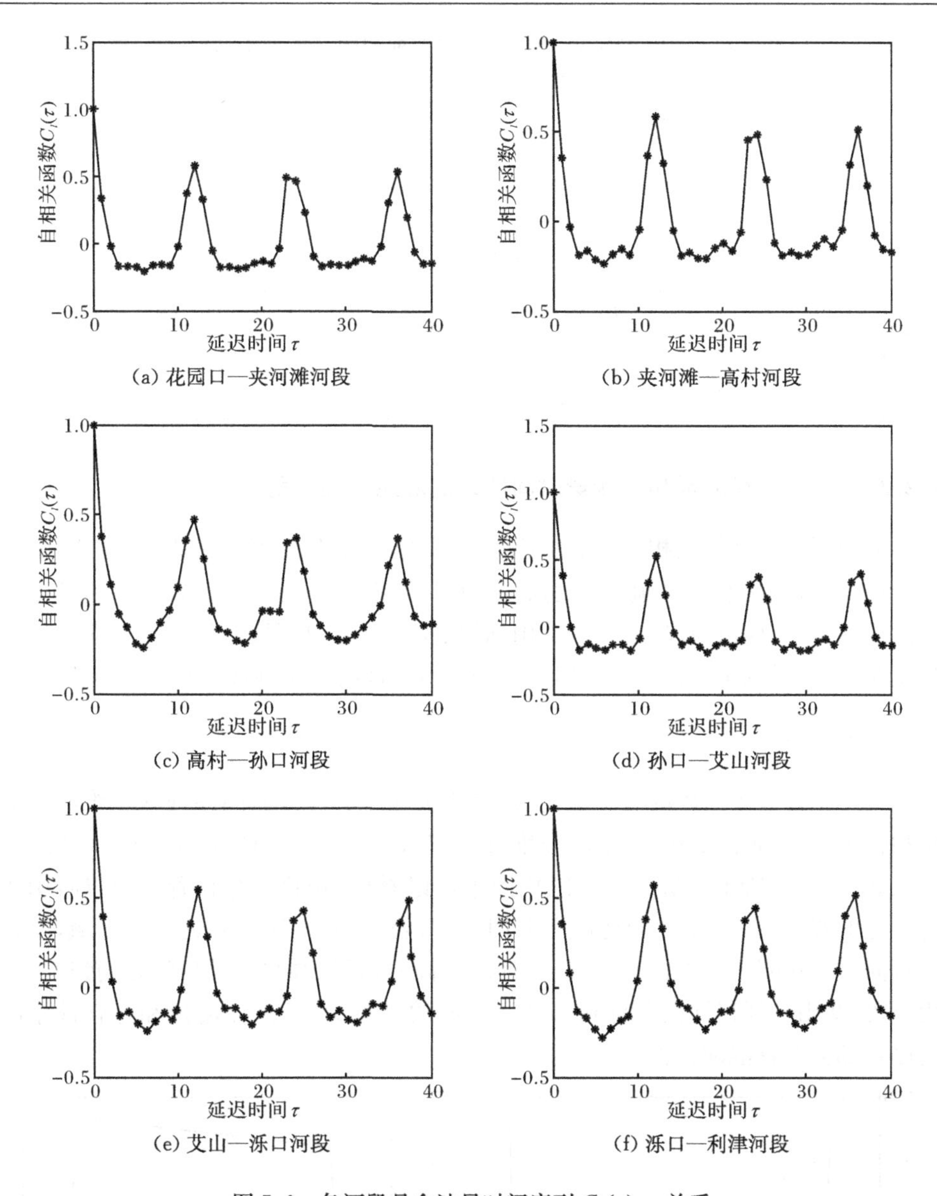

(a) 花园口—夹河滩河段　(b) 夹河滩—高村河段

(c) 高村—孙口河段　(d) 孙口—艾山河段

(e) 艾山—泺口河段　(f) 泺口—利津河段

图 7.6　各河段月含沙量时间序列 $C_l(\tau)$-τ 关系

表 7.11　黄河下游 6 个河段月宽深比时间序列的延迟时间 τ 值

计算方法	花园口—夹河滩	夹河滩—高村	高村—孙口	孙口—艾山	艾山—泺口	泺口—利津
自相关函数法	4	2	5	9	5	8
改进自相关法	3	2	2	2	2	2

表 7.12　黄河下游 6 个河段月径流量时间序列的延迟时间 τ 值

计算方法	花园口—夹河滩	夹河滩—高村	高村—孙口	孙口—艾山	艾山—泺口	泺口—利津
自相关函数法	2	2	3	3	3	3
改进自相关法	2	2	2	2	2	2

表 7.13　黄河下游 6 个河段月含沙量时间序列的延迟时间 τ 值

计算方法	花园口—夹河滩	夹河滩—高村	高村—孙口	孙口—艾山	艾山—泺口	泺口—利津
自相关函数法	2	2	3	3	3	3
改进自相关法	2	2	2	2	2	2

7.2.3　宽深比、径流量和含沙量时间序列的混沌特性识别

采用第 3 章介绍的相图法、功率谱法、主分量分析法、饱和关联维数法、最大 Lyapunov 指数法和测度熵法分别对黄河下游花园口—夹河滩河段、夹河滩—高村河段、高村—孙口河段、孙口—艾山河段、艾山—泺口河段和泺口—利津河段的月宽深比、月径流量和月含沙量时间序列进行混沌特性定性或定量识别分析。

1. 相图法

黄河下游 6 个河段的月宽深比、月径流量和月含沙量时间序列在二维相空间中相轨迹随时间的变化(相图)分别如图 7.7(a)～(f)、图 7.8(a)～(f)以及图 7.9(a)～(f)所示。从这些二维相图中可以看出，相轨迹存在着一个以吸引子为中心的吸引域，各相点的运动不断回复、折叠，不断地靠近和远离吸引域，这说明黄河下游花园口—夹河滩河段、夹河滩—高村河段、高村—孙口河段、孙口—艾山河段、艾山—泺口河段和泺口—利津河段的月宽深比、月径流量和月含沙量时间序列都存在着混沌特性。

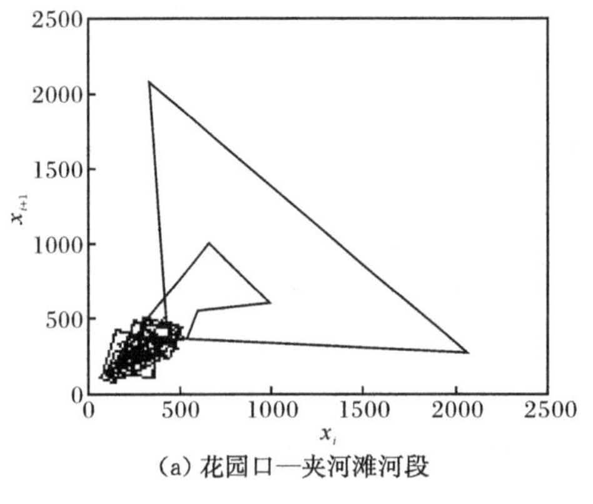

(a) 花园口—夹河滩河段

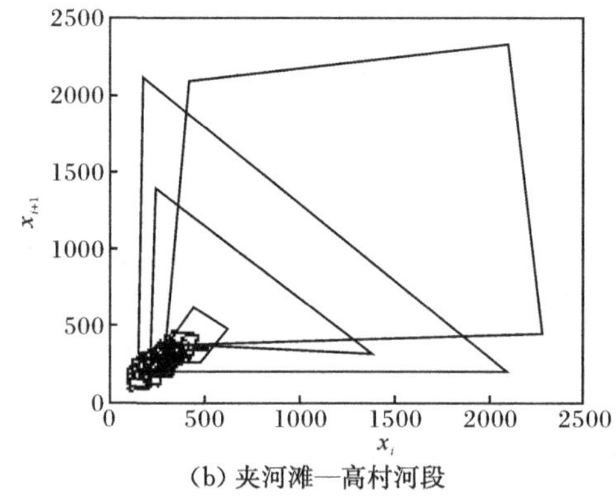

(b) 夹河滩—高村河段

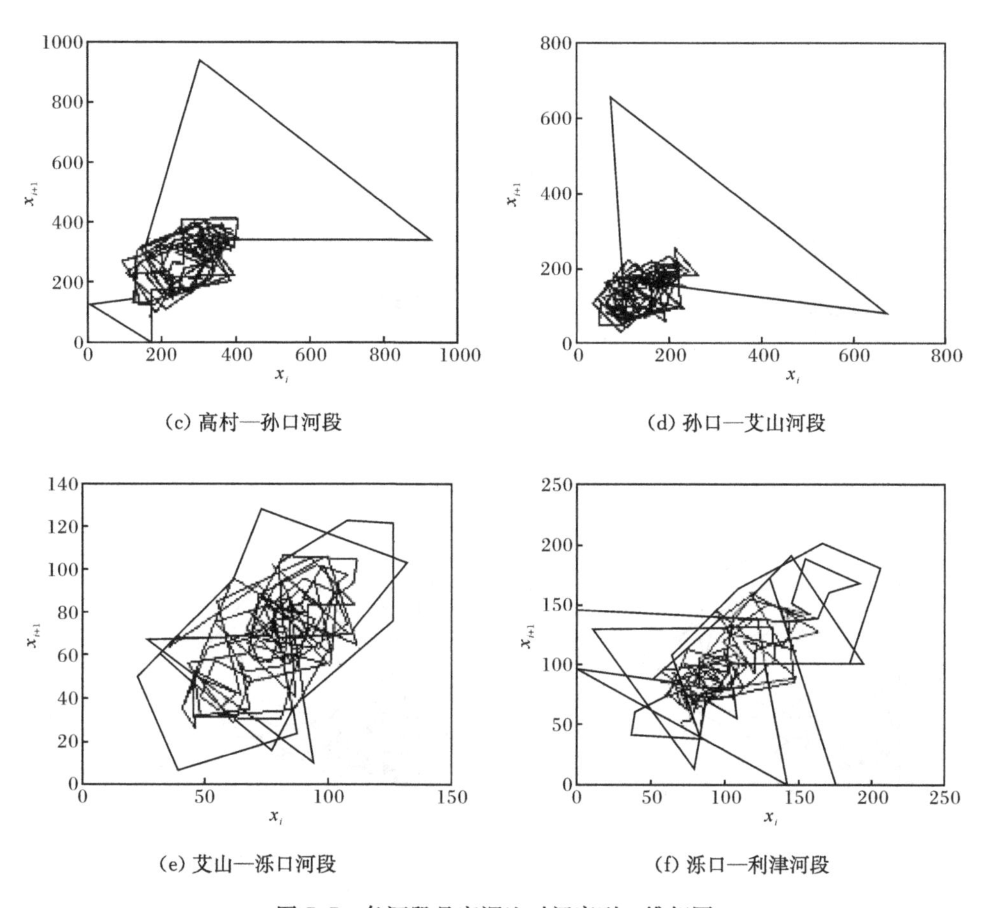

(c) 高村—孙口河段

(d) 孙口—艾山河段

(e) 艾山—泺口河段

(f) 泺口—利津河段

图 7.7　各河段月宽深比时间序列二维相图

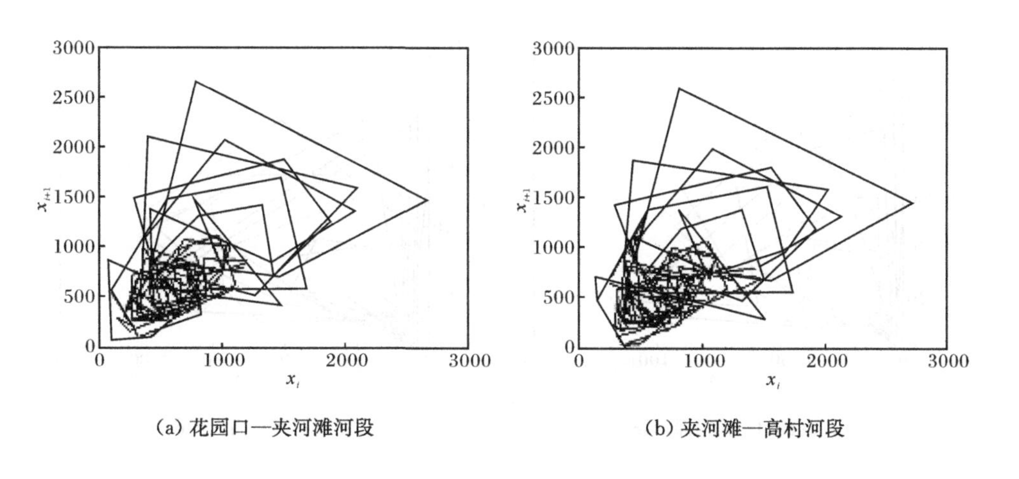

(a) 花园口—夹河滩河段

(b) 夹河滩—高村河段

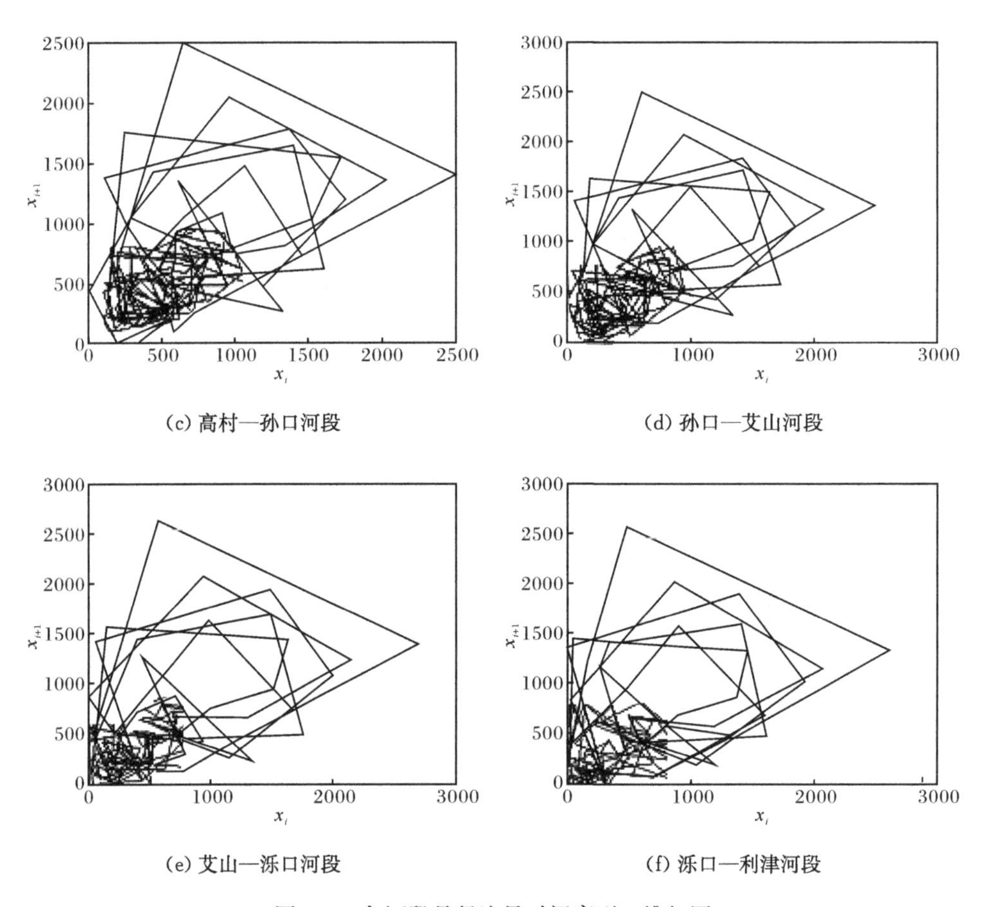

图 7.8　各河段月径流量时间序列二维相图

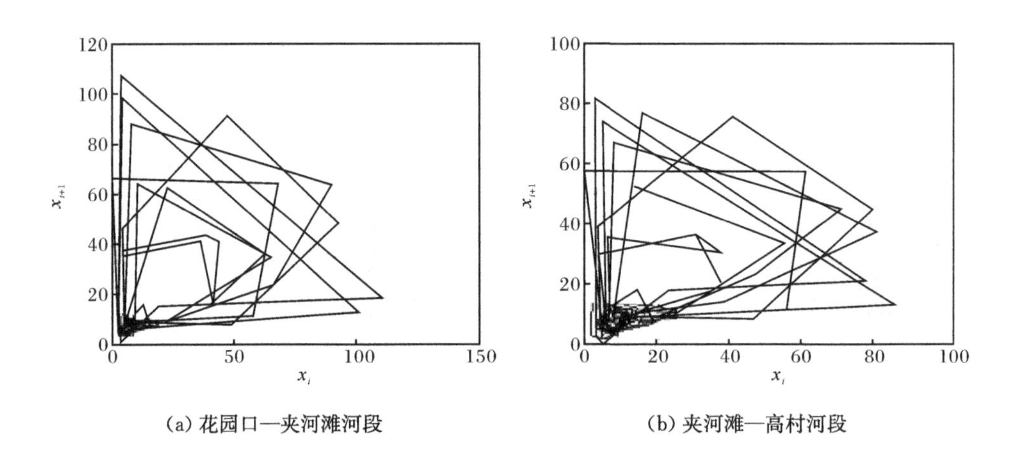

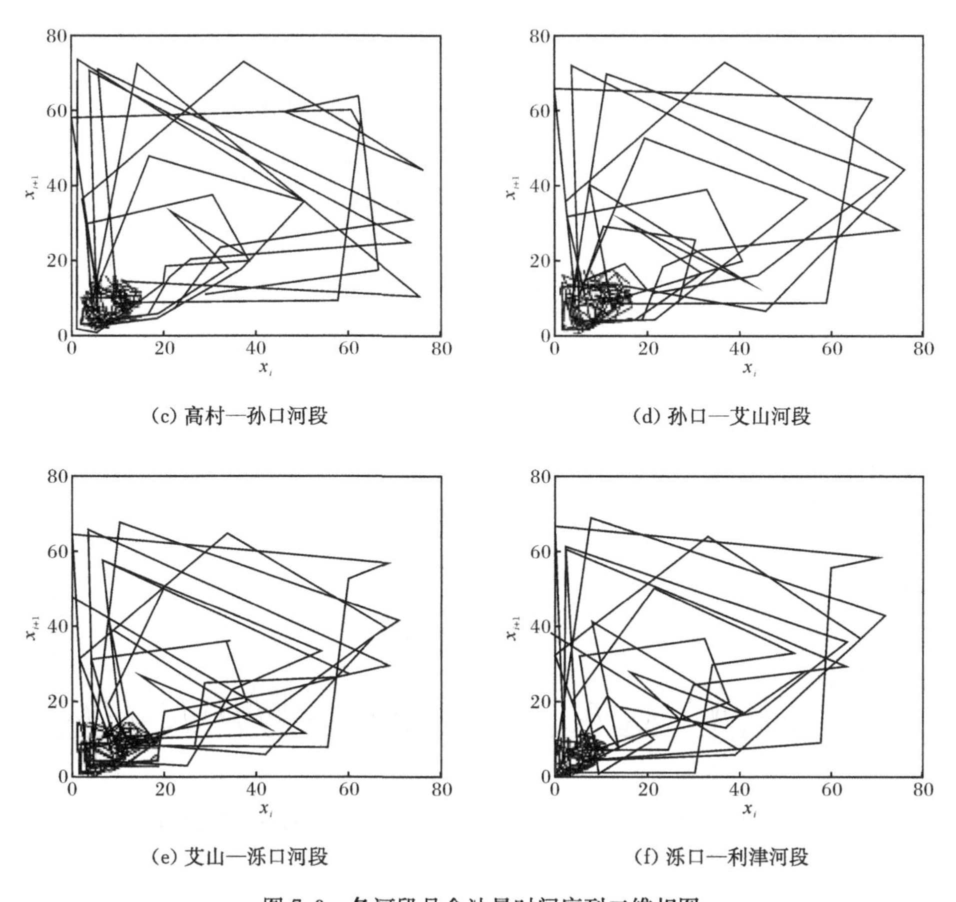

(c) 高村—孙口河段　(d) 孙口—艾山河段

(e) 艾山—泺口河段　(f) 泺口—利津河段

图 7.9　各河段月含沙量时间序列二维相图

2. 功率谱法

对黄河下游花园口—夹河滩河段、夹河滩—高村河段、高村—孙口河段、孙口—艾山河段、艾山—泺口河段和泺口—利津河段的月宽深比、月径流量和月含沙量时间序列进行快速傅里叶变换求出功率谱,如图 7.10(a)～(f)、图 7.11(a)～(f)和图 7.12(a)～(f)所示。由这些功率谱图可以看出,这 6 个河段的月宽深比、月径流量和月含沙量时间序列的功率谱具有一些混沌运动特征,但由于受序列长度限制,所呈现的噪声背景和宽峰特征不是太明显,因而,这些时间序列是否具有混沌特性,还需要继续采用其他方法识别。

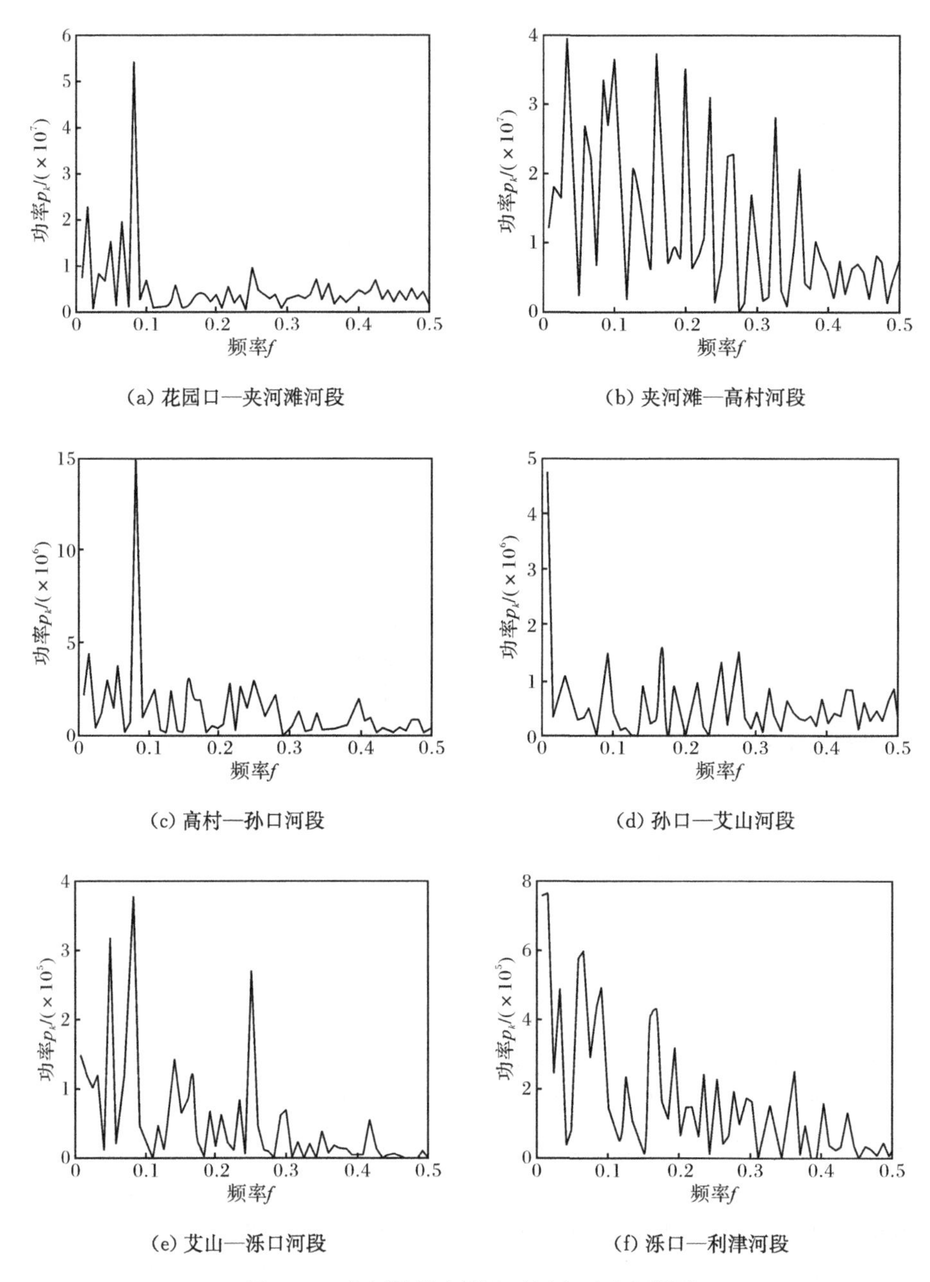

图 7.10　各河段月宽深比时间序列功率谱图

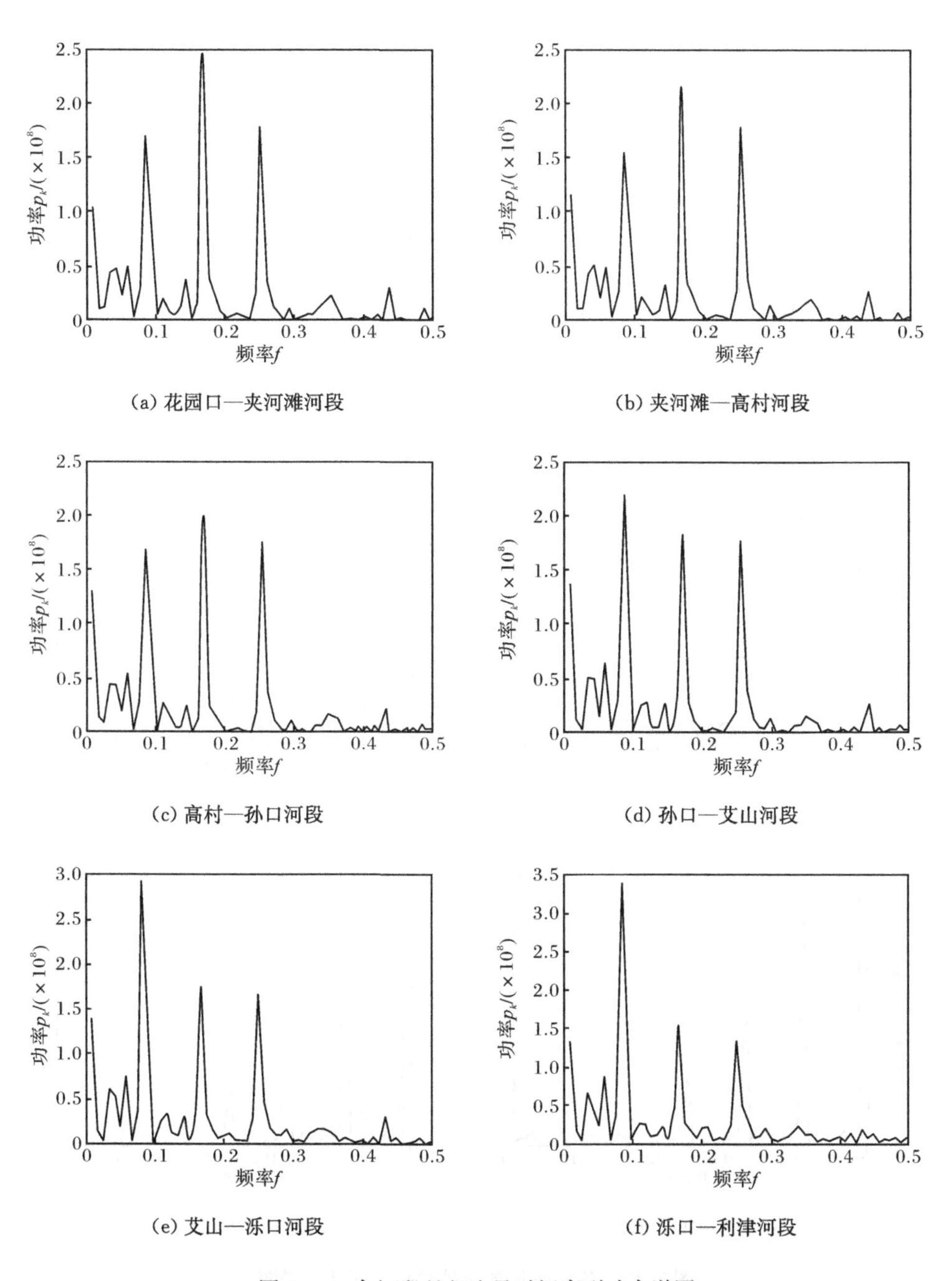

图7.11 各河段月径流量时间序列功率谱图

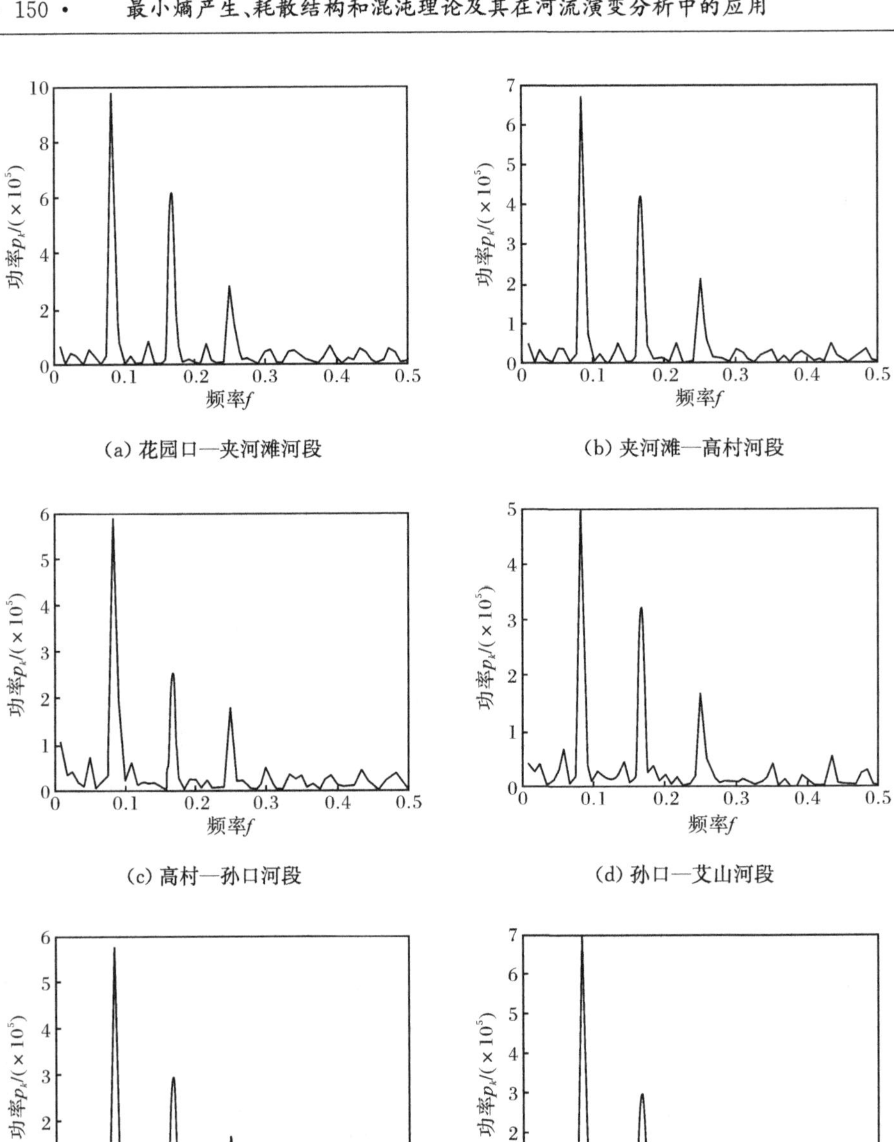

(a) 花园口—夹河滩河段

(b) 夹河滩—高村河段

(c) 高村—孙口河段

(d) 孙口—艾山河段

(e) 艾山—泺口河段

(f) 泺口—利津河段

图 7.12　各河段月含沙量时间序列功率谱图

3. 主分量分析法

采用主分量分析法分别对黄河下游花园口—夹河滩河段、夹河滩—高村河段、高村—孙口河段、孙口—艾山河段、艾山—泺口河段和泺口—利津河段的月宽深比、月径流量和月含沙量时间序列进行主分量分析，绘制嵌入维数 m 与主分量分析(PCA)之间的关系图，即主分量谱图，如图 7.13(a)～(f)、图 7.14(a)～(f)和图 7.15(a)～(f)所示。这些图中的曲线不是平行于坐标轴，而是具有近似斜率为负的直线。因此，可以判断这 6 个河段的月宽深比、月径流量和月含沙量时间序列都具有混沌特性。

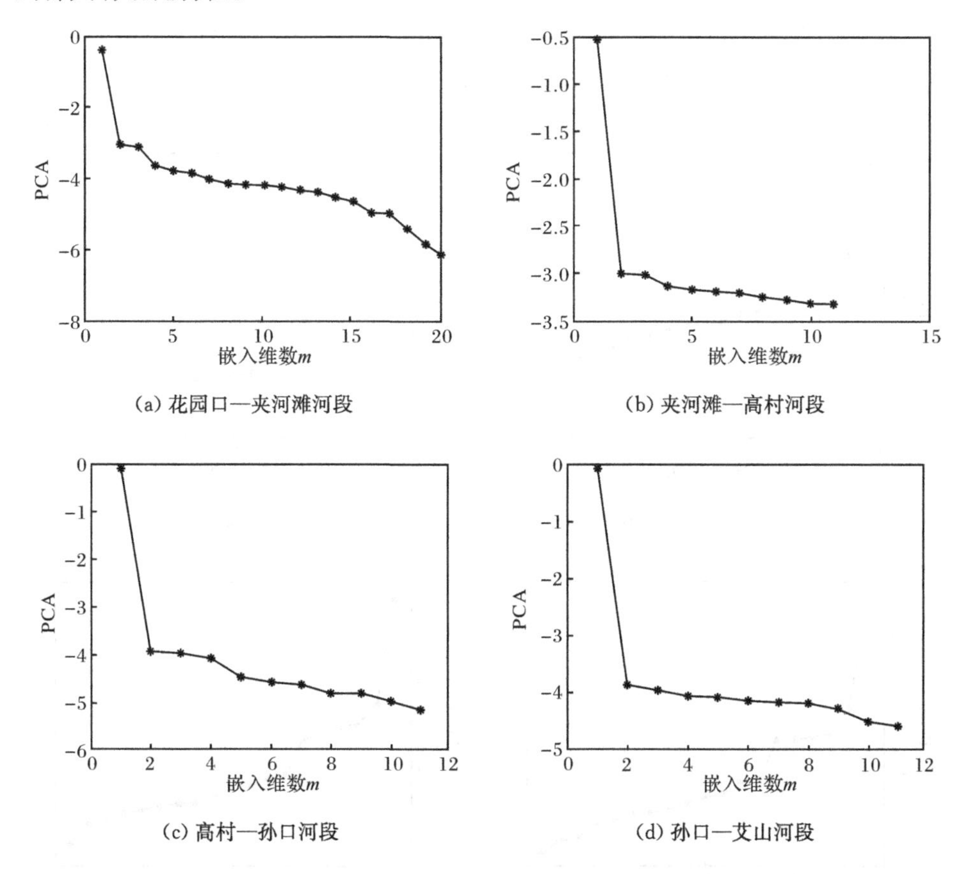

(a) 花园口—夹河滩河段　(b) 夹河滩—高村河段

(c) 高村—孙口河段　(d) 孙口—艾山河段

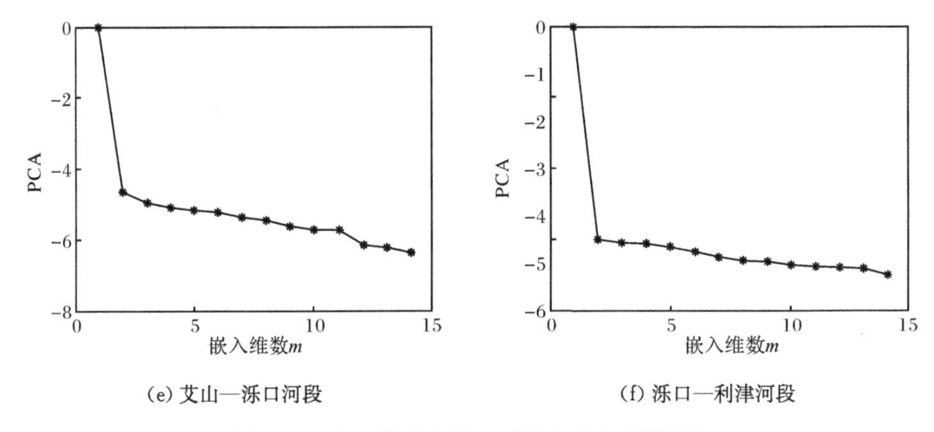

(e) 艾山—泺口河段　　(f) 泺口—利津河段

图 7.13　各河段月宽深比时间序列主分量谱图

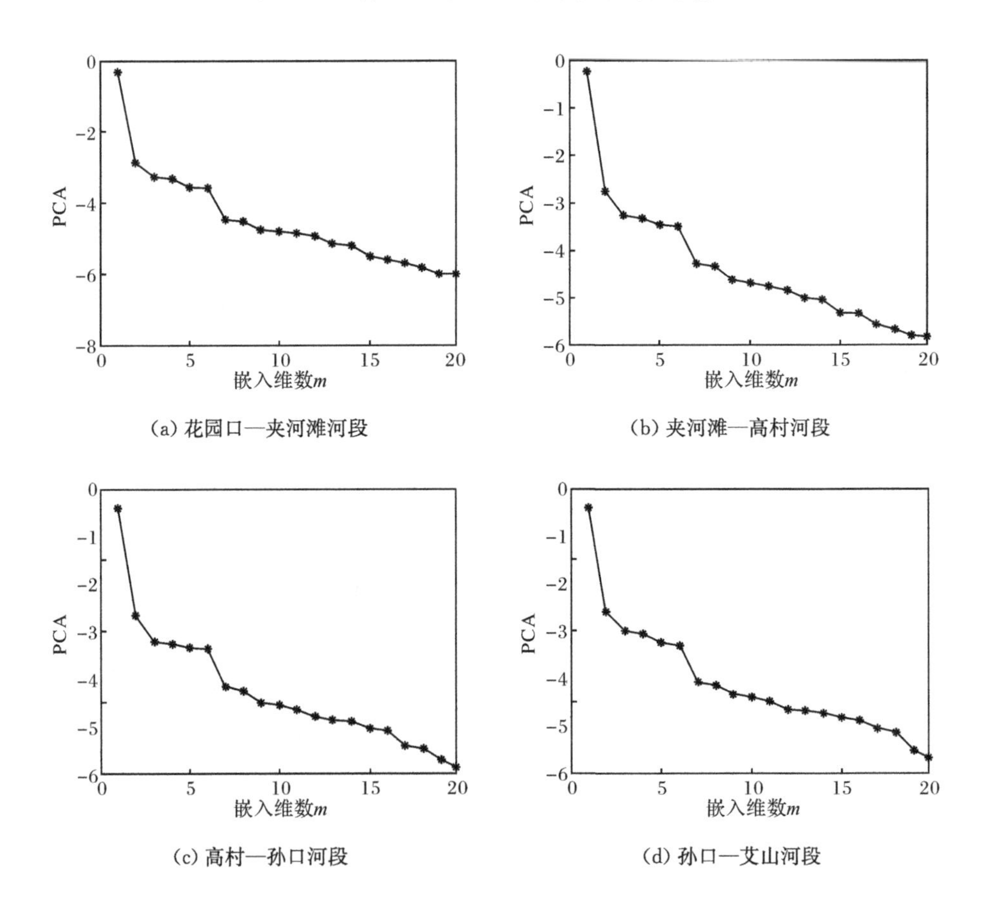

(a) 花园口—夹河滩河段　　(b) 夹河滩—高村河段

(c) 高村—孙口河段　　(d) 孙口—艾山河段

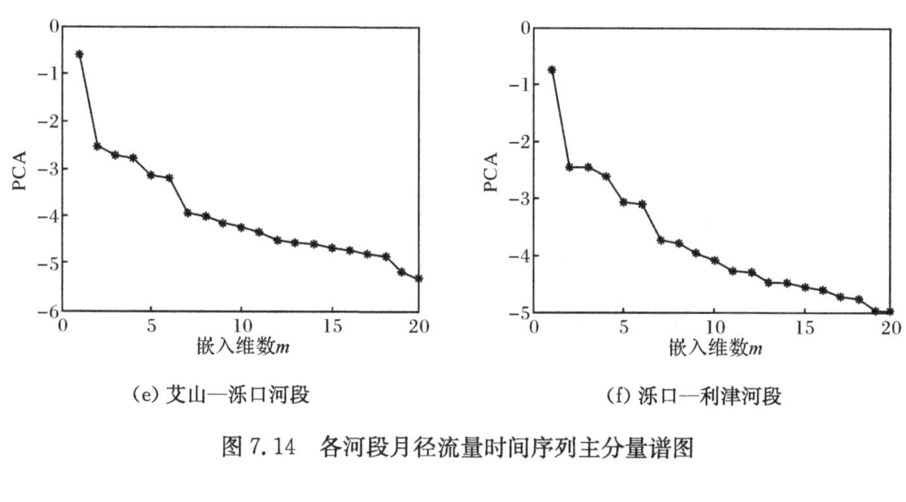

(e) 艾山—泺口河段　　(f) 泺口—利津河段

图 7.14　各河段月径流量时间序列主分量谱图

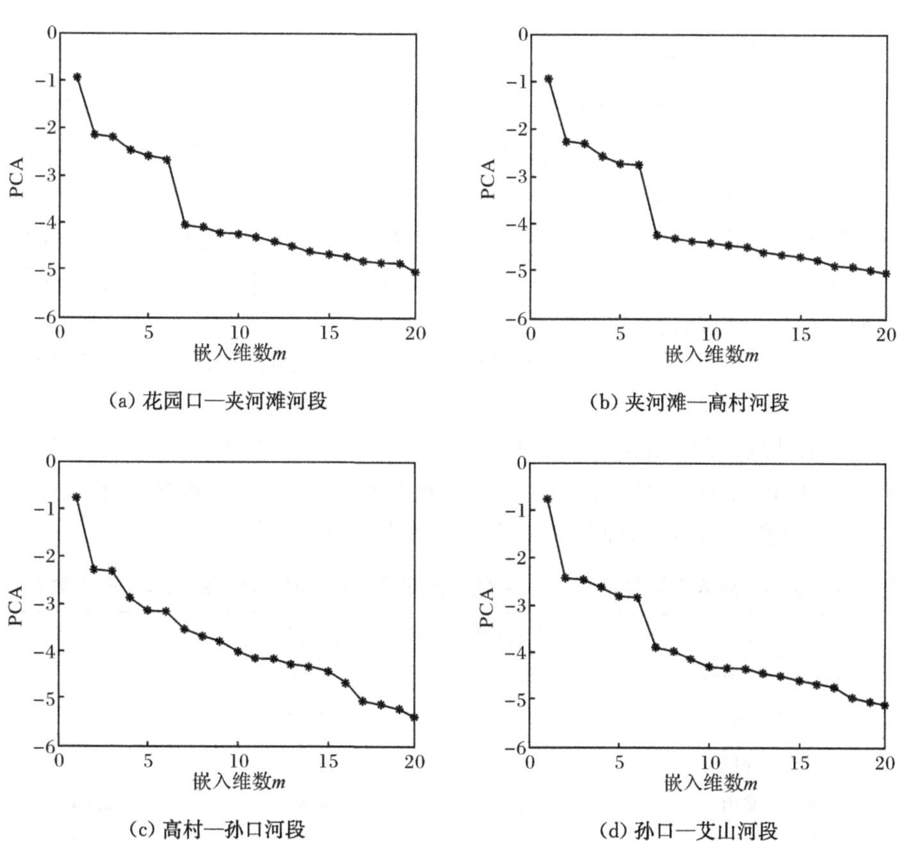

(a) 花园口—夹河滩河段　　(b) 夹河滩—高村河段

(c) 高村—孙口河段　　(d) 孙口—艾山河段

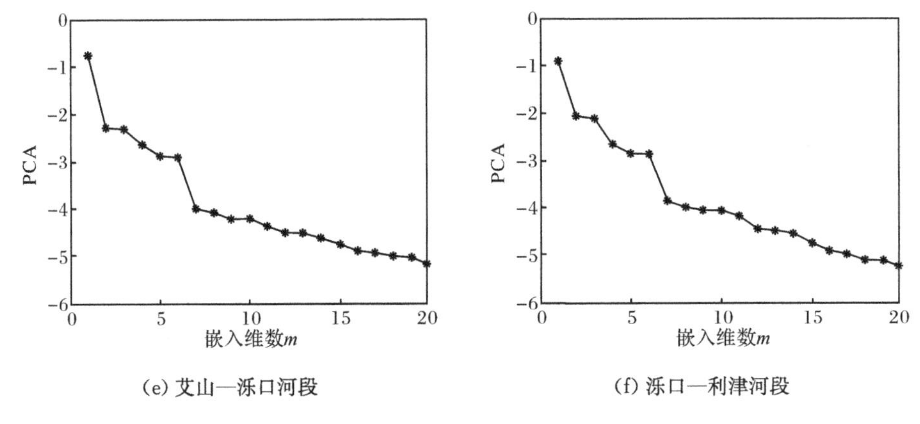

图 7.15　各河段月含沙量时间序列主分量谱图

4. 饱和关联维数法

图 7.1(a)～(f)、图 7.2(a)～(f)和图 7.3(a)～(f)为黄河下游 6 个河段的月宽深比、月径流量和月含沙量时间序列在不同嵌入维数条件下的 $\ln r_0$-$\ln C(r)$关系。从上述图中可以看出，不同嵌入维数下的 $\ln r_0$-$\ln C(r)$关系存在直线相关的部分。因此，黄河下游花园口—夹河滩河段、夹河滩—高村河段、高村—孙口河段、孙口—艾山河段、艾山—泺口河段和泺口—利津河段的月宽深比、月径流量和月含沙量时间序列分布都具有混沌特性。

由上述 $\ln r_0$-$\ln C(r)$关系还可以看出，这 6 个河段的月宽深比、月径流量和月含沙量时间序列中的关联维数 d_m 随着嵌入维数 m 的增加而增加，当嵌入维数增加到 $m=13$ 以后，关联维数 d_m 不再随嵌入维数增加而增加，此时对 $\ln r_0$-$\ln C(r)$关系中每条曲线的直线部分进行最小二乘法线性拟合，所得直线的斜率即月宽深比、月径流量和月含沙量时间序列的饱和关联维数 D，见表 7.14。

表 7.14　黄河下游 6 个河段月宽深比、月径流量和月含沙量时间序列的饱和关联维数 D 值

河　段	月宽深比	月径流量	月含沙量
花园口—夹河滩	6.68	4.66	3.12
夹河滩—高村	6.25	4.59	3.11
高村—孙口	5.35	4.65	3.13
孙口—艾山	5.68	4.82	3.06
艾山—泺口	4.77	4.68	3.27
泺口—利津	4.44	4.77	3.30

饱和关联维数法是判别系统混沌特性的一种定量方法。饱和关联维数 D 值

越大，系统的混沌特性就越强；饱和关联维数 D 值越小，混沌特性就越弱。由表7.14可以看出，从上游花园口—夹河滩游荡河段到下游泺口—利津弯曲河段，其月宽深比时间序列饱和关联维数 D 值呈递减趋势，而月径流量和月含沙量的时间序列饱和关联维数 D 值呈递增趋势。这说明从游荡河型过渡到弯曲河型，其宽深比时间序列的混沌特性呈现整体递减趋势，而水沙时间序列的混沌特性呈现整体递增趋势。

5. 最大 Lyapunov 指数法

最大 Lyapunov 指数法也是一种定量判别混沌特性的方法。根据 Lyapunov 指数值的大小，可以判别系统混沌特性的强弱，其值越大，系统混沌特性越强；其值越小，混沌特性就越弱。根据式(3.19)和式(3.20)计算黄河下游6个河段的月宽深比、月径流量和月含沙量时间序列的最大 Lyapunov 指数 λ_{max} 值，计算结果见表7.15。

表7.15 黄河下游6个河段月宽深比、月径流量和月含沙量时间序列的最大 Lyapunov 指数 λ_{max} 值

河 段	月宽深比	月径流量	月含沙量
花园口—夹河滩	0.414	0.226	0.132
夹河滩—高村	0.512	0.223	0.130
高村—孙口	0.349	0.241	0.259
孙口—艾山	0.355	0.319	0.107
艾山—泺口	0.263	0.323	0.388
泺口—利津	0.267	0.380	0.297

由表7.15可以看出，黄河下游花园口—夹河滩河段、夹河滩—高村河段、高村—孙口河段、孙口—艾山河段、艾山—泺口河段和泺口—利津河段的月宽深比、月径流量和月含沙量时间序列的最大 Lyapunov 指数 λ_{max} 值都大于零，说明这些时间序列都存在着混沌特性。从花园口—夹河滩游荡河段到泺口—利津弯曲河段，其月宽深比时间序列的最大 Lyapunov 指数 λ_{max} 值呈递减趋势，而月径流量和月含沙量时间序列的最大 Lyapunov 指数 λ_{max} 值呈递增趋势。这一点与饱和关联维数法判别是一致的。

6. 测度熵法

根据式(3.29)和式(3.30)计算黄河下游6个河段的月宽深比、月径流量和月含沙量时间序列的测度熵 K 值，计算结果见表7.16。

表 7.16　6 个河段月宽深比、月径流量和月含沙量时间序列的测度熵 K 值

河　段	月宽深比	月径流量	月含沙量
花园口—夹河滩	0.481	0.233	0.107
夹河滩—高村	0.493	0.221	0.141
高村—孙口	0.317	0.243	0.235
孙口—艾山	0.345	0.312	0.090
艾山—泺口	0.247	0.321	0.282
泺口—利津	0.262	0.298	0.252

由表 7.16 可以看出，黄河下游花园口—夹河滩河段、夹河滩—高村河段、高村—孙口河段、孙口—艾山河段、艾山—泺口河段和泺口—利津河段的月宽深比、月径流量和月含沙量时间序列的测度熵 K 值均介于 0～∞区间，说明这些时间序列都存在着混沌特性。

7.2.4　宽深比、径流量和含沙量时间序列的混沌特性加权平均

以上利用相图法、功率谱法、主分量分析、饱和关联维数法、最大 Lyapunov 指数法和测度熵法分别对黄河下游花园口—夹河滩河段、夹河滩—高村河段、高村—孙口河段、孙口—艾山河段、艾山—泺口河段和泺口—利津河段的月宽深比、月径流量和月含沙量时间序列进行了混沌特性定性或定量识别分析。结果表明，这些月宽深比、月径流量和月含沙量时间序列都存在着混沌特性，说明黄河下游这些河段都具有混沌特性，但不同河型的混沌特性强弱还无法确定。为此，需要对这些月宽深比、月径流量和月含沙量时间序列的混沌特性求加权平均值，以便判断不同河型的混沌特性强弱。

如第 6 章所述，对河型形成或河床演变影响最大的外界条件是河床边界条件，其次是来水来沙条件。在第 6 章 6.2 节，根据黄河下游花园口、夹河滩、高村、孙口、艾山、泺口和利津 7 个水文站之间的 6 个河段，即花园口—夹河滩河段、夹河滩—高村河段、高村—孙口河段、孙口—艾山河段、艾山—泺口河段和泺口—利津河段，1991～2000 年共计 10 年的月宽深比、月径流量和月含沙量实测水文资料，采用信息熵法计算各影响因素对河型形成的权重因子，得出月宽深比、月径流量和月含沙量对河型的影响权重分别为 0.329、0.135 和 0.104。以花园口—夹河滩河段为例，计算该河段的饱和关联维数加权平均值 $D_{加权}$、最大 Lyapunov 指数加权平均值 $\lambda_{加权}$ 和测度熵加权平均值 $K_{加权}$ 为

$$D_{加权}=(0.329\times6.68+0.135\times4.66+0.104\times3.12)/0.567=5.56$$

$$\lambda_{加权}=(0.329\times0.414+0.135\times0.226+0.104\times0.132)/0.567=0.32$$

$$K_{加权}=(0.329\times0.481+0.135\times0.233+0.104\times0.107)/0.567=0.35$$

黄河下游其余5个河段，夹河滩—高村河段、高村—孙口河段、孙口—艾山河段、艾山—泺口河段和泺口—利津河段的饱和关联维数加权平均值$D_{加权}$、Lyapunov指数加权平均值$\lambda_{加权}$和测度熵加权平均值$K_{加权}$见表7.17。由表7.17可以看出，从游荡河型到弯曲河型，其$D_{加权}$、$\lambda_{加权}$和$K_{加权}$呈减小趋势。也就是说，游荡河型混沌特性较强，弯曲河型混沌特性较弱。系统的混沌特性越强，表现就越无序。所以，游荡河型对应于无序，而弯曲河型对应于有序。有序化过程可能产生耗散结构，无序化过程可能产生混沌态。耗散结构与混沌态在河型转化过程中交替出现，就可能会形成不同的河型。

表7.17 黄河下游6个河段$D_{加权}$、$\lambda_{加权}$和$K_{加权}$值

加权方法	花园口—夹河滩	夹河滩—高村	高村—孙口	孙口—艾山	艾山—泺口	泺口—利津
$D_{加权}$	5.56	5.29	4.79	5.00	4.48	4.32
$\lambda_{加权}$	0.32	0.37	0.31	0.30	0.30	0.30
$K_{加权}$	0.35	0.36	0.28	0.29	0.27	0.27

7.3 小　　结

通过对河流混沌特性分析，有助于加深对河流演变预测的进一步认识。河床演变预测是河流动力学的一项基本任务。目前，预测河床演变常用的方法有物理模型和数学模型。但在河床演变预测中发现，无论是用物理模型还是用数学模型，短期预测尚可，长期预测往往不准确。为此，以往多在模拟方法上找原因。随着混沌理论的提出，使人们认识到确定性系统由于系统内部的非线性作用能够产生一种复杂的类似随机的混沌现象。

采用混沌理论分别对黄河下游6个河段3种不同河型的月宽深比、月径流量和月含沙量时间序列进行了混沌特性分析，分析结果显示这些时间序列均存在着混沌特性，这表明河流具有混沌特性，但不同的河型表现出的混沌特性不同，游荡河型混沌特性较强，弯曲河型混沌特性较弱。

根据混沌理论，混沌系统的演变对初始条件十分敏感，因此从长期意义上讲，系统的未来行为是不可预测的，或者说，混沌系统短期可以预测，而长期不能预测。所以，河流演变预测是短期可行，长期很难预测、甚至是不可预测的。

第 8 章　基于超熵产生的河型稳定判别

自然界分布着众多河流，由于形成河流的边界条件和来水来沙条件不同，它们形成了不同的河型。当河流边界条件和来水来沙条件发生较大变化时，河型就有可能转化。为了判断河型转化的可能性，就需要对河型的稳定性进行分析[132~137]。本章基于耗散结构理论中的超熵产生，选择河流系统的广义力和广义流，构造出河流的超熵产生以及超能耗率，根据超能耗率推导河型稳定判别式[138]。

8.1　超熵产生与超能耗率

一个开放系统是否稳定可根据 Lyapunov 函数判断，Lyapunov 函数又称稳定性判据。当系统处于平衡态时，Lyapunov 函数是熵 S；在近平衡态线性区，Lyapunov函数是熵产生 P；在远离平衡态非线性区，Lyapunov 函数是熵的二次变分 $\delta^2 S$。

对$\frac{1}{2}\delta^2 S$求时间导数正好等于超熵产生 $\delta_X P$，即 $\delta_X P=\frac{\mathrm{d}}{\mathrm{d}t}\left(\frac{1}{2}\delta^2 S\right)$。根据非平衡态热力学基本理论，超熵产生可写成如下表达形式：

$$\delta_X P = \iiint_V \Big(\sum_{j=1}^{m}\delta \boldsymbol{J}_j \delta \boldsymbol{X}_j\Big)\mathrm{d}V$$

式中，$\delta_X P$ 为超熵产生；δ 为变分符号；下标 X 表示熵产生变化与广义力的改变有关；P 为熵产生；$\delta \boldsymbol{J}_j$ 为超流；$\boldsymbol{J}_j$ 为广义流；$\delta \boldsymbol{X}_j$ 为超力；$\boldsymbol{X}_j$ 为广义力；下标 j 表示种类，$j=1,2,\cdots,m$。

超熵产生 $\delta_X P$ 在非线性区没有确定的符号，即可正、可负或为零。如果

$$\begin{cases}\delta_X P>0, & \text{系统稳定}\\ \delta_X P<0, & \text{系统不稳定}\\ \delta_X P=0, & \text{临界稳定}\end{cases}$$

上式称为开放系统非线性区稳定性判据，又称超熵产生判据。当开放系统在近平衡态线性区时，有

$$\delta \boldsymbol{J}_j=\boldsymbol{J}_j,\quad \delta \boldsymbol{X}_j=\boldsymbol{X}_j$$

则

$$\delta_X P = \iiint_V \Big(\sum_{j=1}^{m}\delta \boldsymbol{J}_j \delta \boldsymbol{X}_j\Big)\mathrm{d}V = \iiint_V \Big(\sum_{j=1}^{m}\boldsymbol{J}_j \boldsymbol{X}_j\Big)\mathrm{d}V = P \geqslant 0 \tag{8.1}$$

因此，在近平衡态线性区，也可以用超熵产生 $\delta_X P$ 判断系统的稳定性。所以，超熵产生 $\delta_X P$ 不仅可以判断远离平衡态非线性区的稳定性，也可以用来判断近平衡态线性区的稳定性，并且只要 $\delta_X P>0$ 就表示开放系统是稳定的。因此 $\delta_X P$ 可以作为开放系统稳定性的一般判据。

由于最小熵产生原理与最小能耗率原理是等价关系，如第 2 章所述，可用能耗率 Φ 替代熵产生 P 来表示超熵产生判据如下：

$$\begin{cases}\delta_X\Phi>0, & \text{系统稳定}\\ \delta_X\Phi<0, & \text{系统不稳定}\\ \delta_X\Phi=0, & \text{临界稳定}\end{cases}$$

类似于 $\delta_X P$ 称为超熵产生，称 $\delta_X\Phi$ 为超能耗率。上式称为超能耗率判据，该判据也可以作为开放系统稳定性的一般判据。

类似于超熵产生 $\delta_X P$，可写出超能耗率 $\delta_X\Phi$ 公式为

$$\delta_X\Phi=\iiint_V\Big(\sum_{j=1}^{m}\delta\boldsymbol{J}_j\delta\boldsymbol{X}_j\Big)\mathrm{d}V \tag{8.2}$$

式中，$\delta\boldsymbol{J}_j$ 为超流；$\boldsymbol{J}_j$ 为广义流；$\delta\boldsymbol{X}_j$ 为超力；$\boldsymbol{X}_j$ 为广义力。

8.2　河型稳定判据

河型稳定与河床稳定是两个不同的概念。河型稳定是指从长期来看，河流所表现出来的河型不会发生变化。河床稳定是指随着流域来水来沙条件因时间的变化，河流所表现出来的局部的、暂时的、相对变异幅度[97]。例如，一条游荡性河流，尽管河势变化剧烈，主流摆动不定，河床表现为不稳定性。但从长期来看，如果游荡性河型不发生变化，那么河型就是稳定的。河流是一个开放系统，适合于开放系统的稳定性判据也同样适用于河流。因此，河型的稳定性可由开放系统的超能耗率 $\delta_X\Phi$ 的符号来判断。当 $\delta_X\Phi>0$ 时，表示河型是稳定的，河型转化不会发生；当 $\delta_X\Phi<0$ 时，表示河型是不稳定的，河型转化有可能会发生；当 $\delta_X\Phi=0$ 时，表示河型是临界稳定的。

1. 河流的广义力和广义流

超能耗率的广义流和广义力与能量耗散函数的广义流和广义力是统一的。因此，一旦合理确定了能量耗散函数的广义力和广义流之后，便可以将其代入式(8.2)定量地计算由不可逆过程引起的超能耗率。如第 2 章所述，构造能量耗散函数的广义流和广义力，其原则和构造熵产生的广义流和广义力的原则一样，只不过需要两者的乘积具有能量耗散函数的量纲[$\mathrm{ML^{-1}T^{-3}}$]，其中 M、L 及 T 分别代表质量、长度和时间。

流体的动量方程可写为[11]

$$\frac{\partial(\rho \boldsymbol{v})}{\partial t}=-\nabla\cdot(\rho \boldsymbol{v}\boldsymbol{v})-\nabla p+\nabla\cdot\boldsymbol{\Pi}+\rho\boldsymbol{F} \tag{8.3}$$

式中，ρ 为流体密度；$\boldsymbol{v}$ 为流体平均流速；t 为时间；p 为压强；$\boldsymbol{\Pi}$ 为切向应力张量；$\boldsymbol{F}$ 为作用在单位质量流体上的质量力。

考虑到连续性方程，$\nabla\cdot\boldsymbol{v}=0$，式(8.3)中等号右边第一项$\nabla\cdot(\rho\boldsymbol{v}\boldsymbol{v})$可以变为

$$\nabla\cdot(\rho\boldsymbol{v}\boldsymbol{v})=\rho[\boldsymbol{v}(\nabla\cdot\boldsymbol{v})+\boldsymbol{v}\cdot\nabla\boldsymbol{v}]=\rho(\boldsymbol{v}\cdot\nabla)\boldsymbol{v} \tag{8.4}$$

把式(8.4)代入式(8.3)，则有

$$\frac{\partial(\rho \boldsymbol{v})}{\partial t}=-\rho(\boldsymbol{v}\cdot\nabla)\boldsymbol{v}-\nabla p+\nabla\cdot\boldsymbol{\Pi}+\rho\boldsymbol{F} \tag{8.5}$$

设河道水流为恒定流，式(8.5)等号左边一项$\frac{\partial(\rho \boldsymbol{v})}{\partial t}=0$，所以式(8.5)可以写为

$$\rho(\boldsymbol{v}\cdot\nabla)\boldsymbol{v}+\nabla p-\rho\boldsymbol{F}=\nabla\cdot\boldsymbol{\Pi} \tag{8.6}$$

对于一维河道水流，式(8.6)等号左边可以写为

$$\begin{aligned}\rho(\boldsymbol{v}\cdot\nabla)\boldsymbol{v}+\nabla p-\rho\boldsymbol{F}&=\rho v\frac{\mathrm{d}v}{\mathrm{d}l}+\frac{\mathrm{d}p}{\mathrm{d}l}+\rho g\frac{\mathrm{d}h}{\mathrm{d}l}=\rho g\left[\frac{\mathrm{d}\left(\frac{v^2}{2g}\right)}{\mathrm{d}l}+\frac{\mathrm{d}\left(\frac{p}{\rho g}\right)}{\mathrm{d}l}+\frac{\mathrm{d}h}{\mathrm{d}l}\right]\\&=\rho g\frac{\mathrm{d}}{\mathrm{d}l}\left(\frac{v^2}{2g}+\frac{p}{\rho g}+h\right)\end{aligned} \tag{8.7}$$

式中，$\boldsymbol{F}$ 为质量力，若只考虑重力 $\boldsymbol{F}=-g\frac{\mathrm{d}h}{\mathrm{d}l}$；$g$ 为重力加速度；h 为沿铅垂方向水深，向上为正；l 为沿流向的坐标轴。

设 $J=-\frac{\mathrm{d}}{\mathrm{d}l}\left(\frac{v^2}{2g}+\frac{p}{\rho g}+h\right)$为水力坡降，则式(8.7)变为

$$\rho(\boldsymbol{v}\cdot\nabla)\boldsymbol{v}+\nabla p-\rho\boldsymbol{F}=-\rho gJ \tag{8.8}$$

联立式(8.6)和式(8.8)，可得

$$\rho gJ=-\nabla\cdot\boldsymbol{\Pi} \tag{8.9}$$

式(8.9)两边同时乘以 v，得

$$\rho gvJ=-v\nabla\cdot\boldsymbol{\Pi} \tag{8.10}$$

不难看出式(8.10)等号左边为单位体积河流能耗率，即能量耗散函数

$$\phi=\rho gvJ=\gamma vJ \tag{8.11}$$

式中，γ 为水容重；v 为平均流速；J 为水力坡降。

式(8.11)还可以写成如下形式：

$$\phi=-\rho gv\frac{\mathrm{d}}{\mathrm{d}l}\left(\frac{v^2}{2g}+\frac{p}{\rho g}+h\right)=\rho gv\left[-\frac{\mathrm{d}\left(\frac{v^2}{2g}\right)}{\mathrm{d}l}-\frac{\mathrm{d}}{\mathrm{d}l}\left(\frac{p}{\rho g}+h\right)\right] \tag{8.12}$$

设水面坡降 $i=-\frac{\mathrm{d}}{\mathrm{d}l}\left(\frac{p}{\rho g}+h\right)$，则式(8.12)可写为

$$\phi=\rho g v\left(-v\frac{\mathrm{d}v}{g\,\mathrm{d}l}+i\right)=-\rho v v\frac{\mathrm{d}v}{\mathrm{d}l}+\rho v g i=\boldsymbol{J}_p\boldsymbol{X}_p+\boldsymbol{J}_m\boldsymbol{X}_m \tag{8.13}$$

式中，$\boldsymbol{J}_p=\rho v v$ 表示动量流，即单位体积的流体所具有的动量 ρv 通过给定空间边界面的流体动量通量；$\boldsymbol{X}_p=-\frac{\mathrm{d}v}{\mathrm{d}l}$ 表示动量流对应的广义力，即流速梯度；$\boldsymbol{J}_m=\rho v$ 表示质量流，即单位时间内扩散的质量；$\boldsymbol{X}_m=g\sin i$ 表示质量流对应的广义力，对于平原河流，i 的值很小时($i\leqslant 6°$)，$\sin i\approx i$，于是 $\boldsymbol{X}_m$ 可以写成 $\boldsymbol{X}_m=gi$。河流的动量流和动量力的乘积为 $\boldsymbol{J}_p\boldsymbol{X}_p=-\rho v v\frac{\mathrm{d}v}{\mathrm{d}l}$；河流的质量流和质量力的乘积为 $\boldsymbol{J}_m\boldsymbol{X}_m=\rho v g i$，它们都具有能量耗散函数的量纲$[\mathrm{ML}^{-1}\mathrm{T}^{-3}]$。

2. 河型稳定判别式

将河流的广义流和广义力代入式(8.2)，得到河流超能耗率公式为

$$\begin{aligned}\delta_X\Phi&=\iiint_V(\delta\boldsymbol{J}_p\delta\boldsymbol{X}_p+\delta\boldsymbol{J}_m\delta\boldsymbol{X}_m)\mathrm{d}V\\&=\iiint_V\left[\delta(\rho v v)\delta\left(-\frac{\mathrm{d}v}{\mathrm{d}l}\right)+\delta(\rho v)\delta(gi)\right]\mathrm{d}V\end{aligned} \tag{8.14}$$

令 $\lambda=\delta(\rho v v)\delta\left(-\frac{\mathrm{d}v}{\mathrm{d}l}\right)+\delta(\rho v)\delta(gi)$。假设河流内部广义力和广义流均匀分布，便可以仅仅研究 λ 的符号来确定超能耗率的符号。当 $\lambda>0$ 时，河型处于稳定状态，河型转化不可能发生；当 $\lambda<0$ 时，河型处于不稳定状态，河型转化可能会发生；当 $\lambda=0$ 时，河型处于临界稳定状态。

当 $\lambda>0$ 时，则有

$$\delta(\rho v)\delta(gi)>\delta(\rho v v)\delta\left(\frac{\mathrm{d}v}{\mathrm{d}l}\right) \tag{8.15}$$

式(8.15)两边同时除以 ρ，得

$$g\delta v\delta i>\delta(v^2)\delta\left(\frac{\mathrm{d}v}{\mathrm{d}l}\right) \tag{8.16}$$

根据变分法的运算法则

$$\delta(v^2)=2v\delta v \tag{8.17}$$

式(8.16)变为

$$g\delta v\delta i>2v\delta v\delta\left(\frac{\mathrm{d}v}{\mathrm{d}l}\right) \tag{8.18}$$

根据曼宁公式

$$v=R^{\frac{2}{3}}i^{\frac{1}{2}}n^{-1} \tag{8.19}$$

则有

$$\delta\left(\frac{\mathrm{d}v}{\mathrm{d}l}\right)=\frac{\mathrm{d}(\delta v)}{\mathrm{d}l}=\frac{\mathrm{d}[\delta(R^{\frac{2}{3}}i^{\frac{1}{2}}n^{-1})]}{\mathrm{d}l} \tag{8.20}$$

假设河流水沙运动所引起的随机涨落，只有水面坡降 i 随时间发生微小涨落，而水力半径 R 和糙率 n 都没有变化，则式(8.20)变为

$$\begin{aligned}\frac{\mathrm{d}[\delta(R^{\frac{2}{3}}i^{\frac{1}{2}}n^{-1})]}{\mathrm{d}l}&=\frac{\mathrm{d}\left(\frac{1}{2}R^{\frac{2}{3}}n^{-1}i^{-\frac{1}{2}}\delta i\right)}{\mathrm{d}l}=\frac{1}{2}\frac{\mathrm{d}(R^{\frac{2}{3}}n^{-1}i^{\frac{1}{2}}i^{-1}\delta i)}{\mathrm{d}l}\\&=\frac{1}{2}\frac{\mathrm{d}(vi^{-1}\delta i)}{\mathrm{d}l}=\frac{1}{2}\left[(i^{-1}\delta i)\frac{\mathrm{d}v}{\mathrm{d}l}+v\frac{\mathrm{d}(i^{-1}\delta i)}{\mathrm{d}l}\right]\end{aligned} \tag{8.21}$$

式(8.21)最后一个等号右边第二项中$\frac{\mathrm{d}(i^{-1}\delta i)}{\mathrm{d}l}$可以做如下变化：

$$\frac{\mathrm{d}(i^{-1}\delta i)}{\mathrm{d}l}=\frac{\mathrm{d}(i^{-1})}{\mathrm{d}l}\delta i+i^{-1}\frac{\mathrm{d}(\delta i)}{\mathrm{d}l}=\ln(i)\frac{\mathrm{d}i}{\mathrm{d}l}\delta i+i^{-1}\frac{\mathrm{d}(\delta i)}{\mathrm{d}l} \tag{8.22}$$

设水面坡降 i 沿程不变，式(8.22)中$\frac{\mathrm{d}i}{\mathrm{d}l}=0$；$\delta i$ 表示水面坡降随时间的微小涨落，其数值很小，它的微分 $\mathrm{d}(\delta i)\approx 0$。因此，$\frac{\mathrm{d}(i^{-1}\delta i)}{\mathrm{d}l}=0$。

所以式(8.21)又可以写为

$$\frac{\mathrm{d}[\delta(R^{\frac{2}{3}}i^{\frac{1}{2}}n^{-1})]}{\mathrm{d}l}=\frac{1}{2}(i^{-1}\delta i)\frac{\mathrm{d}v}{\mathrm{d}l} \tag{8.23}$$

将式(8.23)代入式(8.18)中，并考虑到式(8.20)，可得

$$g\delta v\delta i>2v\delta v\,\frac{1}{2}(i^{-1}\delta i)\frac{\mathrm{d}v}{\mathrm{d}l} \tag{8.24}$$

由于 δi 和 δv 的符号变化总是一致的，因此式(8.24)两边同时除以 $\delta v\delta i$，式(8.24)的不等号方向不发生变化，则式(8.24)简化为

$$\frac{v}{g}\frac{\mathrm{d}v}{\mathrm{d}l}<i \tag{8.25}$$

即式(8.25)成立时，表示河型处于稳定状态。

当 $\lambda<0$ 时，同样可以推导得

$$\frac{v}{g}\frac{\mathrm{d}v}{\mathrm{d}l}>i \tag{8.26}$$

即式(8.26)成立时，河型处于不稳定状态。

当 $\lambda=0$ 时，有

$$\frac{v}{g}\frac{\mathrm{d}v}{\mathrm{d}l}=i \tag{8.27}$$

即式(8.27)成立时，河型处于临界稳定状态。

综上所述，河型稳定判别式可以写为

$$\begin{cases}\dfrac{v}{g}\dfrac{\mathrm{d}v}{\mathrm{d}l}<i, & \text{河型稳定}\\ \dfrac{v}{g}\dfrac{\mathrm{d}v}{\mathrm{d}l}>i, & \text{河型不稳定}\\ \dfrac{v}{g}\dfrac{\mathrm{d}v}{\mathrm{d}l}=i, & \text{临界稳定}\end{cases} \tag{8.28}$$

8.3　不同河型稳定性分析

以黄河下游河道为例对不同河型进行稳定性分析。黄河下游河道中白鹤—高村为游荡型河段，高村—陶城铺为游荡型向弯曲型过渡河段，陶城铺以下为弯曲型河段，利津以下为河口段。下游河道有花园口、夹河滩、高村、孙口、艾山、泺口和利津 7 个水文站，如图 6.5 所示。

将下游河道 7 个水文站之间的 6 个河段看成是 6 个子系统，利用这 7 个水文站 1972 年、1973 年、1975 年、1976 年、1978 年、1980 年、1982 年、1985 年、1987 年、1988 年和 1991～2000 年共计 21 年的水文资料，计算了夹河滩—高村河段、高村—孙口河段、孙口—艾山河段、艾山—泺口河段和泺口—利津河段的$\dfrac{v}{g}\dfrac{\mathrm{d}v}{\mathrm{d}l}$，计算结果见表 8.1～表 8.3。其中，$v$ 表示该河段的流速；$\dfrac{\mathrm{d}v}{\mathrm{d}l}$表示该河段的入口流速和出口流速随河段长度的变化；$i$ 表示该河段的坡降。

表 8.1　花园口—夹河滩河段和夹河滩—高村河段的实测资料及夹河滩—高村河段的$\dfrac{v}{g}\dfrac{\mathrm{d}v}{\mathrm{d}l}$计算值

河段	年份	坡降 /($\times 10^{-4}$)	河宽 /m	水深 /m	流量 /(m^3/s)	河段	年份	坡降 /($\times 10^{-4}$)	河宽 /m	水深 /m	流量 /(m^3/s)	$\dfrac{v}{g}\dfrac{\mathrm{d}v}{\mathrm{d}l}$ /($\times 10^{-4}$)
花园口—夹河滩	1972	1.796	697	1.08	923	夹河滩—高村	1972	1.530	605	1.18	903	0.0005
	1973	1.797	758	1.16	1117		1973	1.518	614	1.22	1111	0.0038
	1975	1.749	827	1.42	1698		1975	1.535	585	1.63	1642	0.0058
	1976	1.771	649	1.64	1635		1976	1.513	549	1.65	1589	0.0049
	1978	1.699	562	1.41	1074		1978	1.581	595	1.26	1016	0.0000
	1979	1.736	577	1.40	1149		1979	1.525	491	1.51	1112	0.0015
	1980	1.768	648	1.13	868		1980	1.500	616	1.19	820	−0.0009
	1982	1.753	700	1.46	1325		1982	1.468	691	1.41	1277	0.0002
	1985	1.768	614	1.67	1455		1985	1.474	549	1.86	1426	−0.0004

续表

河段	年份	坡降 /(×10⁻⁴)	河宽 /m	水深 /m	流量 /(m³/s)	河段	年份	坡降 /(×10⁻⁴)	河宽 /m	水深 /m	流量 /(m³/s)	$\frac{v}{g}\frac{\mathrm{d}v}{\mathrm{d}l}$ /(×10⁻⁴)
花园口—夹河滩	1987	1.758	385	1.42	684	夹河滩—高村	1987	1.495	327	1.59	616	−0.0010
	1988	1.774	429	1.62	1082		1988	1.495	380	1.68	995	0.0000
	1991	1.758	374	1.45	722		1991	1.482	396	1.25	657	−0.0001
	1992	1.769	679	1.58	814		1992	1.496	401	1.34	759	0.0113
	1993	1.770	401	1.64	934		1993	1.538	389	1.53	894	0.0015
	1994	1.669	439	1.54	940		1994	1.642	400	1.49	902	0.0023
	1995	1.588	387	1.25	723		1995	1.739	368	1.15	665	0.0013
	1996	1.583	429	1.31	839		1996	1.723	504	0.99	776	0.0011
	1997	1.587	330	1.03	419		1997	1.718	323	0.95	357	−0.0010
	1998	1.605	353	1.41	661		1998	1.682	370	1.19	605	0.0008
	1999	1.606	311	1.40	647		1999	1.547	370	1.12	564	−0.0022
	2000	1.575	280	1.55	509		2000	1.649	356	1.16	464	−0.0006

表 8.2 高村—孙口河段和孙口—艾山河段的实测资料及其$\frac{v}{g}\frac{\mathrm{d}v}{\mathrm{d}l}$计算值

河段	年份	坡降 /(×10⁻⁴)	河宽 /m	水深 /m	流量 /(m³/s)	$\frac{v}{g}\frac{\mathrm{d}v}{\mathrm{d}l}$ /(×10⁻⁴)	河段	年份	坡降 /(×10⁻⁴)	河宽 /m	水深 /m	流量 /(m³/s)	$\frac{v}{g}\frac{\mathrm{d}v}{\mathrm{d}l}$ /(×10⁻⁴)
高村—孙口	1972	1.145	464	1.48	866	0.0000	孙口—艾山	1972	1.200	383	1.81	832	−0.0011
	1973	1.143	603	1.48	1078	−0.0026		1973	1.196	496	1.88	1032	−0.0017
	1975	1.137	510	1.84	1605	−0.0001		1975	1.228	410	2.49	1595	−0.0038
	1976	1.127	494	1.74	1568	0.0010		1976	1.163	423	2.40	1617	−0.0060
	1978	1.163	426	1.45	964	0.0025		1978	1.199	346	2.04	933	−0.0052
	1979	1.160	414	1.59	1078	0.0017		1979	1.182	368	2.02	1041	−0.0052
	1980	1.153	426	1.40	769	0.0017		1980	1.177	342	2.04	731	−0.0041
	1982	1.168	513	1.58	1217	0.0022		1982	1.176	397	2.08	1158	−0.0022
	1985	1.153	449	2.15	1376	0.0003		1985	1.155	380	2.39	1307	0.0002
	1987	1.160	363	1.54	571	−0.0013		1987	1.216	292	2.37	521	−0.0033
	1988	1.206	390	1.61	950	−0.0005		1988	1.218	329	2.12	866	−0.0055
	1991	1.160	388	1.44	617	−0.0019		1991	1.194	311	2.00	587	−0.0025
	1992	1.162	376	1.42	703	−0.0009		1992	1.111	276	2.12	648	−0.0039
	1993	1.102	410	1.75	867	−0.0028		1993	1.169	329	2.06	811	−0.0003
	1994	1.126	423	1.37	872	−0.0001		1994	1.218	361	1.86	850	−0.0050
	1995	1.126	392	1.18	627	−0.0023		1995	1.172	319	1.87	601	−0.0057
	1996	1.144	463	1.38	700	−0.0039		1996	1.207	300	1.93	648	0.0004
	1997	1.155	279	1.21	300	−0.0019		1997	1.259	189	1.90	245	−0.0023
	1998	1.178	341	1.37	558	−0.0017		1998	1.224	242	2.08	523	−0.0026
	1999	1.165	340	1.35	510	−0.0022		1999	1.245	237	2.04	448	−0.0028
	2000	1.165	362	1.24	384	−0.0018		2000	1.235	259	1.99	362	−0.0018

表 8.3　艾山—泺口河段和泺口—利津河段的实测资料及其$\frac{v}{g}\frac{\mathrm{d}v}{\mathrm{d}l}$计算值

河段	年份	坡降/(×10⁻⁴)	河宽/m	水深/m	流量/(m³/s)	$\frac{v}{g}\frac{\mathrm{d}v}{\mathrm{d}l}$/(×10⁻⁴)	河段	年份	坡降/(×10⁻⁴)	河宽/m	水深/m	流量/(m³/s)	$\frac{v}{g}\frac{\mathrm{d}v}{\mathrm{d}l}$/(×10⁻⁴)
艾山—泺口	1972	1.007	287	2.52	793	−0.0034	泺口—利津	1972	0.902	495	2.54	734	−0.0033
	1973	1.002	266	2.50	978	0.0059		1973	0.907	245	2.46	916	0.0005
	1975	0.983	285	3.35	1579	0.0028		1975	0.917	284	3.11	1530	0.0007
	1976	0.994	285	3.40	1500	−0.0008		1976	0.912	301	3.13	1445	−0.0001
	1978	1.017	496	2.72	904	−0.0001		1978	0.927	234	2.72	833	0.0025
	1979	1.076	258	2.82	998	−0.0008		1979	0.908	254	2.68	911	−0.0003
	1980	0.997	245	2.66	698	0.0004		1980	0.924	259	2.24	630	0.0001
	1982	1.002	529	2.82	1085	0.0001		1982	0.955	276	2.52	983	0.0029
	1985	0.992	294	3.19	1296	−0.0023		1985	0.925	345	2.97	1268	−0.0012
	1987	1.028	196	2.82	449	0.0037		1987	0.934	169	2.03	378	0.0014
	1988	1.027	200	2.79	774	0.0020		1988	0.939	220	2.18	671	0.0001
	1991	0.999	204	2.75	536	0.0005		1991	0.936	188	2.37	443	0.0002
	1992	1.013	180	2.60	576	0.0030		1992	0.987	163	2.17	475	0.0008
	1993	1.002	225	2.65	723	0.0005		1993	0.940	225	2.28	633	0.0002
	1994	0.998	240	2.63	801	0.0013		1994	0.983	223	2.37	721	0.0007
	1995	1.212	201	2.44	551	0.0045		1995	0.802	188	1.85	472	0.0016
	1996	1.000	200	2.25	601	0.0020		1996	0.992	183	2.24	527	−0.0004
	1997	1.442	127	1.96	178	−0.0003		1997	0.930	132	1.17	99	−0.0003
	1998	1.016	164	2.52	471	0.0035		1998	0.957	182	1.83	439	0.0012
	1999	1.012	170	2.22	371	−0.0005		1999	0.956	198	1.60	273	−0.0007
	2000	1.004	175	2.18	300	0.0006		2000	0.975	185	1.44	209	0.0000

计算结果表明，夹河滩—高村河段、高村—孙口河段、孙口—艾山河段、艾山—泺口河段以及泺口—利津河段 21 年的$\frac{v}{g}\frac{\mathrm{d}v}{\mathrm{d}l}$均小于对应河段的坡降$i$，说明这 5 个河段的河型，目前都是稳定的，不会发生变化。图 8.1～图 8.5 是这 5 个河段在过去 21 年的$\frac{v}{g}\frac{\mathrm{d}v}{\mathrm{d}l}$变化趋势。

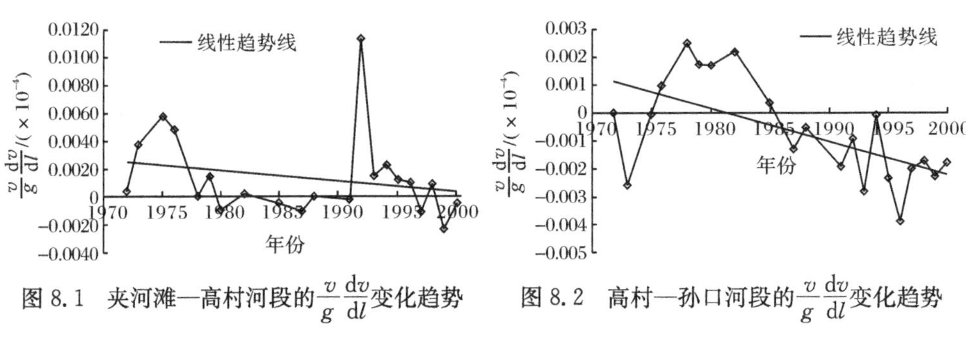

图 8.1　夹河滩—高村河段的$\frac{v}{g}\frac{\mathrm{d}v}{\mathrm{d}l}$变化趋势　　图 8.2　高村—孙口河段的$\frac{v}{g}\frac{\mathrm{d}v}{\mathrm{d}l}$变化趋势

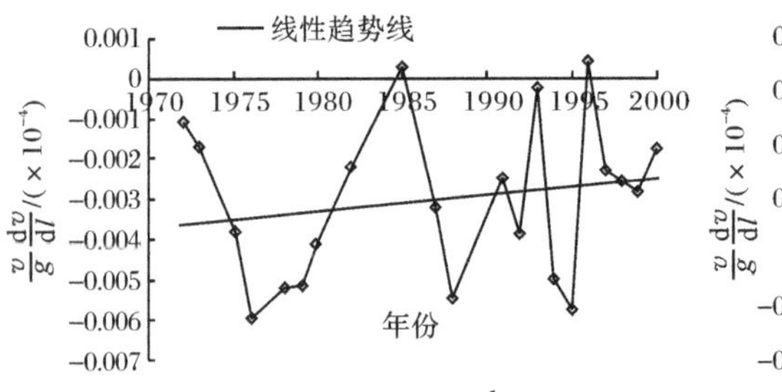

图 8.3　孙口—艾山河段的$\frac{v}{g}\frac{\mathrm{d}v}{\mathrm{d}l}$变化趋势

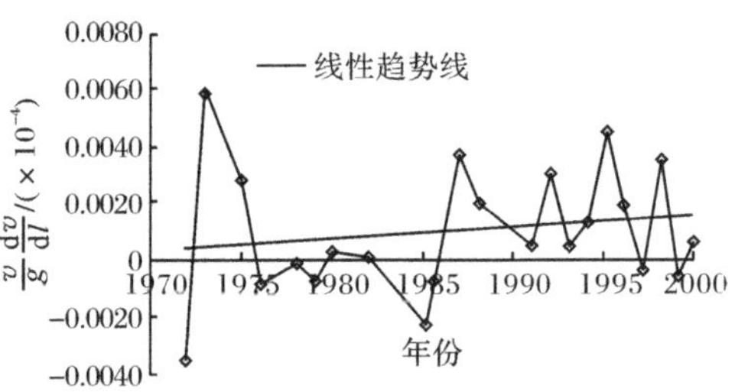

图 8.4　艾山—泺口河段的$\frac{v}{g}\frac{\mathrm{d}v}{\mathrm{d}l}$变化趋势

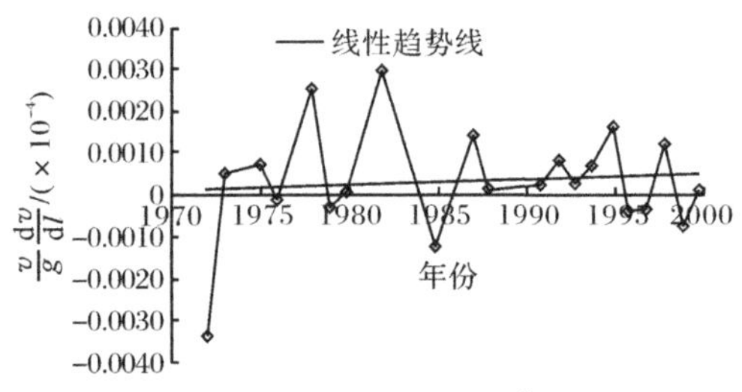

图 8.5　泺口—利津河段的$\frac{v}{g}\frac{\mathrm{d}v}{\mathrm{d}l}$变化趋势

由图 8.1 和图 8.2 可以看出，夹河滩—高村河段和高村—孙口河段的$\frac{v}{g}\frac{\mathrm{d}v}{\mathrm{d}l}$总体上逐年趋于减小，表明这两个河段的河型至少目前没有转化的可能性，继续保持游荡和过渡河型。因此，还须大力修建整治工程，促使夹河滩—高村河段和高村—孙口河段的$\frac{v}{g}\frac{\mathrm{d}v}{\mathrm{d}l}>i$，才有可能使游荡和过渡河型向弯曲河型转化。由图 8.3 可以看出，孙口—艾山河段的$\frac{v}{g}\frac{\mathrm{d}v}{\mathrm{d}l}$具有逐年增加趋势，如果按这样的趋势发展，一旦$\frac{v}{g}\frac{\mathrm{d}v}{\mathrm{d}l}>i$，就可能会发生河型转化。由图 8.4 和图 8.5 可以看出，艾山—泺口和泺口—利津弯曲河段的$\frac{v}{g}\frac{\mathrm{d}v}{\mathrm{d}l}$具有逐年增加的趋势，只要继续保持$\frac{v}{g}\frac{\mathrm{d}v}{\mathrm{d}l}<i$，这两个

河段的弯曲型河段就能保持下去。

8.4 小　结

基于耗散结构理论中的超熵产生推导出河型稳定判别式，该判别式可对河型是否有可能转化做出定量分析。当$\frac{v}{g}\frac{\mathrm{d}v}{\mathrm{d}l}<i$时，表示河型处于稳定状态；反之，当$\frac{v}{g}\frac{\mathrm{d}v}{\mathrm{d}l}>i$时，河型有失稳倾向；当$\frac{v}{g}\frac{\mathrm{d}v}{\mathrm{d}l}=i$时，河型处于临界稳定状态。利用河型稳定判别式分析了黄河下游5个河段3种不同河型的稳定性，计算结果表明这5个河段的河型是稳定的，近期没有发生河型转化的可能性，这与实际情况相符。根据河型稳定判别式，通过分析河流$\frac{v}{g}\frac{\mathrm{d}v}{\mathrm{d}l}$的逐年变化趋势，可以预测河流调整方向，为河流整治工程提供科学依据。

第 9 章　最小能耗率原理在渠首引水防沙设计中的应用

在多沙河流上修建低水头引水渠首面临着一个十分突出的问题就是泥沙问题。对泥沙问题处理是否恰当,直接关系到工程的成败[110,139~141]。本章将最小能耗率原理应用到渠首引水防沙设计中,给出低坝(闸)引水渠首泄洪冲沙闸宽度和弯道式引水渠首中弯道的优化设计的计算方法[99,142]。

9.1　低坝(闸)引水渠首泄洪冲沙闸宽度的计算

低坝(闸)引水渠首是横贯河床设置溢流低坝或闸控制河道水流,抬高水位,保证渠首引水的取水枢纽。这类渠首主要由泄洪闸或溢流低坝、进水闸和冲沙闸等组成。目前国内已建成运行的低坝(闸)引水渠首以低坝沉沙槽式、拦河闸式、弯道式、底栏栅式和分层式 5 种布置型式渠首最为常见[110]。图 9.1 为一典型的拦河闸式渠首布置,泄洪闸与冲沙闸相结合,形成拦河闸式挡(泄)水建筑物。泄洪冲沙闸是低坝(闸)引水渠首的重要建筑物之一。在泄洪冲沙闸的设计中,闸孔过水宽度是关键设计参数。闸孔宽度确定的是否合理,不仅直接关系到渠首能否正常引水防沙,而且往往关系到整个渠首的成败。

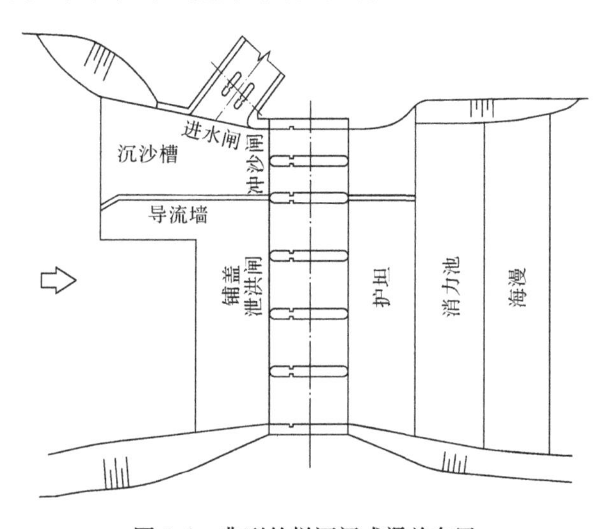

图 9.1　典型的拦河闸式渠首布置

9.1.1　泄洪冲沙闸的布置及其作用

低坝沉沙槽式渠首的冲沙闸位于溢流坝端并靠近进水闸，上游用导流墙与溢流坝隔开，形成沉沙槽。在拦河闸式渠首中，往往用泄洪闸代替溢流坝，这样可以扩大泄洪冲沙闸规模，有利于泄洪排沙。需要指出的是，低坝沉沙槽式渠首的冲沙闸或拦河闸式渠首的泄洪冲沙闸布置，同样适用于其他型式的低坝(闸)引水渠首。

修建引水渠首以后，渠首段河床将会发生再造床过程。渠首正常引水运用时，泄洪冲沙闸关闸壅水，上游库区水流挟沙能力降低，泥沙落淤。当泄洪冲沙闸敞开泄洪冲沙时，上游来沙及库区前期淤沙随水流排往下游，库区主槽得以恢复。而适宜的泄洪冲沙闸宽度是保证恢复库区主槽的必要条件。

低坝沉沙槽式渠首中的冲沙闸主要作用是冲刷进水闸前淤沙，宣泄部分洪水，并将河道主槽稳定在进水闸前，以确保进水闸正常引水。如果冲沙闸宽度设计过窄，很难把主槽位置控制在进水闸前。例如，20 世纪 30 年代修建的陕西省渭惠渠低坝沉沙槽式渠首，由于冲沙闸宽度偏小，闸前泥沙淤积严重，致使主流摆动，远离进水闸，造成进水闸引水困难。20 世纪 50 年代通过模型试验，扩宽了冲沙闸，改善了冲沙条件(图 9.2)，进水闸前形成稳定主槽，引水防沙效果良好。

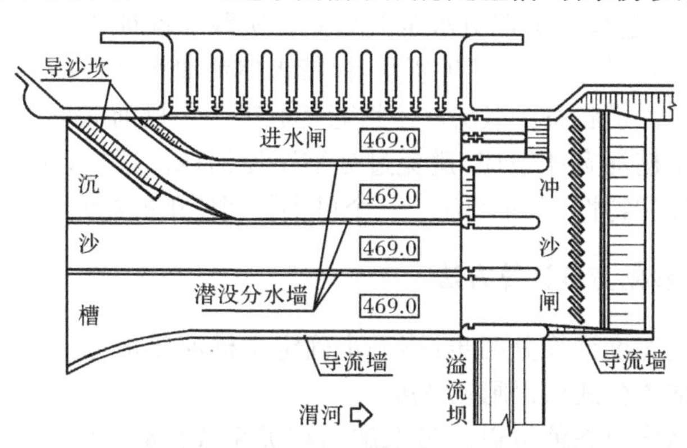

图 9.2　陕西省渭惠渠低坝沉沙槽式渠首平面布置

拦河闸式渠首中的泄洪冲沙闸主要作用是宣泄洪水，并将库区主槽前期淤沙排往下游，使河道主槽恢复到天然河道状态，保持一个可供长期使用的有效库容。如果泄洪冲沙闸宽度设计偏小，将会改变河道冲淤特性，造成库区主槽难以冲刷恢复。如始建于 20 世纪 50 年代末的黄河下游位山拦河闸式引水渠首，该渠首所在河道原河宽为 360m，但泄洪冲沙闸过流宽度仅为 160m。由于泄洪冲沙闸宽度过窄。在全部闸门敞开泄洪冲沙情况下，库区仍然严重壅水，主槽淤沙很难冲刷下泄，致使库区主槽逐年淤积抬高，降低了上游河道行洪输沙能力，短暂运行几年后被迫破坝，以恢复天然河道。而修建在黄河上游的三盛公拦河闸式渠首是一个运用成功的例子(图 9.3)。其成功经验之一是泄洪冲沙闸宽度选择合理，在宣泄造床流量以下流量时，库区不产生壅水，保持天然流泄水冲刷，能有效地将上游来沙及库区主槽前期淤沙排往下游，恢复主河槽[143]。

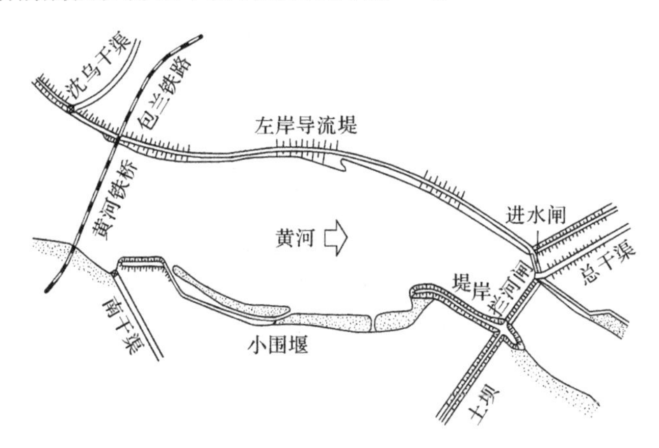

图 9.3　黄河三盛公拦河闸式渠首平面布置

综上所述，低坝(闸)引水渠首的泄洪冲沙闸宽度选择是否合理，对能否恢复库区主河槽，保证进水闸正常引水至关重要。实践经验证明，当泄洪冲沙闸宣泄造床流量以下流量时，闸前不产生壅水，保持天然流泄水冲沙能力，库区主槽才有可能恢复到天然河道状态。泄洪冲沙闸宽度取决于主槽河床形态，应与造床流量塑造的渠首段主槽河宽相适应，避免过分缩窄原河床。这样，才能不会过多地改变河道原有的冲淤特性，在库区保持一个可供长期使用的冲淤平衡河道主槽。

9.1.2　泄洪冲沙闸宽度计算方法

泄洪冲沙闸宽度计算分两步：第一步确定主槽河床形态值；第二步将有关河床形态值代入堰流公式求得闸孔宽度。

库区主槽河床形态值可以通过求解河相关系式得到。将河相关系式求得的主槽水深、流速作为闸前水深和行近流速(图 9.4)，代入堰流公式，通过水力学计算确定出宣泄造床流量时闸前不产生壅水的闸孔宽度。泄洪冲沙闸一般为平底宽顶堰，可根据闸孔出流流态，选择自由出流或淹没出流公式计算。通常情况下，泄洪冲沙闸闸孔出流为自由出流，则闸孔过流宽度可用式(9.1)计算

$$B_j=\frac{Q}{\mu\sqrt{2g}H_0^{3/2}} \tag{9.1}$$

式中，B_j 为闸孔净宽；μ 为流量系数，可查阅水力学手册确定；H_0 为包括行近流速水头的闸前水头，$H_0=h+\frac{v^2}{2g}$。

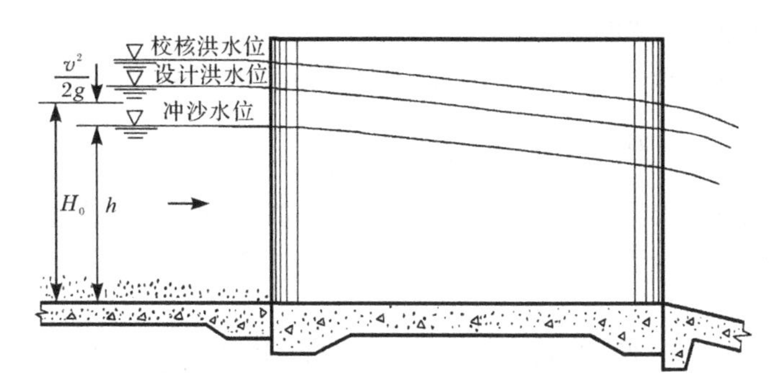

图 9.4 泄洪冲沙闸水力计算示意图

关于造床流量的选择，低坝沉沙槽式渠首与拦河闸式渠首不同。根据渭惠渠渠首运行经验，低坝沉沙槽式渠首造床流量应选择多年平均流量，才能在进水闸前形成稳定枯水河槽。根据三盛公渠首运行经验，拦河闸式渠首造床流量应选择汛期平均流量，有利于库区中水河槽的恢复。

根据造床流量确定的泄洪冲沙闸宽度是满足天然流泄水冲沙要求的下限值。还应根据设计洪水位或校核洪水位及其相应流量，校核是否满足泄流能力。若不满足，可根据计算结果加宽闸孔或延长溢流坝长度，以增大泄流能力。

算例 9.1 陕西省渭惠渠渠首，河道多年平均流量为 $117\text{m}^3/\text{s}$(据渭河魏家堡水文站统计)，相应的推移质输沙率约为 50kg/s，床沙质中值粒径为 0.0035m，糙率为 $0.025\text{s/m}^{1/3}$。

解 (1) 确定主槽河床形态值。

将上述给出的依据资料及有关数值代入基于最小能耗率原理推导的沙质推移质造床为主的河相关系式(6.19)，即

$$\begin{cases} B=1.634\dfrac{\alpha^{4/29}\rho_s'^{4/29}Q^{16/29}}{g^{6/29}d_{50}^{1/29}G_b^{4/29}} \\ h=0.146\dfrac{\alpha^{4/29}\rho_s'^{4/29}Q^{16/29}}{g^{6/29}d_{50}^{1/29}G_b^{4/29}} \\ J=284.572\dfrac{g^{32/29}n^2d_{50}^{16/87}G_b^{64/87}}{\alpha^{64/87}\rho_s'^{64/87}Q^{82/87}} \\ v=4.192\dfrac{g^{12/29}d_{50}^{2/29}G_b^{8/29}}{\alpha^{8/29}\rho_s'^{8/29}Q^{3/29}} \end{cases}$$

计算出主槽的河宽、水深、坡降和流速如下：

$$B=25.23\text{m},\quad h=2.25\text{m},\quad J=11.13\times10^{-4},\quad v=2.06\text{m/s}$$

其中泥沙干密度取值 $\rho_s'=1590\text{kg/m}^3$。

(2) 计算冲沙闸宽度。

将求得的 h、v 值代入式(9.1)，取流量系数 $\mu=0.32$，求得闸孔净宽

$$B_j=\frac{117}{0.32\times\sqrt{2\times9.8}\times2.47^{3/2}}=21.3\text{m}$$

改建前的渭惠渠渠首冲沙闸净宽仅为 4m，通过模型试验，改建后的渠首冲沙闸净宽为 19m。可以看出，计算值与模型试验值非常接近。

9.2　弯道式引水渠首中弯道的优化设计

弯道式引水渠首是低坝(闸)引水渠首的一种布置型式，主要由拦河闸或溢流低坝、引水弯道、进水闸和冲沙闸等组成。图 9.5 是一典型的弯道式引水渠首布置。这种型式的渠首适用于推移质为卵石的山区河道，多用于大中型工程。它是利用弯道环流原理，将水沙分流，达到正面引水、侧面排沙的目的。

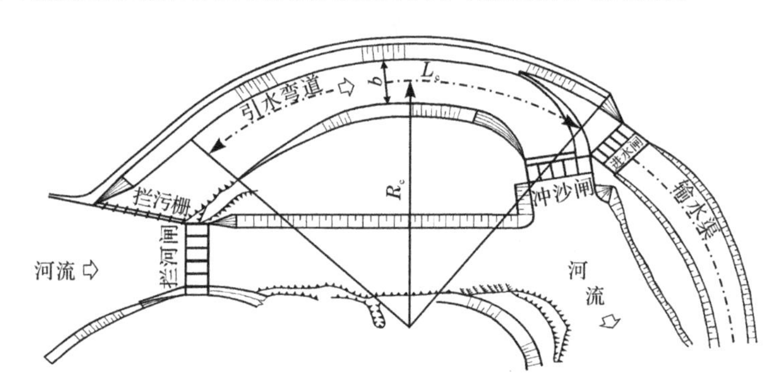

图 9.5　弯道式引水枢纽布置

引水弯道是渠首的重要组成部分，其作用是形成横向环流，以便凹岸引水，凸岸排沙。弯道式引水渠首设计的关键在于合理确定引水弯道稳定几何形态，并使之产生稳定而强烈的横向环流，使表层清水流向凹岸，经进水闸进入渠道；底层挟沙水流流向凸岸，经冲沙闸排往下游河道。弯道内环流越强烈稳定，则引水排沙效果越好。所以，引水弯道的设计关系到整个引水渠首的成败。

长期以来，引水弯道设计主要是凭借经验或模型试验，并没有理论方法的指导[139,140,144,145]。因此，设计中带有很大的随意性和盲目性。有时，因引水弯道尺寸选择不合理，造成弯道内泥沙严重淤积，影响引水渠首正常运行，不得不花费大量人力物力重新改建。针对这种情况，基于最小能耗率原理，建立了引水弯道优化设计数学模型，对引水弯道进行优化设计。

9.2.1　引水弯道优化设计数学模型

1. 设计变量

在设计引水弯道时，一般来说，弯道设计流量 Q、糙率 n、泥沙中值粒径 d_{50} 及梯形断面边坡系数 m 等均为给定参数，需要确定弯道底宽 b、断面平均水深 h、弯道中心曲率半径 R_c、弯道中心长度 L_c、纵向坡降 J 和断面纵向平均流速 v。但 J 和 v 并非独立变量，因为 b、h 确定后，便可由水流运动方程和水流连续方程求出。故独立变量为 b、h、R_c、L_c。这 4 个变量构成设计变量，可用一个四维矢量来表示，即

$$\boldsymbol{x}=[b \quad h \quad R_c \quad L_c]^{\mathrm{T}}$$

2. 目标函数

在弯道式引水渠首设计中，保证引水弯道几何形态稳定并产生稳定而强烈的横向环流是至关重要的。最小能耗率原理认为，在给定的约束条件下，水流能耗率最小的河弯其几何形态最为稳定。基于这种考虑，采用水流能耗率作为引水弯道设计的目标函数。单位长度河流能耗率可表示成如下形式：

$$\Phi_l=\gamma QJ$$

式中，γ 为水容重；Q 为流量；J 为纵向坡降。

对于特定的引水弯道，其设计流量 Q 为已知，那么 Φ_l 最小也就意味着纵向坡降 J 最小，即

$$\Phi_l=J=\text{最小} \tag{9.2}$$

纵向坡降可近似采用水流运动方程计算，即

$$J=\frac{v^2 n^2}{R^{4/3}}$$

式中，v 为弯道纵向平均流速；n 为糙率；R 为水力半径。

引水弯道过水断面一般设计成梯形断面，将梯形断面水力要素及水流连续方程代入水流运动方程，得

$$J=\frac{Q^2 n^2\left(b+2h\sqrt{1+m^2}\right)^{4/3}}{(bh+mh^2)^{10/3}} \tag{9.3}$$

式中，b 为梯形断面底宽；h 为断面平均水深；m 为梯形断面边坡系数。

3. 约束条件

引水弯道几何形态应满足下列约束条件。

1) 环流强度条件

弯道内产生稳定而强烈的横向环流是保证引水渠首正常运行的关键。衡量

横向环流的指标是环流强度。环流强度有多种表示方法[97]，张开泉用水面横向坡降 J_r 和纵向坡降 J 的比值，作为环流强度的判数[146]，即

$$C_r=\frac{J_r}{J} \tag{9.4}$$

将 $J_r=\frac{v^2}{gR_c}$，$J=\frac{v^2n^2}{R^{4/3}}$，$R=\frac{bh+mh^2}{b+2h\sqrt{1+m^2}}$代入式(9.4)，得

$$C_r=\frac{(bh+mh^2)^{4/3}}{gn^2R_c(b+2h\sqrt{1+m^2})^{4/3}} \tag{9.5}$$

通过分析10余座弯道式引水渠首资料，发现环流强度 C_r 达到1的，弯道环流作用强，渠首运行条件较好；C_r 不足1的，弯道环流不明显，渠首运行条件较差，弯道内产生严重淤积。建议 C_r 在下列范围内取值：

$$1\leqslant C_r\leqslant 1.5 \tag{9.6}$$

式(9.6)可写成如下两个约束条件：

$$G_1(\boldsymbol{x})=1.5-C_r\geqslant 0 \tag{9.7}$$

$$G_2(\boldsymbol{x})=C_r-1\geqslant 0 \tag{9.8}$$

为了保证弯道内横向环流结构能够充分发展，还必须使引水弯道有足够的长度。根据已建成的工程资料统计[139,145]，引水弯道中心长度 L_c 取下列值：

$$R_c\leqslant L_c\leqslant 1.4R_c \tag{9.9}$$

或写为

$$G_3(\boldsymbol{x})=1.4R_c-L_c\geqslant 0 \tag{9.10}$$

$$G_4(\boldsymbol{x})=L_c-R_c\geqslant 0 \tag{9.11}$$

2) 冲沙条件

为了使进入弯道内的泥沙能够通过冲沙闸顺利输送至下游河道，而不至于淤积在弯道内，弯道纵向平均流速 v 应大于弯道冲沙流速。冲沙流速可按式(9.12)计算

$$v\geqslant 1.3v_c \tag{9.12}$$

式中，v_c 为泥沙起动流速，可采用张瑞瑾公式计算[100]，即

$$v_c=5.39h^{0.14}d_{50}^{0.36} \tag{9.13}$$

式中，h 为弯道平均水深；d_{50} 为泥沙中值粒径。将式(9.13)和水流连续方程代入式(9.12)，有

$$\frac{Q}{bh+mh_2}\geqslant 7.01h^{0.14}d_{50}^{0.36} \tag{9.14}$$

或写为

$$G_5(\boldsymbol{x})=\frac{Q}{bh+mh^2}-7.01h^{0.14}d_{50}^{0.36}\geqslant 0 \tag{9.15}$$

综上所述，本模型是一个由4个设计变量5个不等式约束条件构成的优化数

学模型，即

$$\begin{cases}\text{求 } \boldsymbol{x}=[b \quad h \quad R_c \quad L_c]^T \\ \text{使 } \Phi_l(\boldsymbol{x}) \to \min \\ \text{满足 } G_i(\boldsymbol{x}) \geqslant 0, \quad i=1,2,3,4,5\end{cases} \tag{9.16}$$

式(9.16)为不等式约束的非线性极小化问题，采用内点罚函数把式(9.16)化为下列无约束极小化问题：

$$F(\boldsymbol{x},M_k)=\Phi_l(\boldsymbol{x})+M_k\sum_{i=1}^{5}\frac{1}{G_i(\boldsymbol{x})} \tag{9.17}$$

式中，$\Phi_l(\boldsymbol{x})$为原目标函数；$M_k\sum_{i=1}^{5}\frac{1}{G_i(\boldsymbol{x})}$为惩罚项；$M_k$ 为惩罚因子；$F(\boldsymbol{x},M_k)$为增广目标函数。求解式(9.17)无约束极小值，可采用步长加速法。

由于设计变量与目标函数和约束条件关系较为复杂，为避免在求解过程中，仅求出局部极小值，可在不等式约束的可行域内，多找几个较分散的初始点代入式(9.17)中进行迭代，最后求出目标函数为最小值的解作为最优解。

9.2.2　优化计算结果及验证

为了检验该优化模型的正确性及可靠性，选用了新疆境内的喀什、叶尔羌和江卡 3 座弯道式引水渠首进行了验证计算。

喀什渠首为已建成工程，多年实际运行表明，引水弯道内环流强烈，引水防沙效果显著[147]。叶尔羌、江卡两座渠首为模型试验资料，试验表明，这两座渠首的引水弯道横向环流作用较强，弯道内无明显泥沙淤积。表 9.1 为这 3 座引水渠首基本资料。

表 9.1　弯道式引水渠首基本资料

渠首名称	河流名称	河床坡降	弯道设计流量/(m^3/s)	泥沙中值粒径/m	糙率/$(s/m^{1/3})$	断面边坡系数	弯道纵坡降	弯道底宽/m	弯道曲率半径/m	弯道中心长度/m
喀什渠首	喀什河	0.0067	300	0.04～0.05	0.035	1.50	0.0067	30	163.35	230.93
叶尔羌渠首	叶尔羌河	0.0040	330	0.066	0.035	1.75	0.0033	35	208.69	302.31
江卡渠首	提孜那甫河	0.0059～0.0067	120	0.037	0.035～0.038	1.50	0.0059	18	115.00	128.50

表 9.2 为 3 座渠首的优化计算结果。可以看出，计算的引水弯道主要尺寸与实际采用的尺寸基本接近。说明该优化设计数学模型是正确的，可用于引水弯道

设计。

表 9.2　优化计算结果

渠首名称	弯道纵坡降	弯道底宽/m	弯道曲率半径/m	弯道中心长度/m	断面平均水深/m	断面平均流速/(m/s)
喀什渠首	0.0036	34.43	198.81	238.16	2.63	2.98
叶尔羌渠首	0.0042	26.91	221.12	265.15	3.01	3.41
江卡渠首	0.0046	18.21	123.83	148.40	2.11	2.66

9.3　小　　结

泄洪冲沙闸是低坝(闸)引水渠首的重要建筑物之一。在泄洪冲沙闸的设计中,闸孔宽度是关键设计参数。实际工程运行经验表明,当泄洪冲沙闸宣泄造床流量时,库区不产生壅水、保持天然流泄水冲沙,库区河道主槽才有可能恢复到天然河道状态。根据最小能耗率原理导出的河相关系式,计算出闸前主槽水深和流速,并将其代入堰流公式进行水力学计算,求得泄洪冲沙闸宽度。

弯道式引水渠首设计的关键在于如何合理地确定引水弯道稳定几何形态,并使之产生稳定而强烈的横向环流。根据最小能耗率原理,以水流能耗率作为目标函数,并应用与弯道有关的约束条件,对引水弯道进行了优化设计。优化结果给出了引水弯道底宽、弯道曲率半径、弯道中心长度、纵向坡降、水深和流速。

第 10 章　基于最小能耗率原理的稳定渠道优化设计

稳定渠道是指在一定的管理运行制度下，保持几何形态相对平衡稳定的渠道。相对平衡稳定几何形态必须同时满足纵向平衡稳定和横向平衡稳定两个条件。纵向平衡稳定是指渠道既不发生冲刷也不发生淤积，或在一定时期内淤积量和冲刷量基本平衡。横向平衡稳定是指渠道的横断面形状保持稳定，满足一定的河相关系。本章根据最小能耗率原理，以水流能耗率极小为目标函数，渠道不冲不淤流速或冲淤平衡作为约束条件，利用优化计算方法对稳定渠道进行优化设计，求解渠道底宽、水深、坡降的优化值及相应流速[148～150]。

10.1　稳定渠道的类型及适用条件

修建在质地松散土壤上未加衬砌的输水渠道，如果设计不当，渠道将会发生严重的冲刷或淤积变形，甚至影响渠道的正常运行。为了解决这个问题，早在 1895 年印度的肯尼迪(R. G. Kennedy)首先提出了稳定渠道的概念，并指出稳定渠道几何形态需要满足一定的河相关系。

稳定渠道分为两类：一类是不冲不淤平衡渠道；另一类是冲淤平衡渠道。这两类渠道的设计方法也不相同。稳定渠道几何形态与渠道的输水输沙条件及渠床土质条件密切相关。在设计稳定渠道时，可针对不同的情况采用不冲不淤平衡渠道设计方法或冲淤平衡渠道设计方法。

不冲不淤平衡渠道一般应用于渠道水流含沙量最小时的不冲流速大于水流含沙量最大时的不淤流速的情况。此时，使设计的渠道断面平均流速小于不冲流速而大于不淤流速，就能满足渠道不冲不淤平衡的要求。

我国黄河流域的大部分河流，尤其是西北黄土地区的河流，汛期水流含沙量很高，枯水期水流含沙量又很低，水流含沙量变化悬殊。而且渠道水流含沙量最大时的不淤流速经常大于水流含沙量最小时的不冲流速。在这种情况下，渠道设计就无法采用不冲不淤平衡设计方法，而只能采用冲淤平衡渠道设计方法。即允许渠道在水流含沙量较高时有一定的泥沙淤积，但这些淤积的泥沙不致妨碍正常输水，而且当水流含沙量较低时这些淤积的泥沙能够被冲刷干净，在一定时期内，使渠道的泥沙淤积量与冲刷量基本保持平衡。

10.2　稳定渠道优化设计目标函数

正确选取目标函数是建立优化设计数学模型的关键。对于稳定渠道，优化的目标是在满足约束条件的前提下，寻求使渠道几何形态保持相对平衡稳定的几何参数。渠道的几何形态要保持相对平衡稳定状态，就要满足一定的河相关系。目前河相关系大多是根据区域性实测资料整理出来的经验河相关系，式中的河相系数难以确定，且公式本身也不适宜作为优化目标函数。

最小能耗率原理认为，如果河流系统在某些约束条件下达到相对平衡稳定状态，则其能耗率为最小值。最小能耗率原理也是一种优化理论，可以在某些给定的约束条件下，寻求使能耗率趋于最小值的河流几何形态。稳定渠道为了维持相对平衡稳定状态，也应遵循最小能耗率原理。基于这种考虑，采用能耗率作为稳定渠道设计的目标函数。河流最小能耗率的数学表达式为

$$\Phi_l=\gamma QJ=\text{最小值}$$

式中，Φ_l 为单位长度河流能耗率；γ 为水容重；Q 为流量；J 为水力坡降。

稳定渠道设计的任务是，选择一组设计变量，在满足给定的约束条件下，使水流能耗率保持最小值。对于特定渠道，设计流量为给定参数，水容重也可看成常数，能耗率 Φ_l 最小就与水力坡降 J 最小完全等价，即

$$\Phi_l=J=\text{最小}$$

其中，水力坡降采用水流运动方程计算，即

$$J=\frac{v^2n^2}{R^{4/3}}$$

许多人做过稳定渠道断面形状的研究，认为其呈曲线状。沙玉清统计分析了西北黄土地区稳定渠道断面形状，认为其呈盘形，非常接近于 $m=1$ 的梯形断面。所以，一般可用图 10.1 所示的梯形断面代替[151]。将水流连续方程、水流运动方程和梯形断面水力要素一并代入能耗率表达式，最后得到目标函数具体表达式

$$\Phi_l=J=\frac{Q^2n^2\left(b+2h\sqrt{1+m^2}\right)^{4/3}}{(bh+mh^2)^{10/3}}$$

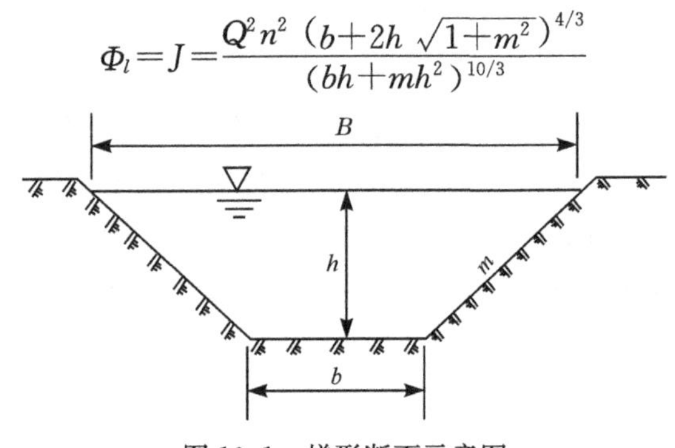

图 10.1　梯形断面示意图

式中，b 为底宽；h 为水深；m 为边坡系数；n 为糙率，n 值不仅与渠道表面粗糙程度有关，还随着含沙量及流量而变化，在初步设计时可视 n 值为常数，具体数值的确定参见有关水力学手册。

10.3　渠道不淤流速与不冲流速

10.3.1　渠道水流挟沙力

目前关于渠道水流挟沙力的研究成果有很多，但大多是经验公式，缺少通用性，一般只适用于资料来源区。下面仅介绍国内一些有代表性的成果。

(1) 张瑞瑾挟沙力公式在国内应用较普遍[100]，既可用于天然河流，又可用于人工渠道。该公式结构形式基于挟沙水流能量平衡原理，从理论上导出，但式中的系数和指数的确定却依赖于实测资料，仍未摆脱经验公式的性质。其结构形式为

$$s_* = K\left(\frac{v^3}{gR\omega}\right)^m \tag{10.1}$$

式中，s_* 为悬移质挟沙力，$\mathrm{kg/m^3}$；v 为断面平均流速，m/s；ω 为泥沙沉速，m/s；R 为水力半径，m；g 为重力加速度，$\mathrm{m/s^2}$；K、m 分别为系数和指数，根据当地实测资料确定。式(10.1)适用于含沙量变幅在 $10^{-1}\sim10^2\mathrm{kg/m^3}$ 的水流。

(2) 黄河水利委员会科学研究所在 1956 年根据引黄渠系河南省人民胜利渠实测资料，采用统计分析方法建立起一个渠道水流挟沙力公式，后经过不断补充资料并加以改进完善，于 1958 年提出如下形式的渠道水流挟沙力公式[152]：

$$s_* = 77\frac{v^3}{gR\omega}\left(\frac{h}{B}\right)^{1/2} \tag{10.2}$$

式中，ω 为泥沙沉速，cm/s；h 为平均水深，m；B 为水面宽，m；其他符号意义同前。

式(10.2)引用的含沙量变化范围为 $0.095\sim196.3\mathrm{kg/m^3}$，但含沙量超过 $40\mathrm{kg/m^3}$ 的资料大多依据水槽试验资料。张浩利用陕西省洛惠渠 1974 年实测的部分含沙量在 $82\sim900\mathrm{kg/m^3}$ 的资料对该式进行验证[153]，发现实测值比计算值大数十倍，个别的甚至大百倍以上。该式适用于黄河下游引黄渠系，经多年使用表明，与实测值接近。

(3) 山东省水利科学研究所利用本省引黄渠系实测资料建立起下列形式的渠道水流挟沙力公式[154]：

$$s_* = 5.036\left(\frac{v^2}{R\omega^{2/3}}\right)^{0.629} \tag{10.3}$$

式中，ω 为泥沙沉速，cm/s；其他符号意义同前。

式(10.3)适用于土质渠道，且具有较强的地区性，广泛用于山东省引黄渠系，

与实测值较吻合。

(4) 沙玉清运用相关分析方法，通过对搜集到的 1000 多组国内外水槽试验资料和黄河干支流及其渠系、长江、官厅水库等实测资料回归分析，得到如下形式的水流挟沙力公式[155]：

$$s_* = \frac{Kd_{50}}{\omega^{4/3}}\left(\frac{v - v_{01}R^{0.2}}{\sqrt{R}}\right)^n \tag{10.4}$$

式中，K 为挟沙系数，根据水流挟沙力饱和程度，可分为正常挟沙系数、不淤挟沙系数和不冲挟沙系数，相应得正常挟沙力、不淤挟沙力和不冲挟沙力，正常挟沙系数平均值为 $K=200$；d_{50}为泥沙中值粒径，mm；ω 为泥沙沉速，mm/s；R 为水力半径，m；v_{01}为挟动幺速，m/s，是水流挟沙力 $s_*=0$ 时水流的幺速，与泥沙运动状态有关，其值介于止动幺速和扬动幺速之间，正常挟沙情况下可采用起动幺速；n 为指数，与水流的弗劳德数 Fr 有关，对于 $Fr<0.8$ 的缓流，$n=2$，对于 $Fr>0.8$ 的急流，$n=3$。该式适用于含沙量 $s<1000\text{kg/m}^3$的情况。

众多实测资料表明，水流挟沙力与流速并非单值关系，而是呈“带状”分布，存在着上下限双值关系。也就是说，对应于渠道某一设计流速 v，有两个极限挟沙力。上限是不淤挟沙力 $s_{不淤}$，下限是不冲挟沙力 $s_{不冲}$(图 10.2)。不淤挟沙力与不冲挟沙力之间的平均值为正常挟沙力，挟沙力公式所给出的都是正常挟沙力。当水流中的含沙量 s 在 $s_{不冲}$至 $s_{不淤}$之间变化时，渠道不冲不淤，此时水流含沙量与挟沙力相适应，即所谓饱和输沙。当 $s>s_{不淤}$时，渠道就会发生淤积，即超饱和输沙。当$s<s_{不冲}$时，渠道就会发生冲刷，即次饱和输沙。

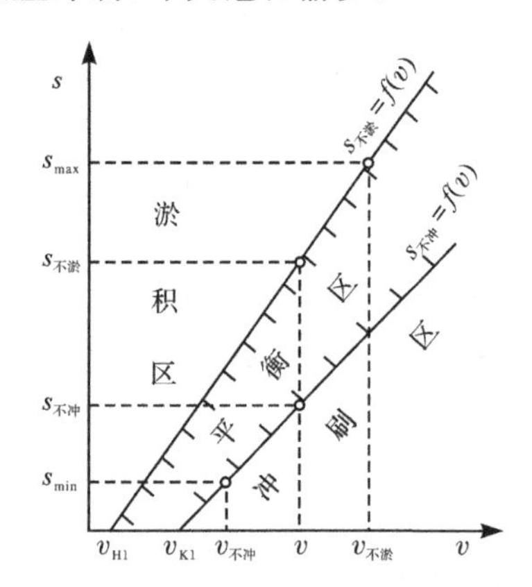

图 10.2　冲刷、淤积和平衡区间示意

利用沙玉清挟沙力公式(10.4)，采用不同的挟沙系数，可以计算出不淤挟沙力 $s_{不淤}$和不冲挟沙力 $s_{不冲}$。

$$s_{不淤}=\frac{K_{\mathrm{H}}d_{50}}{\omega^{4/3}}\left(\frac{v-v_{\mathrm{H}_1}R^{0.2}}{\sqrt{R}}\right)^n \tag{10.5}$$

$$s_{不冲}=\frac{K_{\mathrm{K}}d_{50}}{\omega^{4/3}}\left(\frac{v-v_{\mathrm{K}_1}R^{0.2}}{\sqrt{R}}\right)^n \tag{10.6}$$

式中，K_{H}、K_{K} 分别为不淤挟沙系数和不冲挟沙系数，对于黄土渠道，$K_{\mathrm{H}}=3200$、$K_{\mathrm{K}}=1100$；v_{H_1} 和 v_{K_1} 分别为止动幺速(m/s)和起动幺速(m/s)，采用下列公式计算[155]：

$$v_{\mathrm{H}_1}=(0.011+0.39d_{50}^{3/4})^{1/2} \tag{10.7}$$

$$v_{\mathrm{K}_1}=\left[1.1\,\frac{(0.7-\varepsilon)^4}{d_{50}}+0.43d_{50}^{3/4}\right]^{1/2} \tag{10.8}$$

式中，d_{50} 为泥沙中值粒径，mm；ε 为孔隙率，在没有实测资料的情况下，可近似取 $\varepsilon=0.4$；其他符号意义同前。

渠道不淤流速和不冲流速可根据挟沙力公式反求。不淤流速可由不淤挟沙力公式求得。不冲流速分两种情况求出：一种情况是渠道通过浑水时，不冲流速由不冲挟沙力公式反求；另一种情况是渠道通过清水时，不冲流速就等于床面泥沙起动流速。但在实际设计中，渠道不淤流速和不冲流速大多使用从大量实测资料中整理总结出来的经验公式，这些公式具有较强的地区性，使用时要特别注意到这一点。

10.3.2　渠道不淤流速

(1) 沙玉清依据其挟沙力公式(10.4)，选用不淤挟沙系数，取指数 $n=2$，导出渠道缓流不淤流速公式为

$$v_{不淤}=\frac{s^{1/2}\omega^{2/3}R^{1/2}}{K_{\mathrm{H}}^{1/2}d_{50}^{1/2}}+v_{\mathrm{H}_1}R^{0.2}\quad(\mathrm{m/s}) \tag{10.9}$$

式中，s 为含沙量，$\mathrm{kg/m^3}$；v_{H_1} 为止动幺速，m/s，由式(10.7)计算。其他符号意义见式(10.4)。

(2) 西北水利科学研究所利用银川灌区、内蒙古灌区、陕西省渭惠渠、河南省人民胜利渠、山东省打渔张灌区实测资料和水槽试验资料于 1964 年提出一个黄土地区渠道不淤流速公式[156]

$$v_{不淤}=2.72\,(s\omega)^{1/4}R^{3/8}\quad(\mathrm{m/s}) \tag{10.10}$$

式中，s 为含沙量，$\mathrm{kg/m^3}$；ω 为泥沙平均沉速，m/s；R 为水力半径，m。

(3) 西北水利科学研究所利用黄河流域河道、渠系及废黄河实测资料，对 6 个不同挟沙力公式进行了比较，最后推荐使用维里坎诺夫挟沙力公式[157]，由此挟沙力公式导出下列不淤流速公式[156]：

$$v_{不淤}=\left(\frac{gR\omega s}{a}\right)^{1/3}\quad(\mathrm{m/s}) \tag{10.11}$$

式中，s 为含沙量，kg/m^3；ω 为泥沙平均沉速，cm/s；R 为水力半径，m；g 为重力加速度，m/s^2。a 为系数，可分 3 种情况取值：当泥沙粒径较细，渠道本身因土质坚硬或其他原因不能补给水流以泥沙时，取 $a=20$；当泥沙粒径较粗，且主要从渠道中冲刷补给时，取 $a=3$；当泥沙部分来源于流域流失的细泥，部分从渠道中冲刷补给时，取 $a=7.6$。

(4) 黄河水利委员会科学研究所根据河南省人民胜利渠实测资料建立的不淤流速公式为[158]

$$v_{不淤}=0.23s^{1/3}Q^{1/5}\quad (m/s) \tag{10.12}$$

式中，s 为含沙量，kg/m^3；Q 为流量，m^3/s。该式适用于河南省引黄渠系。

(5) 山东省打渔张灌区，根据该灌区 86 组实测资料提出的不淤流速公式为[158]

$$v_{不淤}=\alpha Q^{\beta}\quad (m/s) \tag{10.13}$$

式中，α、β 分别为系数和指数，由表 10.1 确定。该式适用于山东省引黄渠系。

表 10.1　打渔张不淤流速公式的系数和指数

系数和指数	$Q=0.75\sim0.85m^3/s$		$Q=7.0m^3/s$	
	$J\geqslant0.6\times10^{-4}$	$J<0.6\times10^{-4}$	$J\geqslant0.3\times10^{-4}$	$J<0.3\times10^{-4}$
α	0.40	0.29	0.29	0.12
β	0.36	0.34	0.34	0.50

10.3.3　渠道不冲流速

(1) 沙玉清依据其挟沙力公式(10.4)，选用不冲挟沙系数，取指数 $n=2$，导出渠道缓流不冲流速公式为

$$v_{不冲}=\frac{s^{1/2}\omega^{2/3}R^{1/2}}{K_K^{1/2}d_{50}^{1/2}}+v_{K_1}R^{0.2}\quad (m/s) \tag{10.14}$$

式中，s 为含沙量，kg/m^3；v_{K_1} 为起动幺速，m/s，由式(10.8)计算。其他符号意义见式(10.4)。

(2) 西北水利科学研究所利用陕西省泾惠渠、洛惠渠和渭惠渠 3 大灌区实测资料，整理出如下形式不冲流速公式[153]：

$$v_{不冲}=\alpha R^{0.4}\quad (m/s) \tag{10.15}$$

式中，α 为系数，对于中等密实粉质壤土(泾惠渠、渭惠渠)$\alpha=0.96$，对于中等密实沙壤土(洛惠渠)$\alpha=0.86$；R 为水力半径，m。

(3) 西北水利科学研究所利用银川灌区、陕西省渭惠渠、河南省人民胜利渠、苏联塔什干灌区实测资料和部分水槽试验资料，提出下列形式的不冲流速公式[156,157]：

$$v_{不冲}=0.10\sqrt{\frac{\rho_s-\rho}{\rho}gs^{1/3}R^{0.2}} \quad (m/s) \tag{10.16}$$

式中，ρ、ρ_s 分别为水和泥沙密度，kg/m³；g 为重力加速度，m/s²；R 为水力半径，m；s 为含沙量，kg/m³。

(4) 黄河水利委员会科学研究所提出的适用于黄河下游引黄渠系的不冲流速公式[154]

$$v_{不冲}=v_0\ (2.5sR^{3/2}\omega^{1/2}+1)^{1/3} \quad (m/s) \tag{10.17}$$

式中，v_0 为清水时相同水力半径下的不冲流速，m/s，其数值由表10.2查取；s 为含沙量，kg/m³；R 为水力半径，m；ω 为泥沙平均沉速，cm/s。

表10.2 沙壤土和粉质壤土清水不冲流速

水力半径 R/m	0.50	0.75	1.00	1.25	1.50	1.75	2.00	2.25	2.50	2.75	3.00
v_0/(m/s)	0.35	0.40	0.45	0.48	0.49	0.51	0.52	0.54	0.56	0.57	0.58

10.4 不冲不淤平衡渠道优化设计

1. 设计变量

稳定渠道断面边坡系数 m 值一般可根据渠床土质条件、水深和施工条件等因素查阅有关设计手册确定。在渠道设计中，流量、含沙量、泥沙及渠床土壤性质等均为给定参数，需要确定渠道的底宽 b、水深 h、坡降 J 和流速 v 这4个未知参数。设计变量应是独立变量，而 J、v 并非独立变量，一旦 b、h 确定，便可通过水流运动方程和水流连续方程求出。因此，选取 b、h 作为设计变量，用矢量形式表示，即

$$\boldsymbol{x}=[b\quad h]^{\mathrm{T}}$$

2. 约束条件

所设计的渠道应满足不冲不淤流速条件，即

$$v_{不淤}<v<v_{不冲} \tag{10.18}$$

将水流连续方程代入式(10.18)中，可写成下列两个约束条件：

$$G_1(\boldsymbol{x})=\frac{Q}{bh+mh^2}-v_{不淤}>0 \tag{10.19}$$

$$G_2(\boldsymbol{x})=v_{不冲}-\frac{Q}{bh+mh^2}>0 \tag{10.20}$$

渠道的不淤流速 $v_{不淤}$ 和不冲流速 $v_{不冲}$ 可视当地情况选用合适的不冲流速和不淤流速公式计算。

3. 优化计算方法

不冲不淤渠道的优化设计数学模型可归纳为

$$\begin{cases} \text{求 } \boldsymbol{x}=[b \quad h]^{\mathrm{T}} \\ \text{使 } \Phi_l(\boldsymbol{x})\to\min \\ \text{满足 } G_1(\boldsymbol{x})=\dfrac{Q}{bh+mh^2}-v_{\text{不淤}}>0 \\ \qquad G_2(\boldsymbol{x})=v_{\text{不冲}}-\dfrac{Q}{bh+mh^2}>0 \end{cases} \tag{10.21}$$

这是一个不等式约束的非线性极小化问题。引入内点罚函数，将式(10.21)化为下列形式的无约束极小化问题

$$\min F(\boldsymbol{x},M_k)=\Phi_l(\boldsymbol{x})+M_k\sum_{i=1}^{2}\frac{1}{G_i(\boldsymbol{x})} \tag{10.22}$$

式中，$F(\boldsymbol{x},M_k)$为增广目标函数；$\Phi_l(\boldsymbol{x})$为原目标函数；$M_k\sum_{i=1}^{2}\frac{1}{G_i(\boldsymbol{x})}$为惩罚项；$M_k$为惩罚因子，当$M_k$由某个大于零的正数趋于零时，增广目标函数$F(\boldsymbol{x},M_k)$的极小值就会逐步逼近式(10.21)的最优解。采用步长加速法求解式(10.22)无约束极小值。在计算中，为避免仅求出局部极小值解，应在可行域内选择多个不同初始点进行迭代计算，求出多个极小值，然后从中选出目标函数(即水力坡降)最小者作为最优解。

求解式(10.22)的迭代步骤如下：

(1) 给定初始惩罚因子$M_k>0$，常数$c>1$，精度$\varepsilon>0$。

(2) 在可行域内选取初始点$\boldsymbol{x}^{(0)}$，令$k=0$。

(3) 以$\boldsymbol{x}^{(k)}$为初始点，使用步长加速法求解式(10.22)无约束极小值，设其最优解为$\boldsymbol{x}^{(k+1)}$。

(4) 若$M_k\sum_{i=1}^{2}\frac{1}{G_i(\boldsymbol{x}^{(k+1)})}<\varepsilon$，则得最优解$\boldsymbol{x}^*=\boldsymbol{x}^{(k+1)}$，迭代结束；否则，令$M_{k+1}=M_k/c$，以$k+1$取代$k$，转步骤(3)继续迭代。整个计算步骤框图如图10.3所示。

4. 计算实例及验证

首先选择两个不同类型地区的算例，分别采用传统的试算校核法和优化计算法进行对比计算。

算例10.1　黄河下游某引黄渠道，设计流量为$200\text{m}^3/\text{s}$，年平均含沙量为18.35kg/m^3，泥沙平均沉速为0.15cm/s，粉质沙壤土渠床，糙率为$0.01\text{s/m}^{1/3}$，边坡系数为1.5，设计渠道断面及坡降。

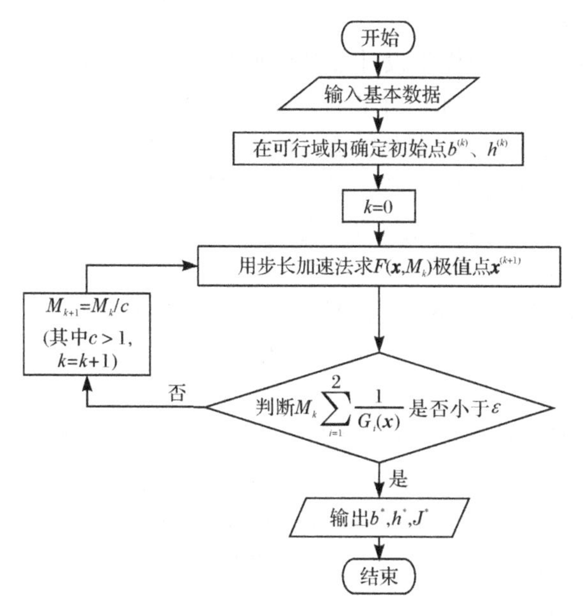

图 10.3　计算框图

(1) 试算校核法。

根据该地区经验，选择下列经验性稳定河相关系式：

$$\frac{\sqrt{B}}{h}=\zeta \tag{10.23}$$

式中，B、h 分别为水面宽和水深；ζ 为断面河相系数，本算例选用 $\zeta=4$。

将式(10.23)与水流运动方程联解，对于宽浅渠道取 $R=h$，便可得

$$h=\left(\frac{nQ}{\zeta^2\sqrt{J}}\right)^{3/11} \tag{10.24}$$

不淤流速采用式(10.11)计算，式中系数选用 $a=20$。不冲流速采用式(10.17)计算，式中清水流速根据 R 数值查表 10.2 为 $v_0=0.52$。

计算步骤：初选一个水力坡降 J 值，连同已知量代入式(10.24)计算水深 h，继由式(10.23)求得水面宽 B，从而可算出底宽 b、过水断面面积 A 及流速 v。最后校核流速是否满足不冲不淤流速要求，若不满足调整坡降重新计算。计算结果见表 10.3 。

表 10.3　算例 10.1 计算结果

计算方法	b/m	h/m	A/m²	R/m	J/(×10⁻⁴)	v/(m/s)
试算校核法	53.71	1.93	111.00	1.93	1.25	1.80
优化计算法	57.69	2.30	140.40	2.13	0.74	1.42

(2) 优化计算法。

利用不冲不淤渠道的优化设计数学模型式(10.21)，不淤流速和不冲流速仍用式(10.11)和式(10.17)确定，求得计算结果见表10.3。

算例10.2　陕西省泾惠渠某渠道，设计流量为$20m^3/s$，糙率为$0.025s/m^{1/3}$，边坡系数为1.0，年平均含沙量为$40kg/m^3$，泥沙平均粒径为0.02mm，相应沉速为$0.24\times10^{-3}m/s$，设计渠道断面及坡降。

(1) 试算校核法。

根据该地区经验，选用下列经验性稳定河相关系式：

$$b=1.4Q^{1/2} \tag{10.25}$$

$$A=1.5Q^{5/6} \tag{10.26}$$

不淤流速和不冲流速分别采用式(10.10)、式(10.15)计算。

计算步骤：由式(10.25)、式(10.26)分别求出底宽b和过水断面面积A，从而可得水深h、水力半径R及流速v，继由水流运动方程求得水力坡降J。最后校核是否满足不冲流速和不淤流速要求。计算结果见表10.4。

(2) 优化计算法。

利用不冲不淤渠道优化设计数学模型式(10.21)，求得计算结果见表10.4。

表10.4　算例10.2计算结果

计算方法	b/m	h/m	A/m²	R/m	J/(×10⁻⁴)	v/(m/s)
试算校核法	6.28	2.15	18.20	1.47	4.53	1.10
优化计算法	6.12	2.35	19.90	1.56	3.51	1.01

上述算例表明，尽管两算例设计的渠道位于不同类型地区，所用的经验性河相关系式也不相同，但用优化设计法得到的计算结果仍与试算校核法计算结果一致。这说明用最小能耗率取代经验性河相关系式设计稳定渠道是完全可行的，可以避免因经验性河相关系式选用不当而带来的设计失误。

选用陕西省泾惠渠、洛惠渠和渭惠渠3大灌区部分实测稳定渠道资料进行了验证计算[157]，计算中不淤流速和不冲流速分别采用式(10.10)和式(10.15)确定。

优化计算结果见表10.5。可以看出，计算值与实测值基本符合。

表 10.5　陕西省泾惠渠、洛惠渠和渭惠渠 3 大灌区部分渠道实测资料及优化计算结果

渠名	测段位置	流量 /(m^3/s)	边坡系数	糙率 /(s/$m^{1/3}$)	饱和挟沙量 /(kg/m^3)	悬沙中值粒径 /mm	水深 /m		水面宽 /m		坡降 /($\times 10^{-4}$)		流速 /(m/s)	
							$h_{测}$	$h_{计}$	$B_{测}$	$B_{计}$	$J_{测}$	$J_{计}$	$v_{测}$	$v_{计}$
泾惠渠	南干 9km 段	14.46	1.28	0.025	40.3	0.0195	1.41	1.74	9.50	10.61	5.20	4.69	1.07	1.00
	南一干药惠段	4.50	1.00	0.025	40.3	0.0172	0.90	1.50	5.15	5.09	8.80	5.44	0.97	0.84
	五支药惠段	2.76	0.88	0.025	40.3	0.0190	0.76	0.80	4.45	5.30	7.75	6.92	0.82	0.76
	六支药惠段	0.92	0.87	0.025	40.3	0.0212	0.58	0.89	2.40	2.30	8.60	8.79	0.67	0.68
	七支 4～5km 段	1.57	1.36	0.025	40.3	0.0128	0.66	0.80	3.25	4.13	8.00	6.28	0.73	0.65
	八支临潼庄段	0.72	1.44	0.030	40.3	0.0112	0.42	0.50	3.10	3.38	9.20	10.74	0.55	0.55
	十支永乐段	2.07	1.00	0.025	40.3	0.0155	0.76	0.80	3.95	4.50	5.90	6.52	0.70	0.70
洛惠渠	东一支首段	4.01	1.08	0.030	23.6	0.0196	0.92	1.00	5.95	6.61	5.65	7.06	0.73	0.73
	中干下段	2.49	0.67	0.020	23.6	0.0235	0.64	0.70	5.58	5.69	4.08	3.99	0.70	0.68
	中干 6 斗	0.27	0.88	0.030	14.0	0.0155	0.35	0.40	1.83	1.90	8.33	10.25	0.42	0.45
	西一干 9km 段	0.96	0.83	0.028	14.0	0.0300	0.55	0.50	3.50	3.66	4.86	9.20	0.50	0.59
渭惠渠	三渠 9～11km 段	13.30	0.90	0.020	27.6	0.0225	1.41	1.50	8.60	10.59	4.00	3.40	1.10	0.96
	四渠分水闸	9.05	1.00	0.019	27.6	0.0097	1.03	2.47	8.85	6.97	4.00	1.82	0.99	0.82
	三渠 12 号跌水	5.97	0.80	0.022	27.6	0.0235	1.04	1.00	6.85	7.91	4.00	4.64	0.84	0.84
	三渠西吴段	5.33	1.22	0.022	27.6	0.0240	0.99	1.00	6.70	7.64	4.00	4.81	0.81	0.83
	五渠 6km 段	1.80	0.63	0.023	27.6	0.0222	0.79	0.74	3.40	3.91	5.00	5.93	0.67	0.71

10.5　冲淤平衡渠道优化设计

1. 设计变量

冲淤平衡渠道设计变量与不冲不淤渠道相同，仍选取 b、h 作为设计变量。用矢量形式表示，即

$$\boldsymbol{x}=[b\ \ h]^{\mathrm{T}}$$

2. 约束条件

冲淤平衡渠道应满足冲淤平衡约束条件。冲淤平衡是指在一定时期内（如一个设计代表年或汛期），既有淤积、又有冲刷，但淤积量与冲刷量大致抵消并相互平衡。把这个概念写成约束条件可以有下列两种表达方法。

1) 不冲流速和不淤流速约束方法

渠道的设计流速 v 大于最小含沙量 s_{min} 时的不冲流速 $v_{不冲}$，同时又小于最大许可含沙量 s_{max} 时的不淤流速 $v_{不淤}$，即

$$v_{不冲} < v < v_{不淤} \tag{10.27}$$

式(10.27)表明，允许渠道既有淤积、又有冲刷，但可以通过合理选择最大许可含沙量 s_{max}，使渠道的淤积量和冲刷量在一定时期内保持平衡。最大许可含沙量 s_{max} 可以根据河源水沙资料及渠道具体运行条件确定。

将水流连续方程及梯形断面面积代入式(10.27)，得到下列两个约束条件：

$$G_1(\boldsymbol{x}) = v_{不淤} - \frac{Q}{bh + mh^2} > 0 \tag{10.28}$$

$$G_2(\boldsymbol{x}) = \frac{Q}{bh + mh^2} - v_{不冲} > 0 \tag{10.29}$$

不淤流速和不冲流速，依据沙玉清挟沙力公式导出的式(10.9)和式(10.14)计算，并将 s_{max} 和 s_{min} 分别代入式(10.9)和式(10.14)中，得

$$v_{不淤} = \frac{s_{max}^{1/2} \omega^{2/3} R^{1/2}}{K_H^{1/2} d_{50}^{1/2}} + v_{H_1} R^{0.2} \tag{10.30}$$

$$v_{不冲} = \frac{s_{min}^{1/2} \omega^{2/3} R^{1/2}}{K_K^{1/2} d_{50}^{1/2}} + v_{K_1} R^{0.2} \tag{10.31}$$

式中，$K_H = 3200$，$K_K = 1100$。当水流含沙量较高时，沉速还应考虑含沙量对其影响，采用下列公式计算浑水的群体沉速[159]：

$$\omega = \omega_0 (1 - s_V)^m \tag{10.32}$$

式中，ω_0 为清水沉速；s_V 为体积比含沙量；m 为指数，取 $m = 4.91$。

2) 渠段冲淤平衡约束方法

利用渠道输水输沙数学模型，计算渠道在一个设计代表年或汛期结束时各计算渠段累计冲淤厚度 ΔH_i（$i = 1, 2, \cdots, n$，n 为渠道计算分段数）。根据冲淤平衡概念，所有渠段的累计冲淤厚度应等于零，但实际上冲刷量与淤积量不可能如此精确平衡。所以可以人为定出一个允许误差值 ε_H，若计算出的所有渠段的累计冲淤厚度 ΔH_i 小于这个误差值，即认为冲淤平衡。用数学形式表达为

$$\Delta H_i \leqslant \varepsilon_H, \quad i = 1, 2, \cdots, n \tag{10.33}$$

将式(10.33)写成约束条件为

$$g(\boldsymbol{x}) = \varepsilon_H - \Delta H_i \geqslant 0, \quad i = 1, 2, \cdots, n \tag{10.34}$$

计算渠道各段累计冲淤厚度 ΔH_i，可用下列基本方程组构成的渠道输水输沙数学模型。

水流连续方程

$$\frac{\partial Q}{\partial x} + B \frac{\partial h}{\partial t} = 0 \tag{10.35}$$

水流运动方程

$$\frac{\partial Q}{\partial t}+\frac{\partial}{\partial x}\left(\frac{Q^2}{A}\right)+gA\frac{\partial(z_b+h)}{\partial x}+g\frac{Q^2}{C^2AR}=0 \tag{10.36}$$

河床变形方程

$$\rho_s'\frac{\partial z_b}{\partial t}=\alpha\omega(s-s_*) \tag{10.37}$$

悬移质非平衡输沙方程

$$\frac{\partial(Qs)}{\partial x}+B\frac{\partial(hs)}{\partial t}=-\alpha B\omega(s-s_*) \tag{10.38}$$

式中，Q为流量，m^3/s；B为断面平均宽度，m；h为平均水深，m；z_b为断面底部高程，m；g为重力加速度，m/s^2；C为谢才系数，$m^{1/2}/s$；R为水力半径，m；A为过水断面面积，m^2；ρ_s'为泥沙干密度，kg/m^3；ω为泥沙沉速，m/s；s为含沙量，kg/m^3；s_*为水流挟沙力，kg/m^3，可选用适当的挟沙力公式计算；α为恢复饱和系数；x、t分别为距离(m)和时间(s)。

上述方程组构成一维非恒定流输水输沙数学模型。由于渠道水沙运动变化缓慢，可将非恒定流概化成恒定流，令方程组中时间变化项$\frac{\partial}{\partial t}=0$，上述方程组即可简化成一维恒定流输水输沙数学模型。

在利用上述数学模型计算ΔH_i的过程中，还应对计算过程中的最大淤积厚度有所限制，避免因淤积造成渠道水位壅高漫过渠顶，影响正常输水。所以对每个计算时段还应附加一个限制条件，即

$$\Delta h_i\leqslant a,\quad i=1,2,\cdots,n \tag{10.39}$$

式中，Δh_i为每个计算时段末第i个计算渠段累计冲淤厚度；a为渠顶超高，可查有关设计规范确定。

3. 优化计算方法

上述优化设计模型可归纳成如下数学形式：

$$\begin{cases}\text{求 } \boldsymbol{x}=[b\quad h]^{\mathrm{T}}\\ \text{使 } \Phi_l(\boldsymbol{x})\rightarrow\min\\ \text{满足 } G_1(\boldsymbol{x})=v_{\text{不淤}}-\dfrac{Q}{bh+mh^2}>0\\ \qquad G_2(\boldsymbol{x})=\dfrac{Q}{bh+mh^2}-v_{\text{不冲}}>0\\ \text{或 } g(\boldsymbol{x})=\varepsilon_H-\Delta H_i\geqslant 0,\quad i=1,2,\cdots,n\end{cases} \tag{10.40}$$

式(10.40)是带有不等式约束的非线性极小化问题。利用内点罚函数法，将约束条件$G_i(\boldsymbol{x})>0$或$g(\boldsymbol{x})\geqslant0$按一定规则构成惩罚项加到目标函数$\Phi_l(\boldsymbol{x})$上，从

而将式(10.40)转化成一系列无约束极小化问题，即

$$\min F(\boldsymbol{x},M_k)=\Phi_l(\boldsymbol{x})+M_k\sum_{i=1}^{2}\frac{1}{G_i(\boldsymbol{x})} \tag{10.41}$$

或

$$\min F(\boldsymbol{x},M_k)=\Phi_l(\boldsymbol{x})+M_k\frac{1}{g(\boldsymbol{x})} \tag{10.42}$$

式中符号的意义同式(10.22)。仍采用步长加速法直接迭代求解上述增广目标函数 $F(\boldsymbol{x},M_k)$的序列极小值。

4. 优化计算结果与讨论

陕西省泾惠渠、洛惠渠、渭惠渠3大灌区输水渠道是按照不冲不淤平衡原则设计的。运行之初很长一段时期内，为避免渠道发生淤积，规定当来水含沙量超过15%(质量分数，相当于165kg/m^3)便关闸停止引水。3大灌区汛期来水平均含沙量均超过了15%。随着灌区面积逐渐扩大，供需水矛盾日益突出。20世纪60年代洛惠渠首先开展了高含沙引水试验，引水含沙量不断提高。全灌区正常灌溉时的最大许可含沙量由15%提高到25%(相当于296kg/m^3)，有些渠道甚至取消了引水含沙量的限制。引用高含沙水流期间，允许渠道发生淤积，但以不妨碍渠道正常输水、保证渠道年内基本冲淤平衡为原则。这些成功经验随后在泾惠渠、渭惠渠也得到推广应用。这些渠道经过多年引用高含沙水流，按不冲不淤平衡原则设计的渠道断面形状不断得到自动调整，逐渐形成了与冲淤平衡相适应的渠道断面形态[160,161]。

为了检验冲淤平衡渠道优化设计方法的正确性，以洛惠渠灌区未加衬砌的中干渠、西干渠为例进行了计算比较。这些渠道年内均能基本达到冲淤平衡。计算中采用不冲流速和不淤流速约束方法，求解式(10.41)序列极小值。

表10.6为渠道的基本情况，表10.7为计算结果。为了便于比较，表10.7中也同时列出了沙玉清设计方法[151]的计算结果。采用沙玉清方法计算时，除湿周系数k和许可挟沙比E用沙玉清给出的方法确定，其他计算依据均与优化设计方法相同。由表10.7可知，优化设计方法给出的计算结果与实测值吻合较好，而用沙玉清方法计算的结果与实测值差别较大。

表10.6　陕西省洛惠渠灌区中干渠、西干渠实测值及计算依据

渠　名	流量/(m^3/s)	坡降/(×10^{-4})	底宽/m	水深/m	边坡系数	悬沙中值粒径/mm	糙率/(s/m$^{1/3}$)	最大许可含沙量/(kg/m^3)
中干渠	10	4.0～5.0	1.6～4.8	1.75～2.00	1.0	0.0353～0.0420	0.025	296
西干渠	5	4.0～6.7	1.5～2.0	1.58～1.64	1.0	0.0353～0.0420	0.025	296

表 10.7　计算结果

渠　名	优化设计方法			沙玉清方法		
	坡降/($\times10^{-4}$)	底宽/m	水深/m	坡降/($\times10^{-4}$)	底宽/m	水深/m
中干渠	5.15	1.92	2.34	37.1	8.81	0.63
西干渠	6.14	1.47	1.73	43.1	6.18	0.50

从表 10.7 优化计算结果中还可以看出，冲淤平衡稳定渠道断面为窄深断面。这一点已经为陕西省泾惠渠、洛惠渠、渭惠渠 3 大渠系实测资料所证实。当高含沙水流通过时，渠道主槽冲刷，两岸挂淤，使断面逐渐由宽浅变为窄深。

10.6　小　　结

稳定渠道分为两类：一类是不冲不淤平衡渠道；另一类是冲淤平衡渠道。这两类渠道的设计方法也不相同。基于最小能耗率原理，对这两类稳定渠道进行了优化设计，将最小能耗率原理与最优化技术相结合，以水流能耗率作为目标函数，以不冲不淤平衡或冲淤平衡作为约束条件，建立了稳定渠道优化设计数学模型，利用最优化计算技术直接迭代求解稳定渠道断面优化设计值。

参考文献

[1] 王竹溪. 热力学[M]. 2版. 北京:北京大学出版社,2005.

[2] 龚茂枝. 热力学[M]. 武汉:武汉大学出版社,1998.

[3] 欧阳容百. 热力学与统计物理[M]. 北京:科学出版社,2007.

[4] 钟云霄. 热力学与统计物理[M]. 北京:科学出版社,1988.

[5] 顾莱纳 W,奈斯 L,斯托克 H. 热力学与统计力学[M]. 钟云霄译. 北京:北京大学出版社,2001.

[6] 崔海宁. 热力学系统理论[M]. 长春:吉林大学出版社,2009.

[7] 王季陶. 现代热力学及热力学学科全貌[M]. 上海:复旦大学出版社,2005.

[8] 顾培亮. 系统分析与协调[M]. 天津:天津大学出版社,1998.

[9] 李如生. 非平衡态热力学和耗散结构[M]. 北京:清华大学出版社,1986.

[10] 德格鲁脱 S R,梅休尔 P. 非平衡态热力学[M]. 陆全康,译. 上海:上海科学技术出版社,1981.

[11] 威斯尼夫斯基 S,斯坦尼斯捷夫斯基 B,西马尼克 R. 不平衡过程热力学[M]. 陈军健,殷开泰,李鹤立,译. 北京:高等教育出版社,1988.

[12] 湛垦华,沈小峰,等. 普利高津与耗散结构理论[M]. 西安:陕西科学技术出版社,1982.

[13] Prigogine I. Structure, dissipation and life[C]//Marois M. Theoretical Physics and Biology. Amsterdam: North Holland Publishing Co. ,1969:23-52.

[14] 宋毅,何国祥. 耗散结构论[M]. 北京:中国展望出版社,1986.

[15] 沈小峰,胡岗,姜璐. 耗散结构论[M]. 上海:上海人民出版社,1987.

[16] 黄润荣,任光耀. 耗散结构与协同学[M]. 贵州:贵州人民出版社,1988.

[17] 彭少方,张昭. 线性和非线性非平衡态热力学进展和应用[M]. 北京:化学工业出版社,2006.

[18] Nicolis G, Prigogine I. Self-Organization in Non-Equilibrium Systems[M]. New York: John Wiley & Sons Inc. ,1977.

[19] 尼科利斯 G,普里戈京 I. 非平衡系统的自组织[M]. 徐锡申,陈式刚,王光瑞,等译. 北京:科学出版社,1986.

[20] 黄琳. 稳定性理论[M]. 北京:北京大学出版社,1992.

[21] 伊·普里戈金. 从存在到演化[M]. 曾庆宏,严士键,等译. 上海:上海科学技术出版社,1986.

[22] 于渌,郝柏林,陈晓松. 边缘奇迹:相变和临界现象[M]. 北京:科学出版社,2005.

[23] Lorenz E N. Deterministic non-periodic flow[J]. Journal of the Atmospheric Sciences, 1963,20(2):130-141.

[24] Ruelle D, Takens F. On the nature of turbulence[J]. Communications in Mathematical Physics,1971,20(3):167-192.

[25] Li T Y, Yorke J A. Period three implies chaos[J]. The American Mathematical Monthly,

1975,82(10):985-992.

[26] May R M. Simple mathematical models with very complicated dynamics[J]. Nature,1976, 261:459-467.

[27] Feigenbaum M J. Quantitative universality for a class of nonlinear transformations[J]. Journal of Statistical Physics,1978,19(1):25-52.

[28] Feigenbaum M J. The universal metric properties of nonlinear transformations[J]. Journal of Statistical Physics,1979,21(6):669-706.

[29] Mandelbrot B B. Fractal aspects of the iteration of $z \to \lambda z\ (1-z)$ for complex λ and z [J]. Annals of the New York Academy of Sciences,1980,357:249-259.

[30] Packard N H, Crutchfield J P, Farmer J D, et al. Geometry from a time series[J]. Physical Review Letters,1980,45(9):712-716.

[31] Takens F. Detecting strange attractors in turbulence[J]. Lecture Notes in Mathematics, 1981,898:366-381.

[32] Grassberger P, Procaccia I. Measuring the strangeness of stranger attractors[J]. Physica, 1983,9D:189-208.

[33] 张琪昌,王洪礼,竺致文,等. 分岔与混沌理论及应用[M]. 天津:天津大学出版社,2005.

[34] 黄润生,黄浩. 混沌及其应用[M]. 2 版. 武汉:武汉大学出版社,2005.

[35] 姜翔程. 水文时间序列的混沌特性及预测方法[M]. 北京:中国水利水电出版社,2011.

[36] 李彦彬,黄强,徐建新,等. 河川径流混沌特征及预测理论与实践[M]. 北京:中国水利水电出版社,2011.

[37] 刘宗华. 混沌动力学基础及其应用[M]. 北京:高等教育出版社,2006.

[38] 吕金虎,陆君安,陈士华. 混沌时间序列分析及其应用[M]. 武汉:武汉大学出版社,2002.

[39] 韩敏. 混沌时间序列预测理论与方法[M]. 北京:中国水利水电出版社,2007.

[40] 伊·普里戈金,伊·斯唐热. 从混沌到有序[M]. 曾庆宏,沈小峰,译. 上海:上海译文出版社,1987.

[41] Pomeau Y, Manneville P. Intermittent transition to turbulence in dissipative dynamitai systems[J]. Communications in Mathematical Physics,1980,74:189-197.

[42] Newhouse S E, Ruelle D, Takens F. Occurence of strange axiom a attractors near quasiperiodic flows on $T^m, m \leqslant 3$[J]. Communications in Mathematical Physics,1978,64:35-40.

[43] 刘秉正. 非线性动力学与混沌基础(修订本)[M]. 长春:东北师范大学出版社,1995.

[44] Cooley J W,Tukey J W. An algorithm for the machine calculation of complex Fourier series [J]. Mathematics of Computation,1965,19(90):297-301.

[45] 尼科里斯 G,普利高津 I. 探索复杂性[M]. 罗久里,陈奎宁,译. 成都:四川教育出版社,1986.

[46] 吴望一. 流体力学[M]. 上、下册. 北京:北京大学出版社,1982.

[47] 徐国宾,练继建. 流体最小能耗率原理的热力学基础[J]. 水利水电科技进展,2008,28(5):16-20.

[48] 徐国宾,练继建. 流体最小熵产生原理与最小能耗率原理(Ⅰ)[J]. 水利学报,2003,(5):

35-40.

[49] 徐国宾，练继建. 流体最小熵产生原理与最小能耗率原理（Ⅱ）[J]. 水利学报，2003，(6)：43-47.

[50] 徐国宾. 河流动力学中的最小能耗率原理[C]//第 6 届全国泥沙基本理论研究学术讨论会论文集. 郑州：黄河水利出版社，2005：476-484.

[51] 赵丽娜，徐国宾. 基于广义流和广义力的河流能耗率推导[J]. 天津大学学报，2015，48(12)：1126-1129.

[52] 徐文熙，徐文灿. 黏性流体力学[M]. 北京：北京理工大学出版社，1989.

[53] 陈懋章. 黏性流体动力学基础[M]. 北京：高等教育出版社，2002.

[54] 米尔恩-汤姆森 L M. 理论流体动力学[M]. 李裕立，晏名文，译. 北京：机械工业出版社，1984.

[55] 生井武文，井上雅弘. 黏性流体力学[M]. 伊增欣，译. 北京：海洋出版社，1984.

[56] 戴莱 J W，哈里曼 D R F. 流体动力学[M]. 郭子中，陈玉璞，等译. 北京：人民教育出版社，1981.

[57] Yang C T. Unit stream power and sediment transport[J]. Journal of the Hydraulics Division，1972，98(10)：1805-1826.

[58] Yang C T，Song C C S. Theory of minimum rate of energy dissipation[J]. Journal of the Hydraulics Division，1979，105(7)：769-784.

[59] 侯晖昌. 河流动力学基本问题[M]. 北京：水利出版社，1982.

[60] Yang C T. Potential energy and stream morphology[J]. Water Resources Research，1971，7(2)：311-322.

[61] Yang C T. Formation of riffles and pools[J]. Water Resources Research，1971，7(6)：1567-1574.

[62] Yang C T. Incipient motion and sediment transport[J]. Journal of the Hydraulics Division，1973，99(10)：1679-1704.

[63] Yang C T，Stall J B. Applicability of unit stream power equation[J]. Journal of the Hydraulics Division，1976，102(5)：559-568.

[64] Yang C T. Minimum unit stream power and fluvial hydraulics[J]. Journal of the Hydraulics Division，1976，102(7)：919-934.

[65] Song C C S，Yang C T. Velocity profiles and minimum stream power[J]. Journal of the Hydraulics Division，1979，105(8)：981-998.

[66] Yang C T，Song C C S. Dynamic adjustments of alluvial channels[C]//Rhodes D D，Williams G P. Adjustments of the Fluvial Systems. Kendall：Kendall/Hunt Publishing Company，1979：55-67.

[67] Song C C S，Yang C T. Minimum stream power：Theory[J]. Journal of the Hydraulics Division，1980，106(9)：1477-1487.

[68] Yang C T，Song C C S，Woldenberg M J. Hydraulic geometry and minimum rate of energy dissipation[J]. Water Resources Research，1981，17(4)：1014-1018.

[69] Song C C S, Yang C T. Minimum energy and energy dissipation rate[J]. Journal of the Hydraulics Division,1982,108(5):690-706.

[70] Yang C T, Molinas A. Sediment transport and unit stream power function[J]. Journal of the Hydraulics Division,1982,108(6):774-793.

[71] Yang C T. Unit stream power equation for gravel[J]. Journal of Hydraulic Engineering, 1984,110(12):1783-1797.

[72] Molinas A, Yang C T. Generalized water surface profile computation[J]. Journal of Hydraulic Engineering,1985,111(3):381-397.

[73] Yang C T, Song C C S. Theory of Minimum Energy and Energy Dissipation rate[M]//Encyclopedia of Fluid Mechanics, Vol. 1, Chapter ll. Houston:Gulf Publishing Company, 1986:353-399.

[74] Yang C T,Kong X B. Energy dissipation rate and sediment transport[J]. Journal of Hydraulic Research,1991,29(4):457-474.

[75] Yang C T. Variational theories in hydrodynamics and hydraulics[J]. Journal of the Hydraulic Engineering,1994,120(6):737-756.

[76] Chang H H, Hill J C. Minimum stream power for rivers and deltas[J]. Journal of the Hydraulics Division,1977,103(12):1375-1389.

[77] Chang H H. Geometry of river in regime[J]. Journal of the Hydraulics Division,1979, 105(6):691-706.

[78] Chang H H. Minimum stream power and river channel patterns[J]. Journal of Hydrology, 1979,41(3-4):303-327.

[79] Chang H H. Stable alluvial canal design[J]. Journal of the Hydraulics Division,1980, 106(5):873-891.

[80] Chang H H. Energy expenditure in curved open channels[J]. Journal of Hydraulic Engineering,1983,109(7):1012-1022.

[81] Chang H H. Analysis of river meanders[J]. Journal of Hydraulic Engineering,1984, 110(1):37-50.

[82] 徐国宾. 最小能耗率原理及其在河流动力学中的应用[J]. 西北水资源与水工程,1994, 5(4):50-58.

[83] 常美. 最小能耗率原理的数值水槽模拟验证[D]. 天津:天津大学硕士学位论文,2012.

[84] 常美,徐国宾. 最小能耗率原理的数值水槽模拟验证[J]. 泥沙研究,2013,(2):67-71.

[85] 李万平. 计算流体力学[M]. 武汉:华中科技大学出版社,2004.

[86] 金忠青. N-S方程的数值解和紊流模型[M]. 南京:河海大学出版社,1989.

[87] 陶文铨. 计算传热学的近代发展[M]. 北京:科学出版社,2000.

[88] 徐国宾,杨志达. 基于最小熵产生与耗散结构和混沌理论的河床演变分析[J]. 水利学报, 2012,43(8):948-956.

[89] Xu G B,Yang C T, Zhao L N. Minimum Energy Dissipation Rate Theory and Its Applications for Water Resources Engineering[M]//Handbook of Environmental Engineering,

Volume 14, Advances in Water Resources Engineering, Chapter 5. Berlin: Springer, 2015: 183-245.

[90] Xu G B, Zhao L N, Yang C T. Derivation and verification of minimum energy dissipation rate principle of fluid based on minimum entropy production rate principle[J]. International Journal of Sediment Research, 2016, 31(1): 16-24.

[91] Leopold L B, Langbein W B. The concept of entropy in landscape evolution[G]//US Geological Survey, Professional Paper 500-A, 1962: 1-20.

[92] 徐国宾,练继建. 河流调整中的熵、熵产生和能耗率的变化[J]. 水科学进展, 2004, 15(1): 1-5.

[93] 徐国宾,赵丽娜. 基于信息熵的河床演变分析[J]. 天津大学学报, 2013, 46(4): 347-353.

[94] 赵丽娜,徐国宾. 基于协调发展度的冲积河流的河型分类及判别式[J]. 泥沙研究, 2013, (5): 10-14.

[95] 徐国宾,赵丽娜. 冲积河流河床演变影响因素权重分析[C]//第 9 届全国泥沙基本理论研究学术讨论会论文集. 北京:中国水利水电出版社, 2014: 205-210.

[96] 史传文. 河型模糊控制基础[M]. 郑州:黄河水利出版社, 2009.

[97] 钱宁,张仁,周志德. 河床演变学[M]. 北京:科学出版社, 1987.

[98] 张海燕. 河流演变工程学[M]. 方铎,曹叔尤,等译. 北京:科学出版社, 1990.

[99] 徐国宾. 低坝枢纽中泄洪冲沙闸宽度的计算[J]. 泥沙研究, 1993, (4): 65-71.

[100] 武汉水利电力学院河流泥沙工程教研室. 河流泥沙工程学(上册)[M]. 北京:水利电力出版社, 1983.

[101] 赵丽娜. 基于非平衡态热力学和混沌理论的河型特性研究[D]. 天津:天津大学博士学位论文, 2014.

[102] Bagnold R A. Some aspects of the shape of river meanders[G]//US Geological Survey, Professional Paper 282-E, 1960: 135-144.

[103] Leopold L G, Wolman M G, Miller J P. Fluvial Processes in Geomorphology[M]. San Francisco: W. H. Freeman and Co., 1964: 522.

[104] Schumm S A, Khan H R. Experimental study of channel patterns[J]. Geological Society of America, 1972, 83(6): 1755-1770.

[105] 尹国康. 地貌过程界限规律的应用意义[J]. 泥沙研究, 1984, (4): 25-35.

[106] 罗辛斯基 К И,库兹明 И А. 河床形成的规律性[G]//河床演变论文集. 水利水电科学研究院,译. 北京:科学出版社, 1965: 1-8.

[107] Engelund F, Skovgaard O. On the origin of meandering and braiding in alluvial streams [J]. Journal of Fluid Mechanics, 1973, 57(2): 289-302.

[108] Langbein W B, Leopold L B. River meanders-theory of minimum variance[G]//US Geological Survey, Professional Paper 422-H, 1966: 1-15.

[109] Begin Z B. The relationship between flow-shear stress and stream pattern[J]. Journal of Hydrology, 1981, 52(3-4): 307-319.

[110] 徐国宾. 河工学[M]. 北京:中国科学技术出版社, 2011.

[111] 徐国宾,赵丽娜. 基于能耗率的黄河下游河型变化趋势分析[J]. 水利学报, 2013, 44(5):

622-626.
[112] 胡一三,张红武,刘贵芝,等.黄河下游游荡性河段河道整治[M].郑州:黄河水利出版社,1998.
[113] 徐国宾.河流动力学专论[M].北京:中国水利水电出版社,2013.
[114] 徐国宾,练继建.应用耗散结构理论分析河型转化[J].水动力学研究与进展,2004,19(3):316-320.
[115] 徐国宾,赵丽娜.基于多元时间序列的河流混沌特性研究[J].泥沙研究,2017,42(3):7-13.
[116] 袁鹏,李谓新,王文圣,等.月降雨量时间序列中的混沌现象[J].四川大学学报(工程科学版),2002,34(1):16-19.
[117] 黄国如,芮孝芳.流域降雨径流时间序列的混沌识别及其预测研究进展[J].水科学进展,2004,15(2):255-260.
[118] 王卫光,张仁铎.基于混沌理论的降雨量降尺度方法[J].华中科技大学学报(自然科学版),2008,36(6):129-132.
[119] Sivakumar B, Liong S Y, Liaw C Y. Evidence of chaotic behavior in Singapore rainfall [J]. Journal of the American Water Resources Association,1998,34(2):301-310.
[120] Bellie S. Is a chaotic multi-fractal approach for rainfall possible[J]. Hydrological Processes,2001,15(6):943-955.
[121] Jothiprakash V, Fathima T A. Chaotic analysis of daily rainfall series in Koyna reservoir catchment area,India[J]. Stochastic Environmental Research and Risk Assessment, 2013, 27(6): 1371-1381.
[122] 王文均,叶敏,陈显维.长江径流时间序列混沌特性的定量分析[J].水科学进展,1994,5(2):87-94.
[123] 李新杰,胡铁松,郭旭宁,等.不同时间尺度的径流时间序列混沌特性分析[J].水利学报,2013,44(5):515-520.
[124] Sivakumar B, Berndtsson R, Olsson J, et al. Evidence of chaos in the rainfall-runoff process[J]. Hydrological Sciences Journal,2001,46(1):131-145.
[125] Jayawardena A W, Lai F Z. Analysis and prediction of chaos in rainfall and stream flow time series[J]. Journal of Hydrology,1994,153(1-4):23-52.
[126] 傅军,丁晶,邓育仁.洪水混沌特性初步研究[J].水科学进展,1996,7(3):226-230.
[127] 陈亚宁,杨思全.高山区冰川突发洪水混沌机制研究[J].自然灾害学报,1999,8(1):48-52.
[128] Rodriguez-Iturbe I,Febres de Power B,et al. Chaos in rainfall[J]. Water Resources Research,1989,25(7):1667-1675.
[129] 王秀杰,练继建.日含沙量时间序列的混沌识别与预测研究[J].泥沙研究,2008,(2):24-26.
[130] 马建华,楚纯洁.黄河流域动力系统泥沙时序混沌特征分析——地理系统综合研究的一种尝试[J].地理研究,2006,25(6):949-958.

[131] Shang P, Na X, Kamae S. Chaotic analysis of time series in the sediment transport phenomenon[J]. Chaos, Solitons and Fractals,2009,41(1):368-379.
[132] 姚爱峰,刘建军. 冲积平原河流河型稳定性指标分析[J]. 泥沙研究,1995,(3):56-63.
[133] 肖毅,邵学军,周建银. 基于尖点突变的河型稳定性判定方法[J]. 水科学进展,2012,23(2):179-185.
[134] 姚仕明,黄莉,卢金友. 三峡、丹江口水库运行前后坝下游不同河型稳定性对比分析[J]. 泥沙研究,2012,(3):41-45.
[135] Nanson G C,Huang H Q. Least action principle,equilibrium states,iterative adjustment and the stability of alluvial channels[J]. Earth Surface Processes and Landforms, 2008,33(6):923-942.
[136] Zhao J Y, Tso C P, Tseng K J. SCWR single channel stability analysis using a response matrix method[J]. Nuclear Engineering and Design, 2011,241(7):2528-2535.
[137] Tian S M, Su X H,Wang W H, et al. Application of fractal theory in the river regime in the lower yellow river[J]. Applied Mechanics and Materials, 2012, 190-191 (2): 1238-1243.
[138] 赵丽娜,徐国宾. 基于超熵产生的河型稳定判别式[J]. 水利学报,2015,46(10):1213-1221.
[139] 严晓达,刘旭东,李贵启,等. 低水头引水防沙枢纽[M]. 北京:水利电力出版社,1990.
[140] 宋祖诏,许杏陶,张思俊. 渠首工程[M]. 2版. 北京:水利电力出版社,1989.
[141] 徐国宾,任晓枫. 低水头引水枢纽防沙布置研究[J]. 水利水电工程设计,1999,(3):27-30.
[142] 徐国宾. 弯道式引水枢纽中弯道的优化设计[J]. 泥沙研究,1992,(3):65-69.
[143] 杜国翰,张振秋. 平原多沙河流修建引水枢纽中的一些泥沙问题[J]. 泥沙研究,1983,(3):1-11.
[144] 刘旭东,李贵启. 人工弯道式引水枢纽的布置及其计算问题的研究[J]. 泥沙研究,1982,(4):60-66.
[145] 谢致刚. 新疆弯道引水渠首工程经验[J]. 泥沙研究,1982,(3):84-88.
[146] 张开泉. 环流强度的判断和螺旋流排砂[J]. 新疆水利科技,1982,(4):35-43.
[147] 李承琪. 新疆伊犁喀什河弯道引水枢纽防沙效果[C]//第2次河流泥沙国际学术讨论会论文集. 北京:水利电力出版社,1983:828-835.
[148] 徐国宾. 不冲不淤输水渠道优化设计方法[J]. 水动力学研究与进展,1993,8(B12):567-570.
[149] 徐国宾. 冲淤平衡稳定渠道的优化设计[J]. 水利学报,1996,(7):61-66.
[150] Xu G B. A study on the optimization design of stable canals[C]//The Sixth International Symposium on River Sedimentation,New Delhi,1995:547-554.
[151] 沙玉清. 冲淤平衡稳定渠道设计法[J]. 水利学报,1959,(4):23-42.
[152] 华东水利学院. 水工设计手册[M]. 8卷. 灌区建筑物. 北京:水利电力出版社,1984.
[153] 张浩. 高含沙输水渠道设计方法[J]. 陕西水利科技,1977,(1):17-23.
[154] 中国水利学会泥沙专业委员会. 泥沙手册[M]. 北京:中国环境科学出版社,1992.

[155] 沙玉清. 泥沙运动学引论[M]. 北京:中国工业出版社,1965.
[156] 武汉大学水利水电学院李炜. 水力计算手册[M]. 2 版. 北京:中国水利水电出版社,2006.
[157] 西北水利科学研究所. 渠系泥沙与渠道设计[M]. 西安:陕西人民出版社,1959.
[158] 张永昌,杨文海,兰华林,等. 黄河下游引黄灌溉供水与泥沙处理[M]. 郑州:黄河水利出版社,1998.
[159] 钱宁,万兆惠. 泥沙运动力学[M]. 北京:科学出版社,1983.
[160] 人民引洛渠高含沙量浑水淤灌经验总结小组. 人民引洛渠高含沙量浑水淤灌[G]//黄河泥沙研究报告选编,第一集,上册. 郑州:黄河泥沙研究工作协调小组,1978:139-157.
[161] 陕西省高含沙引水实验小组. 引泾、引洛、宝鸡峡引渭灌区高含沙引水初步总结[G]//黄沙泥沙研究报告选编,第三集. 西安:黄河泥沙研究工作协调小组,1976:107-137.

附录A 矩阵概念

1. 矩阵定义和特殊矩阵

1) 矩阵定义及表示

矩阵是由 $m\times n$ 个数按一定顺序排列的一个数表。设由 $m\times n$ 个数排成 m 行 n 列的数表

$$\boldsymbol{A}=\begin{bmatrix} a_{11} & a_{12} & \cdots & a_{1n} \\ a_{21} & a_{22} & \cdots & a_{2n} \\ \vdots & \vdots & & \vdots \\ a_{m1} & a_{m2} & \cdots & a_{mn} \end{bmatrix}$$

称这个数表为 $m\times n$ 矩阵,这 $m\times n$ 个数称为矩阵的元素,其中 a_{ij} 为矩阵第 i 行第 j 列的元素。

通常用一个加粗字母,如 $\boldsymbol{A}$ 或 $\boldsymbol{B}$,或用 A_{ij}、B_{ij} 表示矩阵。如果需要指出矩阵的行数和列数时,也可写成 $\boldsymbol{A}_{m\times n}$ 或 $\boldsymbol{B}_{n\times s}$。

需要注意的是,矩阵与行列式是两个不同的概念。矩阵是一个按一定顺序排列的数表,而行列式则是一个按一定运算法则确定的数值。矩阵的行数和列数可以相等也可以不相等,而行列式的行数和列数必须相等。此外,两者表示方式也不同,矩阵用方括号表示,而行列式则用两个垂线段表示。

2) 一些特殊矩阵

(1) 零矩阵。

零矩阵的所有元素都为 0,即

$$\boldsymbol{O}=\begin{bmatrix} 0 & 0 & \cdots & 0 \\ 0 & 0 & \cdots & 0 \\ \vdots & \vdots & & \vdots \\ 0 & 0 & \cdots & 0 \end{bmatrix}$$

(2) 行矩阵。

只有一行的矩阵,即

$$\boldsymbol{A}=\begin{bmatrix} a_{11} & a_{12} & \cdots & a_{1n} \end{bmatrix}$$

(3) 列矩阵。

只有一列的矩阵,即

$$\boldsymbol{A}=\begin{bmatrix}a_{11}\\a_{21}\\\vdots\\a_{m1}\end{bmatrix}$$

(4) 转置矩阵。

设 $m\times n$ 矩阵

$$\boldsymbol{A}=\begin{bmatrix}a_{11}&a_{12}&\cdots&a_{1n}\\a_{21}&a_{22}&\cdots&a_{2n}\\\vdots&\vdots&&\vdots\\a_{m1}&a_{m2}&\cdots&a_{mn}\end{bmatrix}$$

将 $\boldsymbol{A}$ 的行变成同号数的列，得到如下 $n\times m$ 矩阵，称为 $\boldsymbol{A}$ 矩阵的转置矩阵，记作 $\boldsymbol{A}^{\mathrm{T}}$。

$$\boldsymbol{A}^{\mathrm{T}}=\begin{bmatrix}a_{11}&a_{21}&\cdots&a_{m1}\\a_{12}&a_{22}&\cdots&a_{m2}\\\vdots&\vdots&&\vdots\\a_{1n}&a_{2n}&\cdots&a_{mn}\end{bmatrix}$$

(5) 方阵。

当 m 行等于 n 列时，即

$$\boldsymbol{A}=\begin{bmatrix}a_{11}&a_{12}&\cdots&a_{1n}\\a_{21}&a_{22}&\cdots&a_{2n}\\\vdots&\vdots&&\vdots\\a_{n1}&a_{n2}&\cdots&a_{nn}\end{bmatrix}$$

称 $\boldsymbol{A}$ 为 n 阶方阵，并称 $a_{11},a_{22},\cdots,a_{nn}$ 为方阵主对角线上的元素。

(6) 对称矩阵与反对称矩阵。

若 n 阶方阵满足 $\boldsymbol{A}^{\mathrm{T}}=\boldsymbol{A}$，即 $a_{ij}=a_{ji}\,(i,\ j=1,2,\cdots,n)$，则称 $\boldsymbol{A}$ 为对称矩阵。若 n 阶方阵满足 $\boldsymbol{A}^{\mathrm{T}}=-\boldsymbol{A}$，即 $a_{ij}=-a_{ji}\,(i,\ j=1,2,\cdots,n)$，则称 $\boldsymbol{A}$ 为反对称矩阵。

任何一个 n 阶方阵都可表示成一个对称矩阵和一个反对称矩阵之和，即

$$\boldsymbol{A}=\frac{1}{2}(\boldsymbol{A}+\boldsymbol{A}^{\mathrm{T}})+\frac{1}{2}(\boldsymbol{A}-\boldsymbol{A}^{\mathrm{T}})$$

式中，$\frac{1}{2}(\boldsymbol{A}+\boldsymbol{A}^{\mathrm{T}})$ 为对称矩阵；$\frac{1}{2}(\boldsymbol{A}-\boldsymbol{A}^{\mathrm{T}})$ 为反对称矩阵。

(7) 奇异矩阵与非奇异矩阵。

若 n 阶方阵 $\boldsymbol{A}$ 的行列式记作 $|\boldsymbol{A}|$，当 $|\boldsymbol{A}|\neq 0$ 时，称方阵 $\boldsymbol{A}$ 为非奇异矩阵，否则称 $\boldsymbol{A}$ 为奇异矩阵。

(8) 三角矩阵。

当方阵主对角线以上或以下的元素全为 0 时，称为上三角矩阵或下三角矩阵，如

$$\boldsymbol{A}=\begin{bmatrix}a_{11} & a_{12} & \cdots & a_{1n}\\ 0 & a_{22} & \cdots & a_{2n}\\ \vdots & \vdots & & \vdots\\ 0 & 0 & \cdots & a_{nn}\end{bmatrix}$$

称为上三角矩阵。

(9) 对角矩阵。

当方阵除主对角线上的元素，其余元素全为 0 时，称为对角矩阵，即

$$\boldsymbol{A}=\begin{bmatrix}a_{11} & 0 & \cdots & 0\\ 0 & a_{22} & \cdots & 0\\ \vdots & \vdots & & \vdots\\ 0 & 0 & \cdots & a_{nn}\end{bmatrix}$$

(10) 单位矩阵。

当方阵主对角线上的元素为 1 时，其余元素全为 0 时，称为单位矩阵，即

$$\boldsymbol{I}=\begin{bmatrix}1 & 0 & \cdots & 0\\ 0 & 1 & \cdots & 0\\ \vdots & \vdots & & \vdots\\ 0 & 0 & \cdots & 1\end{bmatrix}$$

(11) 正交矩阵。

对于 n 阶方阵 $\boldsymbol{A}$，如果满足

$$\boldsymbol{A}^{\mathrm{T}}\boldsymbol{A}=\boldsymbol{I}$$

则称方阵 $\boldsymbol{A}$ 为正交矩阵，这里 $\boldsymbol{I}$ 是单位矩阵。

(12) 逆矩阵。

对于 n 阶方阵 $\boldsymbol{A}$，如果存在 n 阶方阵 $\boldsymbol{B}$ 使得

$$\boldsymbol{AB}=\boldsymbol{BA}=\boldsymbol{I}$$

则称方阵 $\boldsymbol{A}$ 为可逆矩阵，称方阵 $\boldsymbol{B}$ 是 $\boldsymbol{A}$ 的逆矩阵，记作 $\boldsymbol{A}^{-1}$。

2. 矩阵运算法则

1) 矩阵加减法

两个矩阵相加减等于对应元素相加减，所以只有同阶矩阵才能相加减。

2) 数与矩阵相乘

设 k 是一个数，$\boldsymbol{A}$ 是 $m\times n$ 矩阵，即

$$\boldsymbol{A}=\begin{bmatrix} a_{11} & a_{12} & \cdots & a_{1n} \\ a_{21} & a_{22} & \cdots & a_{2n} \\ \vdots & \vdots & & \vdots \\ a_{m1} & a_{m2} & \cdots & a_{mn} \end{bmatrix}$$

则矩阵

$$k\boldsymbol{A}=\boldsymbol{A}k=\begin{bmatrix} ka_{11} & ka_{12} & \cdots & ka_{1n} \\ ka_{21} & ka_{22} & \cdots & ka_{2n} \\ \vdots & \vdots & & \vdots \\ ka_{m1} & ka_{m2} & \cdots & ka_{mn} \end{bmatrix}$$

为数 k 与矩阵 $\boldsymbol{A}$ 的乘积，即数 k 与矩阵 $\boldsymbol{A}$ 的乘积就是将这个数乘以矩阵的每一个元素。

3) 矩阵乘积

设矩阵 $\boldsymbol{A}_{m\times n}$是 $m\times n$ 矩阵，$\boldsymbol{B}_{n\times s}$是 $n\times s$ 矩阵，即

$$\boldsymbol{A}_{m\times n}=\begin{bmatrix} a_{11} & a_{12} & \cdots & a_{1n} \\ \vdots & \vdots & & \vdots \\ a_{i1} & a_{i2} & \cdots & a_{in} \\ \vdots & \vdots & & \vdots \\ a_{m1} & a_{m2} & \cdots & a_{mn} \end{bmatrix},\quad \boldsymbol{B}_{n\times s}=\begin{bmatrix} b_{11} & \cdots & b_{1j} & \cdots & b_{1s} \\ b_{21} & \cdots & b_{2j} & \cdots & b_{2s} \\ \vdots & & \vdots & & \vdots \\ b_{n1} & \cdots & b_{nj} & \cdots & b_{ns} \end{bmatrix}$$

则矩阵 $\boldsymbol{C}_{m\times s}=\boldsymbol{A}_{m\times n}\boldsymbol{B}_{n\times s}$为矩阵 $\boldsymbol{A}_{m\times n}$和 $\boldsymbol{B}_{n\times s}$的乘积，其中 $\boldsymbol{C}_{m\times s}$ 矩阵中元素 $c_{ij}=\sum_{k=1}^{n}a_{ik}b_{kj}\,(i=1,2,\cdots,m;j=1,2,\cdots,s)$。两矩阵 $\boldsymbol{A}_{m\times n}$与 $\boldsymbol{B}_{n\times s}$相乘，必须 $\boldsymbol{A}_{m\times n}$的列数等于 $\boldsymbol{B}_{n\times s}$的行数。矩阵乘积满足结合律、分配律，但不满足交换律。

4) 两矩阵相等

若两矩阵都是 $m\times n$ 矩阵，且对应元素相等，则这两矩阵相等，即 $\boldsymbol{A}=\boldsymbol{B}$，或 $A_{ij}=B_{ij}$。

附录B 矢量、张量与场论基础

众所周知，标量是只有数值没有方向的量，矢量是既有数值又有方向的量。标量又称零维矢量。张量概念是矢量概念在三维以上空间的推广，用来表示和处理多维空间的数或函数的集合。标量和矢量实际上是张量的特例。场是从力学、物理学和工程学中抽象出来的，无论是流场、应力场、温度场、风场和电磁场等各种不同类型的场都可以概括为标量场、矢量场和张量场。

B.1 矢 量

1. 矢量概念

1) 矢量定义

矢量是既有数值又有方向的物理量。在数学中矢量也常称为向量，即有方向的量，用来表示欧氏空间中的一个二维或三维的有向线段。欧氏空间即人们生活的空间，又称平直空间。矢量之间的运算并不遵循一般的代数运算法则，而是遵循矢量运算法则。

2) 矢量表示方法

矢量常用带有箭头的两个字母表示，第一个字母表示起点，第二个字母表示终点。如$\overrightarrow{ab}$表示起点为a，终点为b的矢量。如果不需要指出矢量的起点和终点时，则可以用一个不带箭头的加粗字母，如$\boldsymbol{A}$或$\boldsymbol{B}$，或一个带箭头的字母$\vec{A}$或$\vec{B}$表示。

在笛卡儿(Descartes)直角坐标系x，y，z中，设$\boldsymbol{i}$，$\boldsymbol{j}$，$\boldsymbol{k}$分别为沿x，y，z轴的单位矢量，则任意矢量可以分解成这三个单位矢量的线性组合

$$\boldsymbol{A} = A_x\boldsymbol{i} + A_y\boldsymbol{j} + A_z\boldsymbol{k}$$

式中，$\boldsymbol{A}$表示矢量实体；A_x、A_y、A_z分别表示矢量的分量或坐标。

矢量实体也可以用列矩阵或其转置矩阵表示，即

$$\boldsymbol{A} = \begin{bmatrix} A_x \\ A_y \\ A_z \end{bmatrix} \text{或} \boldsymbol{A} = [A_x \quad A_y \quad A_z]^{\mathrm{T}}$$

矢量的长度称为矢量的模。矢量$\overrightarrow{AB}$或$\boldsymbol{A}$的模分别用$|AB|$或$|\boldsymbol{A}|$来表示，$|\boldsymbol{A}| = \sqrt{A_x^2 + A_y^2 + A_z^2}$。

2. 矢量运算法则

1) 加减法

矢量加法遵守平行四边形法则。由平行四边形法则可推广至三角形法则和多边形法则。矢量加法服从交换律和结合律，即

$$\boldsymbol{A}+\boldsymbol{B}=\boldsymbol{B}+\boldsymbol{A}$$

$$(\boldsymbol{A}+\boldsymbol{B})+\boldsymbol{C}=\boldsymbol{A}+(\boldsymbol{B}+\boldsymbol{C})$$

矢量减法是矢量加法的逆运算，一个矢量减去另一个矢量，等于加上那个矢量的负矢量。

2) 点积

两个矢量 $\boldsymbol{A}$ 和 $\boldsymbol{B}$ 的点积得出的是一个标量，点积又称标积或内积，其定义为

$$\boldsymbol{A}\cdot\boldsymbol{B}=|\boldsymbol{A}|\,|\boldsymbol{B}|\cos(\boldsymbol{A},\boldsymbol{B})$$

式中，两个矢量 $\boldsymbol{A}$ 和 $\boldsymbol{B}$ 的夹角余弦为

$$\cos(\boldsymbol{A},\boldsymbol{B})=\frac{\boldsymbol{A}\cdot\boldsymbol{B}}{|\boldsymbol{A}|\,|\boldsymbol{B}|}=\frac{A_xB_x+A_yB_y+A_zB_z}{\sqrt{A_x^2+A_y^2+A_z^2}\sqrt{A_x^2+A_y^2+A_z^2}}$$

用矢量分量表示为

$$\boldsymbol{A}\cdot\boldsymbol{B}=A_xB_x+A_yB_y+A_zB_z$$

点积也可以用矩阵运算表示，即

$$\boldsymbol{A}\cdot\boldsymbol{B}=\boldsymbol{A}^{\mathrm{T}}\boldsymbol{B}=\boldsymbol{B}^{\mathrm{T}}\boldsymbol{A}$$

式中，$\boldsymbol{A}^{\mathrm{T}}$、$\boldsymbol{B}^{\mathrm{T}}$ 分别为矩阵 $\boldsymbol{A}$、$\boldsymbol{B}$ 的转置矩阵。

矢量的点积服从分配律和交换律，即

$$\boldsymbol{C}\cdot(\boldsymbol{A}+\boldsymbol{B})=\boldsymbol{C}\cdot\boldsymbol{B}+\boldsymbol{C}\cdot\boldsymbol{A}$$

$$\boldsymbol{A}\cdot\boldsymbol{B}=\boldsymbol{B}\cdot\boldsymbol{A}$$

3) 叉积

两个矢量 $\boldsymbol{A}$ 和 $\boldsymbol{B}$ 的叉积得出的是一个新矢量，其方向由 $\boldsymbol{A}$ 和 $\boldsymbol{B}$ 构成的右手法则确定。叉积又称矢积或外积，其定义为

$$\boldsymbol{A}\times\boldsymbol{B}=|\boldsymbol{A}|\,|\boldsymbol{B}|\sin(\boldsymbol{A},\boldsymbol{B})$$

式中，$\sin(\boldsymbol{A},\boldsymbol{B})$ 为两个矢量 $\boldsymbol{A}$ 和 $\boldsymbol{B}$ 的夹角正弦。

用行列式表示为

$$\boldsymbol{A}\times\boldsymbol{B}=\begin{vmatrix}\boldsymbol{i} & \boldsymbol{j} & \boldsymbol{k}\\ A_x & A_y & A_z\\ B_x & B_y & B_z\end{vmatrix}$$

$$=(A_yB_z-A_zB_y)\boldsymbol{i}+(A_zB_x-A_xB_z)\boldsymbol{j}+(A_xB_y-A_yB_x)\boldsymbol{k}$$

矢量的叉积服从分配律，但不服从交换律和结合律。如果交换两个矢量的顺序，则叉积反号，即

$$\boldsymbol{A}\times\boldsymbol{B}=-\boldsymbol{B}\times\boldsymbol{A}$$

4) 混合积

三个矢量 $\boldsymbol{A}$、$\boldsymbol{B}$ 和 $\boldsymbol{C}$ 的混合积得出的是一个标量，其定义为

$$\boldsymbol{A}\cdot(\boldsymbol{B}\times\boldsymbol{C})=\begin{vmatrix}A_x & A_y & A_z\\ B_x & B_y & B_z\\ C_x & C_y & C_z\end{vmatrix}=\begin{vmatrix}A_x & B_x & C_x\\ A_y & B_y & C_y\\ A_z & B_z & C_z\end{vmatrix}$$

如果对换三个矢量的顺序，应满足以下旋转法则：

$$\boldsymbol{A}\cdot(\boldsymbol{B}\times\boldsymbol{C})=\boldsymbol{B}\cdot(\boldsymbol{C}\times\boldsymbol{A})=\boldsymbol{C}\cdot(\boldsymbol{A}\times\boldsymbol{B})$$

三个矢量 $\boldsymbol{A}$、$\boldsymbol{B}$ 和 $\boldsymbol{C}$ 的二重叉积满足下列恒等式：

$$\boldsymbol{A}\times(\boldsymbol{B}\times\boldsymbol{C})=(\boldsymbol{A}\cdot\boldsymbol{C})\boldsymbol{B}-(\boldsymbol{A}\cdot\boldsymbol{B})\boldsymbol{C}$$

3. 矢量函数导数和偏导数公式

设有标量 t 和变矢量 $\boldsymbol{A}$，如果对于在某一范围内 t 的每个值，变矢量 $\boldsymbol{A}$ 都有一确定的矢量与之对应，则称 $\boldsymbol{A}$ 为标量 t 的矢量函数，记作

$$\boldsymbol{A}=\boldsymbol{A}(t)$$

若变矢量 $\boldsymbol{A}$ 是多个标量，如 x、y、z 的矢量函数，记作

$$\boldsymbol{A}=\boldsymbol{A}(x,y,z)$$

设 $\boldsymbol{A}(t)$、$\boldsymbol{B}(t)$、$\boldsymbol{C}(t)$是可导矢量函数，$a(t)$是可导标量函数，则有下列矢量函数导数公式：

$$\frac{\mathrm{d}\boldsymbol{D}}{\mathrm{d}t}=0\quad(\boldsymbol{D}\text{ 为常矢})$$

$$\frac{\mathrm{d}}{\mathrm{d}t}(\boldsymbol{A}\pm\boldsymbol{B})=\frac{\mathrm{d}\boldsymbol{A}}{\mathrm{d}t}\pm\frac{\mathrm{d}\boldsymbol{B}}{\mathrm{d}t}$$

$$\frac{\mathrm{d}}{\mathrm{d}t}(\boldsymbol{A}\cdot\boldsymbol{B})=\boldsymbol{A}\cdot\frac{\mathrm{d}\boldsymbol{B}}{\mathrm{d}t}+\frac{\mathrm{d}\boldsymbol{A}}{\mathrm{d}t}\cdot\boldsymbol{B}$$

$$\frac{\mathrm{d}}{\mathrm{d}t}(\boldsymbol{A}\times\boldsymbol{B})=\boldsymbol{A}\times\frac{\mathrm{d}\boldsymbol{B}}{\mathrm{d}t}+\frac{\mathrm{d}\boldsymbol{A}}{\mathrm{d}t}\times\boldsymbol{B}$$

$$\frac{\mathrm{d}}{\mathrm{d}t}(a\boldsymbol{A})=a\frac{\mathrm{d}\boldsymbol{A}}{\mathrm{d}t}+\frac{\mathrm{d}a}{\mathrm{d}t}\boldsymbol{A}$$

$$\frac{\mathrm{d}}{\mathrm{d}t}(\boldsymbol{A}\cdot\boldsymbol{B}\times\boldsymbol{C})=\boldsymbol{A}\cdot\boldsymbol{B}\times\frac{\mathrm{d}\boldsymbol{C}}{\mathrm{d}t}+\boldsymbol{A}\cdot\frac{\mathrm{d}\boldsymbol{B}}{\mathrm{d}t}\times\boldsymbol{C}+\frac{\mathrm{d}\boldsymbol{A}}{\mathrm{d}t}\cdot\boldsymbol{B}\times\boldsymbol{C}$$

$$\frac{\mathrm{d}}{\mathrm{d}t}[\boldsymbol{A}\times(\boldsymbol{B}\times\boldsymbol{C})]=\boldsymbol{A}\times\left(\boldsymbol{B}\times\frac{\mathrm{d}\boldsymbol{C}}{\mathrm{d}t}\right)+\boldsymbol{A}\times\left(\frac{\mathrm{d}\boldsymbol{B}}{\mathrm{d}t}\times\boldsymbol{C}\right)+\frac{\mathrm{d}\boldsymbol{A}}{\mathrm{d}t}\times(\boldsymbol{B}\times\boldsymbol{C})$$

对于多元可导矢量函数 $\boldsymbol{A}=\boldsymbol{A}(x,y,z)$、$\boldsymbol{B}=\boldsymbol{B}(x,y,z)$，类似有下列矢量函数偏导数公式

$$\frac{\partial}{\partial x}(\boldsymbol{A}\cdot\boldsymbol{B})=\boldsymbol{A}\cdot\frac{\partial\boldsymbol{B}}{\partial x}+\frac{\partial\boldsymbol{A}}{\partial x}\cdot\boldsymbol{B}$$

$$\frac{\partial}{\partial x}(\boldsymbol{A}\times\boldsymbol{B})=\boldsymbol{A}\times\frac{\partial\boldsymbol{B}}{\partial x}+\frac{\partial\boldsymbol{A}}{\partial x}\times\boldsymbol{B}$$

$$\frac{\partial^2}{\partial x\partial y}(\boldsymbol{A}\cdot\boldsymbol{B})=\boldsymbol{A}\cdot\frac{\partial^2\boldsymbol{B}}{\partial x\partial y}+\frac{\partial\boldsymbol{A}}{\partial x}\cdot\frac{\partial\boldsymbol{B}}{\partial y}+\frac{\partial\boldsymbol{A}}{\partial y}\cdot\frac{\partial\boldsymbol{B}}{\partial x}+\frac{\partial^2\boldsymbol{A}}{\partial x\partial y}\cdot\boldsymbol{B}$$

B.2 张　　量

1. 张量概念

1) 张量定义

在数学中，张量是满足一定规则的几何实体，或者说广义上的“数量”，而这个“数量”是客观存在而不变的。也就是说，凡是与参照系或坐标系选择无关的量都称为张量。标量和矢量实际上是张量的特例。张量可以用坐标系统来表达，记作张量的分量。张量的分量可以是常数，也可以是函数。在坐标转换时，张量的分量遵守一定的转换规则。用笛卡儿直角坐标系表示的张量称为笛卡儿张量，而用任意坐标系表示的张量称为一般张量，简称张量。笛卡儿张量只是一般张量的特例。

2) 张量的阶数与表示方法

张量所带的自由指标的数目称为张量的阶数。张量的阶数越高，其分量数目就越多。在三维空间中，如果一个张量有 3^r 个分量，则称为 r 阶张量。例如，x_{ijk} 是三阶张量，x_{ij} 是二阶张量(二阶张量也是用得最多的张量)，矢量是一阶张量，用 x_i 表示，标量为零阶张量(下标 i,j,k 是自由指标，也可以改用上标表示)。r 阶张量是 3^r 个数的集合。对于 n 维空间也是如此，如果有 n^r 个分量则称为 r 阶张量，是 n^r 个数的集合。

张量有两种表示方法，实体表示法和分量表示法。张量实体同矢量一样可以用一个不带箭头的加粗字母表示。在给定的坐标系下，张量分量可以用若干个指标编号的数或函数的集合来表示，如二阶张量可以表示为

$$\boldsymbol{A}=[A_{ij}]=\begin{bmatrix}a_{11} & a_{12} & a_{13}\\ a_{21} & a_{22} & a_{23}\\ a_{31} & a_{32} & a_{33}\end{bmatrix}$$

式中，$\boldsymbol{A}$ 表示张量实体；[]表示矩阵；A_{ij} 表示张量分量；第 1 个指标 i 表示行号；第 2 个指标 j 表示列号；$[A_{ij}]$表示张量，常简写成 A_{ij}，这样张量和其分量都用同一符号表示。

3) 几个规定

(1) 爱因斯坦求和约定。

如果在同一项中有两个指标相同，则表示对该指标从 1 到空间维数 n 求和。

例如，在三维空间中，$n=3$，有

$$a_{ii}=a_{11}+a_{22}+a_{33}$$

$$a_i x_i=a_1 x_1+a_2 x_2+a_3 x_3$$

$$\frac{\partial a_i}{\partial x_i}=\frac{\partial a_1}{\partial x_1}+\frac{\partial a_2}{\partial x_2}+\frac{\partial a_3}{\partial x_3}$$

(2) 张量指标。

张量指标包括哑指标和自由指标。

① 哑指标是指求和指标，只表示对其取值范围求和的意思，写成展开式后，指标字母就不再出现。哑指标可以用任何其他成对字母代替，其意义不变，如$a_i x_i=a_j x_j$。爱因斯坦求和约定中的指标就是哑指标。

② 自由指标是指在每一项中只出现一次的指标，但没有求和的意思。每个自由指标都对应一个表达式，说明其取值范围。自由指标可以轮流在该指标取值范围内取任何值。自由指标也可以用其他字母代替，其意义不变，如 $x_{ij}=x_{kg}$。

再举例说明哑指标和自由指标：$a_{ij}x_{ik}=a_{1j}x_{1k}+a_{2j}x_{2k}+a_{3j}x_{3k}(i,j,k=1,2,3)$，其中指标 i 为哑指标，j、k 为自由指标。

4) 几个特殊张量

(1) 零张量。

零张量的所有分量都为 0。如零二阶张量可表示为

$$\boldsymbol{O}=[O_{ij}]=\begin{bmatrix}0 & 0 & 0\\ 0 & 0 & 0\\ 0 & 0 & 0\end{bmatrix}$$

零二阶张量将任意矢量映射为零矢量，如 $\boldsymbol{O}\cdot\boldsymbol{v}=0$，它是一种退化的二阶张量。

(2) 单位张量。

① 二阶单位张量。克罗内克(Kronecker)符号

$$\delta_{ij}=\begin{cases}1, & i=j,\\ 0, & i\neq j,\end{cases}\quad i,j=1,2,3$$

是一个二阶单位张量，它有 9 个分量，也可表示为

$$\boldsymbol{\delta}=\delta_{ij}=\begin{bmatrix}1 & 0 & 0\\ 0 & 1 & 0\\ 0 & 0 & 1\end{bmatrix}$$

二阶单位张量与任意二阶张量 $\boldsymbol{A}$ 的点积仍为该张量自身，即

$$\boldsymbol{\delta}\cdot\boldsymbol{A}=\boldsymbol{A}$$

② 三阶单位张量。里奇(Ricci)符号

$$\varepsilon_{ijk}=\begin{cases}1, & ijk\text{ 逆序数为偶数时}\\ -1, & ijk\text{ 逆序数为奇数时}\\ 0, & ijk\text{ 有两个取值相同时}\end{cases}$$

又称排列符号或交错符号，是一个三阶单位张量。如

$$\varepsilon_{123}=\varepsilon_{231}=\varepsilon_{312}=1$$

$$\varepsilon_{132}=\varepsilon_{213}=\varepsilon_{321}=-1$$

$$\varepsilon_{112}=\varepsilon_{122}=\varepsilon_{223}=0$$

Kronecker 符号 δ_{ij} 与 Ricci 符号 ε_{ijk} 之间存在下列重要关系：

$$\varepsilon_{ijk}\varepsilon_{iqt}=\delta_{jq}\delta_{kt}-\delta_{kq}\delta_{jt}$$

(3) 对称张量与反对称张量。

① 对称张量。设一个二阶张量为

$$A_{ij}=\begin{bmatrix}a_{11} & a_{12} & a_{13}\\ a_{21} & a_{22} & a_{23}\\ a_{31} & a_{32} & a_{33}\end{bmatrix}$$

若各分量之间满足 $a_{ij}=a_{ji}$ 的关系，则称此张量为对称张量。

② 反对称张量。设一个二阶张量为

$$A_{ij}=\begin{bmatrix}a_{11} & a_{12} & a_{13}\\ a_{21} & a_{22} & a_{23}\\ a_{31} & a_{32} & a_{33}\end{bmatrix}$$

若各分量之间满足 $a_{ij}=-a_{ji}$ 的关系，则称此张量为反对称张量。

③ 非对称张量。设一个二阶张量为

$$A_{ij}=\begin{bmatrix}a_{11} & a_{12} & a_{13}\\ a_{21} & a_{22} & a_{23}\\ a_{31} & a_{32} & a_{33}\end{bmatrix}$$

若各分量之间满足 $a_{ij}\neq a_{ji}$ 的关系，则称此张量为非对称张量。

(4) 转置张量。

张量指标的顺序一般不能任意调换，如果调换张量指标顺序，将得到一个同阶的新张量，这个新张量则称为原张量的转置张量。如二阶张量 $\boldsymbol{A}=A_{ij}$，其转置张量用 $\boldsymbol{A}^{\mathrm{T}}$ 表示，$\boldsymbol{A}^{\mathrm{T}}=A_{ji}$。如果转置张量与原张量相等，即 $\boldsymbol{A}^{\mathrm{T}}=\boldsymbol{A}$，则为对称张量；如果转置张量与原张量负值相等，即 $\boldsymbol{A}^{\mathrm{T}}=-\boldsymbol{A}$，则为反对称张量。

(5) 正交张量。

如果一个张量与其转置张量的点积是一个单位张量，则称该张量为正交张量。如二阶张量 $\boldsymbol{A}$ 为正交张量，则有

$$\boldsymbol{A}\cdot\boldsymbol{A}^{\mathrm{T}}=\boldsymbol{\delta}$$

式中，$\boldsymbol{\delta}$为二阶单位张量。

(6) 逆张量。

设$\boldsymbol{A}$和$\boldsymbol{B}$为二阶张量，如果

$$\boldsymbol{A}\cdot\boldsymbol{B}=\boldsymbol{B}\cdot\boldsymbol{A}=\boldsymbol{\delta}$$

则称$\boldsymbol{B}$是$\boldsymbol{A}$的逆张量，记作$\boldsymbol{A}^{-1}$。正交张量$\boldsymbol{A}$的转置张量$\boldsymbol{A}^{\mathrm{T}}$也是逆张量。

2. 张量运算法则

1) 加减法

两个或多个同阶同类型张量之和(差)仍是与它们同阶同类型的张量，其分量等于两个张量相对应的分量的加减。例如，二阶张量A_{ij}和B_{ij}相加减得到一个新的二阶张量

$$A_{ij}\pm B_{ij}=C_{ij}$$

用实体表示法可写为

$$\boldsymbol{A}\pm\boldsymbol{B}=\boldsymbol{C}$$

2) 加法分解

任意一个张量都可以唯一地分解成一个对称张量和一个反对称张量之和，如

$$A_{ij}=\frac{1}{2}(A_{ij}+A_{ji})+\frac{1}{2}(A_{ij}-A_{ji})$$

式中，$\frac{1}{2}(A_{ij}+A_{ji})$为对称张量；$\frac{1}{2}(A_{ij}-A_{ji})$为反对称张量。

3) 数积

张量和一个数或标量函数a相乘，得到另一个新的同阶同类型张量

$$aA_{ij}=B_{ij}$$

或写为

$$a\boldsymbol{A}=\boldsymbol{B}$$

4) 并积

把两个张量并写在一起，称为张量并积，又称外积或乘积。两个张量的并积是一个阶数等于原来两个张量阶数之和的新张量，其分量等于前一个张量的每个分量依次与后一个张量的每个分量相乘。例如，二阶张量A_{ij}和B_{km}的并积是一个四阶张量C_{ijkm}，即

$$A_{ij}B_{km}=C_{ijkm}$$

或

$$\boldsymbol{AB}=\boldsymbol{C}$$

张量并积服从结合律、分配律，但不服从交换律。

5）缩并

缩并是爱因斯坦求和运算。若一个张量的两个指标相同，得到的是一个比原来张量低两阶的新张量。例如，二阶张量 A_{ij}，若指标 $i=j$，则得到一个零阶张量 $A_{ii}=A_{11}+A_{22}+A_{33}$。

6）点积

(1) 点积。又称内积，是两个张量之间先并积后缩并的运算。两个二阶张量的点积对应于矩阵乘法。例如，二阶张量 A_{ik} 和 B_{kj} 点积后得到一个新的二阶张量 C_{ij}，即

$$A_{ik}\cdot B_{kj}=C_{ij}$$

或

$$\boldsymbol{A}\cdot\boldsymbol{B}=\boldsymbol{C}$$

(2) 双点积。若两个张量的并积之后再进行两次缩并，则称为双点积。双点积有并联式和串联式两种。并双点积和串双点积对应于两种缩并方法。两个二阶张量的双点积，其结果是一个标量。

并联式：

$$\begin{aligned}A_{ij}:B_{kl}&=A_{ij}B_{ij}\\&=A_{11}B_{11}+A_{12}B_{12}+A_{13}B_{13}+A_{21}B_{21}+A_{22}B_{22}\\&\quad+A_{23}B_{23}+A_{31}B_{31}+A_{32}B_{32}+A_{33}B_{33}\end{aligned}$$

或

$$\boldsymbol{A}:\boldsymbol{B}=\boldsymbol{C}$$

双点积满足交换律，即

$$\boldsymbol{A}:\boldsymbol{B}=\boldsymbol{B}:\boldsymbol{A}$$

串联式：

$$\begin{aligned}A_{ij}\cdot\cdot B_{kl}&=A_{ij}B_{ji}\\&=A_{11}B_{11}+A_{12}B_{21}+A_{13}B_{31}+A_{21}B_{12}+A_{22}B_{22}\\&\quad+A_{23}B_{32}+A_{31}B_{13}+A_{32}B_{23}+A_{33}B_{33}\end{aligned}$$

或

$$\boldsymbol{A}\cdot\cdot\boldsymbol{B}=\boldsymbol{D}$$

7）两张量相等

若两张量同阶且各分量一一对应相等，则这两张量相等。例如，二阶张量 A_{ij} 和 B_{ij} 对应的各分量一一对应相等，那么这两张量相等，即 $A_{ij}=B_{ij}$，或 $\boldsymbol{A}=\boldsymbol{B}$。

B.3 场　论

1. 场的概念

1) 场的定义

发生物理现象的空间称为场。场是物理量的空间函数，根据物理量的性质，场可以分为标量场、矢量场和张量场。

标量场：在空间中，如果标量函数 a 是点 P 的函数，即 $a=a(P)$，则称 a 是空间的一个标量场。

矢量场：对于空间中每一个点 P 均给定了一个矢量函数，表示为 $\mathbf{A}=\mathbf{A}(P)$，则称 $\mathbf{A}$ 是空间的一个矢量场。矢量场的一个重要特征是矢量线，简称矢线。

张量场：对于空间中每一个点 P 均给定了一个张量函数，表示为 $\mathbf{A}=\mathbf{A}(P)$，这个张量的阶数是一个常数，则称 $\mathbf{A}$ 是空间的一个张量场。标量场是零阶张量场，矢量场是一阶张量场。

2) 场的特点

场有两个显著特点：

(1) 场是客观存在的，不随坐标系的选取而变化。

(2) 场可以随时间和空间变化，不随时间变化的场为稳定场，而随时间变化的场为不稳定场。

2. 哈密顿(Hamilton)算子

1) Hamilton 算子及运算性质

Hamilton 算子表示场与空间相互作用，在直角坐标系中可以写为

$$\nabla=\boldsymbol{i}\frac{\partial}{\partial x}+\boldsymbol{j}\frac{\partial}{\partial y}+\boldsymbol{k}\frac{\partial}{\partial z}$$

用张量表示 Hamilton 算子可写为

$$\nabla=\boldsymbol{i}_i\frac{\partial}{\partial x_i}$$

∇表示一个微分运算符号，它本身无意义，只有和场结合才具有意义。Hamilton 算子具有矢量和运算双重特性，∇既可以看成一个微分算子，又可以看成一个矢量，但和一般的矢量不同，首先是算子。例如，算子∇和矢量函数 $\mathbf{A}(x,y,z)$的点积，从矢量角度看可以交换，但作为算子，又不能像矢量一样交换。交换后所表达的意义不同，如

$$\nabla\cdot\mathbf{A}=\frac{\partial A_x}{\partial x}+\frac{\partial A_y}{\partial y}+\frac{\partial A_z}{\partial z}$$

而

$$\boldsymbol{A}\cdot\nabla=A_x\frac{\partial}{\partial x}+A_y\frac{\partial}{\partial y}+A_z\frac{\partial}{\partial z}$$

(1) Hamilton 算子∇运算性质。

设 $a(x,y,z)$和 $b(x,y,z)$为标量场,$\boldsymbol{A}(x,y,z)$和 $\boldsymbol{B}(x,y,z)$为矢量场,并且它们连续且存在二阶偏导数,则有

$$\nabla(a\pm b)=\nabla a\pm\nabla b$$

$$\nabla(ab)=a(\nabla b)+b(\nabla a)$$

$$\nabla\left(\frac{a}{b}\right)=\frac{1}{b^2}[(\nabla a)b-a(\nabla b)]$$

$$\nabla\cdot(a\boldsymbol{A})=(\nabla a)\cdot\boldsymbol{A}+a(\nabla\cdot\boldsymbol{A})$$

$$\nabla\cdot(\boldsymbol{A}\pm\boldsymbol{B})=\nabla\cdot\boldsymbol{A}\pm\nabla\cdot\boldsymbol{B}$$

$$\nabla(\boldsymbol{A}\cdot\boldsymbol{B})=\boldsymbol{A}\times(\nabla\times\boldsymbol{B})+\boldsymbol{B}\times(\nabla\times\boldsymbol{A})+(\boldsymbol{A}\cdot\nabla)\boldsymbol{B}+(\boldsymbol{B}\cdot\nabla)\boldsymbol{A}$$

$$(\boldsymbol{A}\cdot\nabla)\boldsymbol{A}=\nabla\left(\frac{A^2}{2}\right)-\boldsymbol{A}\times(\nabla\times\boldsymbol{A})$$

$$\nabla\times(a\boldsymbol{A})=(\nabla a)\times\boldsymbol{A}+a(\nabla\times\boldsymbol{A})$$

$$\nabla\times(\boldsymbol{A}\pm\boldsymbol{B})=\nabla\times\boldsymbol{A}\pm\nabla\times\boldsymbol{B}$$

$$\nabla\cdot(\boldsymbol{A}\times\boldsymbol{B})=(\nabla\times\boldsymbol{A})\cdot\boldsymbol{B}-\boldsymbol{A}\cdot(\nabla\times\boldsymbol{B})$$

$$\nabla\times(\boldsymbol{A}\times\boldsymbol{B})=(\boldsymbol{B}\cdot\nabla)\boldsymbol{A}-(\boldsymbol{A}\cdot\nabla)\boldsymbol{B}-(\nabla\cdot\boldsymbol{A})\boldsymbol{B}+(\nabla\cdot\boldsymbol{B})\boldsymbol{A}$$

其中

$$(\boldsymbol{B}\cdot\nabla)\boldsymbol{A}=B_x\frac{\partial\boldsymbol{A}}{\partial x}+B_y\frac{\partial\boldsymbol{A}}{\partial y}+B_z\frac{\partial\boldsymbol{A}}{\partial z}$$

而$\frac{\partial\boldsymbol{A}}{\partial x}=\frac{\partial A_x}{\partial x}\boldsymbol{i}+\frac{\partial A_y}{\partial x}\boldsymbol{j}+\frac{\partial A_z}{\partial x}\boldsymbol{k}$,$\frac{\partial\boldsymbol{A}}{\partial y}$、$\frac{\partial\boldsymbol{A}}{\partial z}$与之类似。

(2) Hamilton 算子∇双重运算性质。

$$\nabla\cdot(\nabla a)=\nabla^2 a$$

$$\nabla\times(\nabla a)=0$$

$$\nabla\cdot(\nabla\times\boldsymbol{A})=0$$

$$\nabla\times(\nabla\times\boldsymbol{A})=\nabla(\nabla\cdot\boldsymbol{A})-\nabla^2\boldsymbol{A}$$

2) Hamilton 算子与场的相互作用

Hamilton 算子既可以和标量场相互作用,又可以和矢量场相互作用。最基本的作用有下列几种。

(1) 与标量场 $a=a(x,y,z)$相乘——标量场的梯度。

$$\nabla a=\left(\boldsymbol{i}\frac{\partial}{\partial x}+\boldsymbol{j}\frac{\partial}{\partial y}+\boldsymbol{k}\frac{\partial}{\partial z}\right)a=\boldsymbol{i}\frac{\partial a}{\partial x}+\boldsymbol{j}\frac{\partial a}{\partial y}+\boldsymbol{k}\frac{\partial a}{\partial z}$$

标量场的梯度是一个矢量场。梯度是方向导数的最大值。标量场的梯度记

作 grad$a$，表示标量场 a 在法线方向的梯度，$\mathrm{grad}a=\boldsymbol{i}\dfrac{\partial a}{\partial x}+\boldsymbol{j}\dfrac{\partial a}{\partial y}+\boldsymbol{k}\dfrac{\partial a}{\partial z}$。显然，$\mathrm{grad}a=\nabla a$。

(2) 与矢量场 $\boldsymbol{A}=\boldsymbol{A}(x,y,z)$ 点积——矢量场的散度。

$$\nabla\cdot\boldsymbol{A}=\left(\boldsymbol{i}\frac{\partial}{\partial x}+\boldsymbol{j}\frac{\partial}{\partial y}+\boldsymbol{k}\frac{\partial}{\partial z}\right)\cdot(A_x\boldsymbol{i}+A_y\boldsymbol{j}+A_z\boldsymbol{k})=\frac{\partial A_x}{\partial x}+\frac{\partial A_y}{\partial y}+\frac{\partial A_z}{\partial z}$$

矢量场的散度是一个标量场。矢量场的散度记作 div$\boldsymbol{A}$，表示矢量场 $\boldsymbol{A}$ 在任意一点处的散度，$\mathrm{div}\boldsymbol{A}=\dfrac{\partial A_x}{\partial x}+\dfrac{\partial A_y}{\partial y}+\dfrac{\partial A_z}{\partial z}$。显然，$\mathrm{div}\boldsymbol{A}=\nabla\cdot\boldsymbol{A}$。

(3) 与矢量场 $\boldsymbol{A}=\boldsymbol{A}(x,y,z)$ 叉积——矢量场的旋度。

$$\nabla\times\boldsymbol{A}=\begin{vmatrix}\boldsymbol{i} & \boldsymbol{j} & \boldsymbol{k}\\ \dfrac{\partial}{\partial x} & \dfrac{\partial}{\partial y} & \dfrac{\partial}{\partial z}\\ A_x & A_y & A_z\end{vmatrix}$$

矢量场的旋度是一个矢量场。矢量场的旋度记作 rot$\boldsymbol{A}$ 或 curl$\boldsymbol{A}$，表示矢量场 $\boldsymbol{A}$ 在任意一点处的环流强度。显然，$\mathrm{rot}\boldsymbol{A}=\nabla\times\boldsymbol{A}$。

梯度、散度和旋度的定义具有不变性，即标量场的梯度、矢量场的散度与正交坐标系的选择无关，矢量场的旋度与右手系的正交坐标系的取法无关。

3. 拉普拉斯(Laplace)算子

Laplace 算子在直角坐标系中可以写为

$$\nabla^2=\frac{\partial^2}{\partial x^2}+\frac{\partial^2}{\partial y^2}+\frac{\partial^2}{\partial z^2}$$

Laplace 算子是一个标量微分算子，还可以记作 Δ。Laplace 算子既可以和标量场相互作用，又可以和矢量场相互作用。

(1) 与标量场 $a=a(x,y,z)$ 的相互作用，仍为标量场，即

$$\nabla^2 a=\frac{\partial^2 a}{\partial^2 x}+\frac{\partial^2 a}{\partial^2 y}+\frac{\partial^2 a}{\partial^2 z}$$

因为标量场梯度的散度可写为

$$\mathrm{div}(\mathrm{grad}a)=\nabla\cdot\nabla a=\frac{\partial^2 a}{\partial^2 x}+\frac{\partial^2 a}{\partial^2 y}+\frac{\partial^2 a}{\partial^2 z}$$

于是 $\mathrm{div}(\mathrm{grad}a)=\nabla^2 a$。

设标量函数 $a=a(x,y,z)$，偏微分方程

$$\nabla^2 a=\frac{\partial^2 a}{\partial x^2}+\frac{\partial^2 a}{\partial y^2}+\frac{\partial^2 a}{\partial z^2}=0$$

称为 Laplace 方程。

(2) 与矢量场 $\boldsymbol{A}=\boldsymbol{A}(x,y,z)$ 的相互作用，仍为矢量场，即

$$\nabla^2 \boldsymbol{A} = \frac{\partial^2 \boldsymbol{A}}{\partial^2 x} + \frac{\partial^2 \boldsymbol{A}}{\partial^2 y} + \frac{\partial^2 \boldsymbol{A}}{\partial^2 z}$$

4. 通量

通量反映了矢量场和有向曲面之间的相互数量作用，它表示矢线 $\boldsymbol{A}$ 穿进或穿出有向曲面 Ω 的总量，是一个标量。如果一个闭合曲面 Ω 的通量不为零，则曲面 Ω 内部必存在着源或汇。通量 $\boldsymbol{\Psi}$ 可以写为

$$\boldsymbol{\Psi} = \iint_{\Omega} \boldsymbol{A} \cdot \boldsymbol{n} \mathrm{d}\Omega$$

式中，$\boldsymbol{n}$ 为有向曲面 Ω 外法线方向单位矢量。

穿过单位面积的通量称为通量密度，通量密度也称为散度。

5. 高斯(Gauss)公式

Gauss 公式是将体积分与曲面积分联系起来的一个十分重要的公式。设一封闭曲面为 Ω，所包围的体积为 V，则 Gauss 公式表示为

$$\iiint_V \nabla \cdot \boldsymbol{A} \mathrm{d}V = \oiint_{\Omega} \boldsymbol{A} \cdot \boldsymbol{n} \mathrm{d}\Omega = \oiint_{\Omega} A_n \mathrm{d}\Omega$$

或

$$\iiint_V \mathrm{div} \boldsymbol{A} \mathrm{d}V = \oiint_{\Omega} \boldsymbol{A} \cdot \boldsymbol{n} \mathrm{d}\Omega = \oiint_{\Omega} A_n \mathrm{d}\Omega$$

式中，$A_n = \boldsymbol{A} \cdot \boldsymbol{n}$ 表示矢量 $\boldsymbol{A}$ 在外法线方向单位矢量的投影。

6. 保守场、管形场和调和场

1) 保守场

保守场也称为无旋场，是指旋度处处为零的矢量场。如果矢量场 $\boldsymbol{A}(x,y,z)$ 是保守场，则满足

$$\nabla \times \boldsymbol{A} = 0$$

由无旋场定义可以推出，$\nabla \times \nabla a = 0$，其物理意义是，有梯度的矢量场必定无旋。保守场存在势函数，所以也称为有势场。

保守场中的能量是守恒的，而且物质的状态参量，如能量、熵等，只与初态、终态有关，与所经过的路径完全无关。如引力场、重力场都是保守场。保守场中的力是保守力，如重力是保守力。保守场中的第二类型曲线积分(有向曲线积分)只与起点和终点有关，而与路径无关，这也是判断保守场的一种方法。

2) 管形场

管形场也称为无源场，是指散度处处为零的矢量场。如果矢量场 $\boldsymbol{A}(x,y,z)$ 是管形场，则满足

$$\nabla \cdot \boldsymbol{A} = 0$$

由无源场的定义可以推出，$\nabla \cdot (\nabla \times \boldsymbol{A}) = 0$，其物理意义是，有旋必定无源。类似保守场存在势函数，管形场存在矢量势。

任意一个矢量场 $\boldsymbol{A}(x,y,z)$ 总可以分解成一个无旋场 $\boldsymbol{A}'(x,y,z)$ 和一个无源场 $\boldsymbol{A}''(x,y,z)$ 之和，即

$$\boldsymbol{A}(x,y,z) = \boldsymbol{A}'(x,y,z) + \boldsymbol{A}''(x,y,z)$$

3）调和场

调和场是指既无源又无旋的矢量场。如果矢量场 $\boldsymbol{A}(x,y,z)$ 是调和场，则满足

$$\begin{cases} \nabla \cdot \boldsymbol{A} = 0 \\ \nabla \times \boldsymbol{A} = 0 \end{cases}$$

调和场存在调和函数，满足 Laplace 方程的标量函数称为调和函数。

附录C 泛函和变分初步

C.1 泛 函

1. 泛函概念

1) 泛函定义

关于函数的定义，大家都知道，即自变量 x 在其定义域取值时，如果有一个实数值 y 按一定关系式与之对应，则称变量 y 是自变量 x 的函数，记为 $y=y(x)$。可见，函数是变量与变量的关系。如果把自变量 x 换成函数，就成为变量与函数的关系，即泛函。

假设对某一类函数 $\{y(x)\}$ 中的每一个函数 $y(x)$ 有一个实数值 F 与其对应，则称变量 F 是函数 $y(x)$ 的泛函，记为

$$F = F[y(x)]$$

简单地讲，泛函就是自变量为函数的实值函数。上述定义可以推广到依赖于多个函数的泛函，也可以推广到定义在多元函数上的泛函。其中 x、y 均可以为矢量。

2) 集合与映射

(1) 集合及其运算。

把具有某种共同特性或满足一定条件的对象全体称为集合，简称集。其中每个对象就称为集合的元素。通常用大写字母表示集合，用小写字母表示集合的元素。

集合的表示方法主要有列举法和特性描述法。列举法是把集合中的元素一一列举出来，并用括号括上，如 $N=\{1,2,\cdots,n\}$ 表示全体自然数的集合；特性描述法是把集合中的元素 x 用特性关系式 $f(x)$ 描述出来，并用括号括上，记为 $X=\{x|f(x)\}$，如 $X=\{x|x^2=1\}$ 表示具有 $x^2=1$ 特性的所有 x 元素所组成的集合。如果集合中含有有限个元素，则称该集合为有限集；如果集合中含有无限个元素，则称该集合为无限集。不含任何元素的集合称为空集，记为 $\varnothing$。

设 A 是一个集合，x 是其中一个元素，记为 $x\in A$。如果 x 不是 A 中的元素，则记为 $x\notin A$。给定 A、B 两个集合，如果 A 中的每个元素都是 B 的元素，则称 A 是 B 的子集，记为 $A\subset B$ 或 $B\supset A$，也可写成 $\forall x\in A\Rightarrow x\in B$。空集是任意集合的

子集。若$A\subset B$且$B\subset A$，则称集合A和B相等。若$A\subset B$，但$A\neq B$，则称A为B的真子集。

并集和交集：设A、B为两个集合，由A和B的全体元素构成的集合称为A与B的并集，简称A与B的并，记为$A\cup B$。由同时属于A和B的元素构成的集合称为A与B的交集，简称A与B的交，记为$A\cap B$。如果$A\cap B=\varnothing$，则称A与B不相交。

差集和余集：设A、B为两个集合，由A中不属于B的元素所组成的集合称为A与B的差集，记为$A-B$或$A\backslash B$。如果$B\subset A$，称差集$A-B$为B关于A的余集，记为C_AB或B^C。

集合的运算遵循下列规则：

① 幂等律 $A\cup A=A$，$A\cap A=A$。

② 交换律 $A\cup B=B\cup A$，$A\cap B=B\cap A$。

③ 结合律 $(A\cup B)\cup C=A\cup(B\cup C)$，$(A\cap B)\cap C=A\cap(B\cap C)$。

④ 分配律 $A\cup(B\cap C)=(A\cup B)\cap(A\cup C)$，$A\cap(B\cup C)=(A\cap B)\cup(A\cap C)$。

⑤ 对偶律(de Morgan 律) $(A\cup B)^C=A^C\cap B^C$，$(A\cap B)^C=A^C\cup B^C$。

(2) 映射。

设A、B为两个非空集合，如果按照某一对应规则f，对每一个$x\in A$，在B中有唯一的元素y与之对应，记为$y=f(x)$，则称f是定义在A上且取值于B内的一个映射，记为$f:A\to B$。

满射：设$f:A\to B$，如果$f(A)=B$，则称f为满射。

单射：设$f:A\to B$，如果对任意的$x,y\in A$，当$x\neq y$时，都有$f(x)\neq f(y)$，则称f为单射，也称为可逆映射或一对一映射。

双射：如果$f:A\to B$既是满射又是单射，则称f为双射或一一对应。

逆映射：设$f:A\to B$为单射，由$y=f(x)$可以确定一个由$f(A)$到A的映射，称该映射为f的逆映射，记为f^{-1}。

复合映射：设$f:A\to B$，$g:B\to C$为两个映射，由$g\circ f(x)=g(f(x))$所确定的映射$g\circ f:A\to C$，称为f与g的复合映射，记为$g\circ f$。

恒等映射：集合A到A上的映射$f:A\to A$，称为恒等映射。

3) 度量空间

度量空间是引入了度量函数$d(x,y)$的非空集合，而度量函数是n维欧氏空间中两点之间距离的推广。设X是一个非空集合，若对于X中任意元素x、y，总对应有实数值$d(x,y)$，如果它满足：

(1) 非负性：$d(x,y)\geqslant 0$，且$d(x,y)=0$的充要条件是$x=y$。

(2) 对称性：$d(x,y)=d(y,x)$。

(3) 三角不等式：$d(x,y)\leqslant d(x,z)+d(z,y)$，$x,y,z\in X$。

则称度量函数 $d(x,y)$ 是集合 X 中两个元素 x、y 之间的距离。

定义了距离的集合称为度量空间或距离空间。由于在一个集合中,定义距离的方式不同,所构成的度量空间也不同。度量空间主要有线性空间、赋范线性空间和内积空间。

2. 向量范数和欧氏距离

1) 向量范数

在数轴上任意两点 a 和 b 之间的距离用两点差的绝对值表示,记作 $|a-b|$。在这里绝对值是度量两点之间距离的定义。范数是“距离或长度”概念的抽象描述,是对函数、向量和矩阵的一种度量形式的定义,用 $\|\cdot\|$ 表示范数。使用范数可以度量两个函数、向量或矩阵之间的距离或长度。向量 $\boldsymbol{x}$ 的范数定义在赋范线性空间,记作 $\|\boldsymbol{x}\|$,它满足:

(1) 非负性:$\|\boldsymbol{x}\|\geqslant 0$,仅当 $\boldsymbol{x}=0$, $\|\boldsymbol{x}\|=0$。

(2) 齐次性:$\|c\boldsymbol{x}\|=|c|\ \|\boldsymbol{x}\|$。

(3) 三角不等式:$\|\boldsymbol{x}+\boldsymbol{y}\|\leqslant\|\boldsymbol{x}\|+\|\boldsymbol{y}\|$。

常用的向量范数有下列几种:

(1) p-范数,记作 $\|\boldsymbol{x}\|_p$,为 $\boldsymbol{x}$ 向量各分量绝对值 p 次方和的 $1/p$ 次方,即

$$\|\boldsymbol{x}\|_p=(|x_1|^p+|x_2|^p+\cdots+|x_n|^p)^{1/p}$$

当 p 取 $1,2,\cdots,\infty$ 时,分别得到 1-范数、2-范数、…、∞-范数。

(2) 1-范数,记作 $\|\boldsymbol{x}\|_1$,为 $\boldsymbol{x}$ 向量各分量绝对值之和,即

$$\|\boldsymbol{x}\|_1=|x_1|+|x_2|+\cdots+|x_n|$$

(3) 2-范数,记作 $\|\boldsymbol{x}\|_2$,为 $\boldsymbol{x}$ 向量各分量绝对值平方和的 1/2 次方,即

$$\|\boldsymbol{x}\|_2=(|x_1|^2+|x_2|^2+\cdots+|x_n|^2)^{1/2}$$

2-范数又称欧几里得(Euclidean)范数,就是通常意义下的距离或长度。

(4) ∞-范数,记作 $\|\boldsymbol{x}\|_\infty$,为 $\boldsymbol{x}$ 向量各分量绝对值最大那个分量的绝对值,即

$$\|\boldsymbol{x}\|_\infty=\max\|\boldsymbol{x}\|=(|x_1|,|x_2|,\cdots,|x_n|)$$

2) 欧氏距离

欧氏距离又称欧几里得距离(Euclidean distance),它是一个通常采用的距离定义,指在 n 维欧氏空间(简称 n 维空间)中两个点之间的真实距离,或者向量的自然长度(即该点到原点的距离)。在二维和三维空间中的欧氏距离就是两点之间的实际距离。欧氏距离对应于向量 2-范数。

C.2 变　分

1. 变分概念

1) 定义

泛函 $F[y(x)]$ 的自变量 $y(x)$ 的变分 δy 是指定义域中的两个函数 $y_1(x)$ 和 $y_2(x)$ 之差，即

$$\delta y = y_2(x) - y_1(x)$$

式中，δ 为变分符号。

对于自变量 $y(x)$ 的变分 δy 所引起的泛函增量，定义为

$$\Delta F = F(y_2) - F(y_1) = F(y_1 + \delta y) - F(y_1)$$

设泛函 $F(y) = \int_{x_1}^{x_2} f(x, y, y')\mathrm{d}x$（其中 y' 表示 $y(x)$ 的一阶导数），其增量为

$$\begin{aligned}\Delta F(y) &= \int_{x_1}^{x_2} [f(x, y + \delta y, y' + \delta y') - f(x, y, y')]\mathrm{d}x \\ &= \int_{x_1}^{x_2} (f_y \delta y + f'_y \delta y')\mathrm{d}x + \beta(x, y, \delta y)\end{aligned}$$

若 $\int_{x_1}^{x_2} (f_y \delta y + f'_y \delta y')\mathrm{d}x$ 对 δy 是线性的，而 $\beta(x, y, \delta y)$ 是 $d(y_1, y_2)$ 的高阶无穷小，即

$$\lim_{d(y_1, y_2) \to 0} \frac{\beta(x, y, \delta y)}{d(y_1, y_2)} = 0$$

则称 $\int_{x_1}^{x_2} (f_y \delta y + f'_y \delta y')\mathrm{d}x$ 为泛函 $F(y)$ 的变分，记作 δF，即 $\delta F = \int_{x_1}^{x_2} (f_y \delta y + f'_y \delta y')\mathrm{d}x$。

2) 变分原理

研究泛函的极值问题，是变分法的基本问题。把一个力学问题用变分法化为求泛函极值的问题，就称为该力学问题的变分原理。在一个变分问题中，包括一些边界条件和约束条件。如果建立了一个新的变分原理，它解除了原有变分问题的某些约束条件，就称为该问题的广义变分原理；如果解除了所有的约束条件，就称为无条件广义变分原理或称为完全的广义变分原理。

变分原理在物理学中尤其是在力学中已得到广泛应用，如虚功原理、最小位能原理、最小余能原理和 Hamilton 原理等。当今变分原理已成为有限元法的理论基础，而广义变分原理已成为混合和杂交有限元的理论基础。在实际应用中，通常很少能求出变分的解析解，因此大多采用近似计算方法或数值解法。

2. 变分运算性质

变分符号 δ 的性质与微分符号 d 的性质类似。设泛函 $F(y)=\int_{x_1}^{x_2} f(x,y,y')\mathrm{d}x$，自变量函数 $y(x)$ 连续且存在 n 阶导数 $y^{(n)}$，则有

$$\mathrm{d}(\delta y)=\mathrm{d}(y_2-y_1)=\mathrm{d}y_2-\mathrm{d}y_1=\delta(\mathrm{d}y)$$

$$\delta\left(\frac{\mathrm{d}y}{\mathrm{d}x}\right)=\frac{\mathrm{d}}{\mathrm{d}x}(\delta y)$$

$$(\delta y)'=(y_2-y_1)'=y_2'-y_1'=\delta y'$$

$$(\delta y)^{(n)}=(y_2-y_1)^{(n)}=y_2^{(n)}-y_1^{(n)}=\delta y^{(n)}$$

$$\delta(F_1+F_2)=\delta F_1+\delta F_2$$

$$\delta(F_1\cdot F_2)=F_1\delta F_2+F_2\delta F_1$$

$$\delta\left(\frac{F_1}{F_2}\right)=\frac{F_2\delta F_1-F_1\delta F_2}{F_2^2}$$

$$\delta\int_{x_1}^{x_2} f\mathrm{d}x=\int_{x_1}^{x_2}\delta f\mathrm{d}x$$

$$\delta f=\frac{\partial f}{\partial y}\delta y+\frac{\partial f}{\partial y'}\delta y'$$

3. 欧拉-拉格朗日方程

变分法的关键定理是欧拉-拉格朗日方程(Euler-Lagrange equation)。欧拉-拉格朗日方程简称 E-L 方程，在力学中通常称为 Lagrange 方程，它对应于泛函的极值点。通过 E-L 方程，把求泛函的极值问题转换成二阶常微分方程的求解问题。

满足以下关系式的方程：

$$\frac{\partial f}{\partial y}-\frac{\mathrm{d}}{\mathrm{d}x}\left(\frac{\partial f}{\partial y'}\right)=0$$

称为泛函 $F(y)=\int_{x_1}^{x_2} f(x,y,y')\mathrm{d}x$ 的 E-L 方程，其中自变量函数 $y(x)$ 满足边界条件 $y(x_1)=y_1$，$y(x_2)=y_2$。

E-L 方程是一个二阶常微分方程，其通解为

$$y=y(x,C_1,C_2)$$

通解中的两个常数 C_1、C_2，利用自变量函数 $y(x)$ 的边界条件确定，即

$$y(x_1,C_1,C_2)=y_1$$

$$y(x_2,C_1,C_2)=y_2$$

但是对于一般的二阶常微分方程，很难求出其解析解。

E-L 方程只是泛函有极值的必要条件,而不是充分条件。也就是说,只有当泛函有极值时,E-L 方程才成立。